工业和信息化普通高等教育"十三五"规划教材立项项目

21世纪高等教育计算机规划教材

# 软件工程

Introduction to Software Engineering

钟珞 袁胜琼 袁景凌 李琳 主编

人民邮电出版社

北 京

**图书在版编目（CIP）数据**

软件工程 / 钟珞等主编. -- 北京：人民邮电出版
社，2017.1（2024.1重印）
21世纪高等教育计算机规划教材
ISBN 978-7-115-44649-7

Ⅰ．①软… Ⅱ．①钟… Ⅲ．①软件工程-高等学校-
教材 Ⅳ．①TP311.5

中国版本图书馆CIP数据核字（2017）第005881号

## 内 容 提 要

本书舍弃传统软件工程的一些烦琐理论，着重叙述面向对象软件工程的基本原理和基本概念，并对敏捷开发方法以及软件模式等重用技术以较多篇幅加以阐述。本书把工程理念贯彻到软件开发全过程，在阐述软件工程技术方法的同时，引入案例，增强读者对软件工程情景的理解和认知，并以数字传播工程为契机，探讨面向特定领域的软件工程。

本书可以作为计算机科学以及软件工程专业本科教学的教材，也可作为软件开发人员或对软件工程感兴趣的人员自学的参考资料。

◆ 主　编　钟　珞　袁胜琼　袁景凌　李　琳
　　责任编辑　吴　婷
　　责任印制　沈　蓉　彭志环
◆ 人民邮电出版社出版发行　　北京市丰台区成寿寺路 11 号
　　邮编　100164　电子邮件　315@ptpress.com.cn
　　网址　http://www.ptpress.com.cn
　　北京天宇星印刷厂印刷
◆ 开本：787×1092　1/16
　　印张：15.75　　　　　　2017 年 1 月第 1 版
　　字数：410 千字　　　　2024 年 1 月北京第 8 次印刷

定价：39.80 元

读者服务热线：(010)81055256　印装质量热线：(010)81055316
反盗版热线：(010)81055315

# 前言

随着计算机技术的飞速发展，软件开发新技术、新方法层出不穷，软件管理日益复杂。为摆脱软件危机，软件工程从 20 世纪 60 年代末开始迅速发展起来，现在已经成为计算机科学技术的一个重要的独立分支。20 世纪 90 年代以来，软件工程从方法论的角度为开发人员和管理人员提供了可见的结构和有序的思考。此外，基于大量成功软件总结提炼出来的设计经验和开发模式，使得软件开发人员可以充分利用设计模式、框架、组件等进行重用开发，并最终将软件以服务的形式提供给用户使用。软件工程的相关理论与技术，得到了不断的完善以及广泛应用。

软件工程现在是一个非常大的领域，任何一本书都不可能涵盖软件工程的所有内容。本书在回顾近年来软件开发的重要技术，尤其是基于 Web 应用程序的开发技术的基础上，着重叙述了面向对象软件工程的基本原理和概念，对敏捷开发方法和软件框架、软件模式等重用技术给予了更多的篇幅加以描述。在阐述软件工程相关理论知识的同时，强调具体案例分析。本书给出较完整的开发案例，使软件工程的理论和方法更易于理解、模仿和应用。此外，还以数字传播工程为契机，探讨了面向特定领域的软件工程的发展。

本书编写中舍弃传统软件工程的一些烦琐理论，代之以简洁实用的软件工程新知识、新方法，增加了教材的实用性和可读性。通过对软件工程以及软件开发热点问题展开讨论，学生能把握前沿，尽早确定研究方向。本书以案例分析贯穿全书，适宜教师开展项目式教学。因此，本书适合作为计算机科学以及软件工程专业的本科教学的教材，也可以作为软件开发人员或对软件工程感兴趣的人员自学的参考资料。

本书主要包含五个部分：第一部分是对软件工程的一般性介绍，包括软件及软件工程过程等的基本概念；第二部分主要介绍面向对象的设计及设计模式的使用；第三部分介绍团队开发管理和敏捷开发方法；第四部分介绍面向特定领域的软件工程——数字传播工程的兴起；第五部分给出具体、详尽的开发案例。

本书作者一直以来从事软件工程课程的教学工作，积累了丰富的教学经验和教学心得，并有大量软件开发设计实践经验，对软件工程技术及其发展前沿有较深刻的认识。

本书由钟珞、袁胜琼、袁景凌和李琳主编，参加编写的有梁媛、朱阁、陈明、柳杨、孙悦清等。另外，刘永坚教授提供了数字传播工程相关的实例，在此表示感谢！

恳请专家学者提出意见和建议，以期做进一步的完善。

编　者

2016 年 10 月

# 目 录

1

# 第1章
# 软件工程概述

软件工程是用科学理论来指导软件开发、管理、标准化、自动化的过程，对于培养学生的软件素质、提高学生的软件开发能力和软件项目管理能力具有重要的意义。目前，比较公认的软件工程（Software Engineering）的定义是美国电气与电子工程师协会（IEEE）给出的：将系统化的、严格约束的、可量化的方法应用于软件的开发、运行和维护，即将工程化应用于软件，并研究这个过程中的方法。

## 1.1　软件及其特性

世界上第一个写软件的人是阿达（Augusta Ada Lovelace）。他在19世纪60年代尝试为巴贝奇（Charles Babbage）的机械式计算机编写软件。尽管限于当时的制造条件，巴贝奇最终没有造成理想中的计算机，但巴贝奇和阿达对后来计算机技术的诞生和发展同样产生了深远的影响，他们的名字永远载入了计算机发展的史册。

在20世纪中叶，软件伴随着第一台电子计算机的问世而诞生。以编写软件为职业的人也开始出现，他们多是经过训练的数学家和电子工程师。20世纪60年代，美国大学里开始出现授予计算机专业的学位，教学生如何编写软件。软件产业从零开始起步，在短短的50多年的时间里迅速发展成为推动人类社会发展的龙头产业，并造就了一批百万、亿万富翁。随着信息产业的发展，软件对人类社会越来越重要。

现在的世界正在进入一个"软件无处不在"的时代，我们每天的生活，时刻都离不开这样或那样的软件。软件（software）是计算机系统中与硬件（hardware）相互依存的另一部分，它包括程序（program）、相关数据（data）及其说明文档（document）。其中，程序是按照事先设计的功能和性能要求执行的指令序列，数据是程序能正常操纵信息的数据结构，文档是与程序开发维护和使用有关的各种图文资料。

Fred Brooks教授，是软件工程领域非常有影响力的人物。他曾经担任IBM OS360系统的项目经理，在计算机体系结构、操作系统以及软件工程方面做出了杰出的贡献，并因此于1999年获得了图灵奖。

Brooks教授在1987年发表了一篇题为"没有银弹（No Silver Bullet）"的文章。在这篇文章中他指出："软件具有复杂性、一致性、可变性和不可见性等固有的内在特性，这是造成软件开发困难的根本原因。"

（1）软件的复杂性。软件是复杂的，是人类思维和智能的一种延伸，它比任何以往人类的创造物都要复杂得多。今天，我们已经进入云计算时代。在互联网的集群环境下，系统规模更大更复杂，可以说，软件是人类有史以来生产的复杂度最高的工业产品。这种复杂性，对软件工程师提出了很高的要求，给软件开发管理和质量保证带来了很多困难。

（2）软件的一致性。软件不能独立存在，需要依附于一定的环境（如硬件、网络以及其他软件）。因此，软件必须遵从人为的惯例并适应已有的技术和系统，随着接口的不同而改变。

（3）软件的可变性。软件经常会遭受到持续的变更压力。相对于建筑和飞机等工程制品来说，软件的变更似乎更加频繁，这也许是由于建筑和飞机修改成本太高所致。人们总是以为软件很容易修改，但是却忽视了修改带来的副作用。软件不断变化，每一次的修改都会造成故障率的升高，同时也可能给软件的结构带来破坏。尽管如此，成功的软件都是会发生演化的。软件的可变性，给开发带来了很多难题，但同时也给软件本身带来了生命力。

（4）软件的不可见性。软件是一种逻辑产品，看不见摸不着，它的客观存在不具有空间的形体特征，因此缺少合适的几何表达方式。这种不可见性，不仅限制了软件的设计过程，同时严重地阻碍了人与人之间的相互交流，从而对开发过程的管理造成很大困难。

综上所述，复杂性、一致性、可变性和不可见性，是软件的本质特性。这些特性，使得软件开发的过程变得难以控制，开发团队如同在焦油坑里挣扎的巨兽，挣扎得越猛烈，焦油纠缠得越紧，最后有可能沉没到坑底。因此，我们需要寻找解决问题的有效方法，以保证软件开发过程的高效、有序和可控。

# 1.2 软件工程的产生与发展

## 1.2.1 软件危机

20 世纪 60 年代末至 70 年代初，"软件危机"一词在计算机界广为流传。事实上，软件危机几乎从计算机诞生的那一天起就出现了，只不过到了 1968 年，北大西洋公约组织的计算机科学家在联邦德国召开的国际学术会议上第一次提出了"软件危机"（software crisis）这个名词。

软件危机是指在计算机软件的开发和维护过程中所遇到的一系列严重问题。这类问题绝不仅仅是"不能正常运行的软件"才具有的，实际上几乎所有软件都不同程度地存在这类问题。

美国 Standish 集团是一家专门跟踪软件项目的研究机构。该机构对 1994—2010 年期间开发的软件项目进行了调查统计，结果如图 1-1 所示。

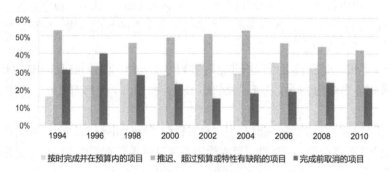

图 1-1 美国 Standish 集团调查报告

研究表明，软件项目的平均成功率大概在 30%。大概 50% 的项目超出预算和最后期限，或者存在特定缺陷。另外，还有 20% 左右的项目彻底失败。最终完成的项目也总是存在着错误多、性能低、不可靠、不安全等质量问题。

软件的错误可能导致巨大的财产损失。1996 年 6 月 4 日，欧洲航天局 Ariane 5 火箭在发射 37 秒之后，偏离了飞行路径，突然发生爆炸，火箭上载有价值数亿美元的通信卫星。事后的调查显示，导致事故的原因是程序中试图将 64 位浮点数转化成 16 位整数的时候，产生了溢出，而系统又缺乏对数据溢出的错误处理程序。

Windows Vista 系统，是曾经被微软公司寄予厚望的一个桌面操作系统，也是微软公司历史上最艰难曲折、开发时间最长的一个项目。这个系统从 2001 年开始研发，整个过程历时 5 年，耗资数十亿美元，代码规模超过 5000 万行。由于系统过于庞杂，给整个开发带来了很大的困难，很多的时间用在了互相沟通和重新决策上。本应该在 2003 年面世的 Vista 系统，一再地推迟，最后在取消了一些高级功能之后，于 2006 年 11 月正式发布。即使这样，Vista 系统在面世之后，仍然暴露出运行效率低、兼容性差、死机频繁等严重缺陷。

显然，软件开发一直面临着诸多的挑战，主要表现在以下 4 个方面。

（1）客户不满意。软件产品的交付质量难以保证，许多功能不是用户所需要的，用户在使用的过程中遭遇很多 Bug。

（2）项目过程失控。由于客户需求的不确定性和持续的变化，给整个开发过程带来了不可控性。

（3）风险与成本问题。开发团队专注于技术，忽视对风险的管理，从而造成整个开发成本的超支。

（4）无力管理团队。无法评估开发人员的能力以及工作进度。如何提升团队的能力和效率，一直是软件开发中存在的难题。

之所以出现软件危机，其主要原因一方面是与软件本身的特点有关，另一方面是与软件开发和维护的方法不正确有关。

软件的特点前面已经有一个简单介绍。软件开发和维护的不正确方法主要表现为：忽视软件开发前期的需求分析；开发过程没有统一、规范的方法论的指导，文档资料不齐全，忽视人与人的交流；忽视测试阶段的工作，提交给用户的软件质量差；轻视软件的维护。这些大多数是软件开发过程管理上的原因。

1968 年秋季，NATO（North Atlantic Treaty Organization，北大西洋公约组织）科技委员会召集了近 50 名一流的编程人员、计算机科学家和工业界巨头，讨论和制定摆脱"软件危机"的对策。在那次会议上第一次提出了"软件工程"（software engineering）这个概念。当时的会议报告中提到，"我们特意选择'软件工程'这个颇具争议性的词，是为了暗示这样一种意见：软件的生产，有必要建立在某些理论基础和实践指导之上。在工程学的某些成效卓著的分支中，这些理论基础和实践指导早已成为了一种传统。"

## 1.2.2　软件工程的发展

统计数据表明，大多数软件开发项目的失败，并不是由于软件开发技术方面的原因。它们的失败是由于不适当的管理造成的。遗憾的是，尽管人们对软件项目管理重要性的认识有所提高，但在软件管理方面的进步远比在设计方法学和实现方法学上的进步小，至今还提不出管理软件开发的通用指导原则。

在软件的长期发展中，人们针对软件危机的表现和原因，经过不断的实践和总结，越来越认识到：按照工程化的原则和方法组织软件开发工作，是摆脱软件危机的一条主要出路。软件工程的发展大概经历了 4 个阶段。

（1）1968 年以前，属于软件工程的史前阶段。在这个时期，没有什么工程化的开发方法可循，更多的是个人作坊式的开发。当时的软件几乎都是为每个具体应用而专门编写的，编写者和使用者往往是同一个或同一组人。这些个体化的软件设计环境，使软件设计成为在人们头脑中进行的一个隐含过程，最后除了程序清单外，没有其他文档资料保存下来。于是 20 世纪 60 年代末，爆发了软件危机。

（2）从 1968 年开始，一直到 20 世纪 80 年代末，软件工程进入了一个新的时期。1968 年首次提出了"软件工程"的概念。瀑布模型成为软件开发的经典模型，整个软件开发过程被划分成需求、设计、编码、测试等不同阶段，并且这些阶段都是严格按照线性的方式执行的。

（3）从 1983 年到 1995 年，人们逐步意识到过程质量对产品质量的重大影响。这个时期面向对象的方法和软件过程改进运动逐渐盛行，提出了 CMM/ISO9000/SPICE 等质量标准体系。

（4）从 20 世纪 90 年代至今，互联网技术和应用迅速发展。为了应对需求变化和快速交付的需要，人们开始尝试一种新型的敏捷开发方法。这种方法采用迭代和增量的开发过程，强调更紧密的团队协作。目前，敏捷开发方法已经广泛地应用于软件企业之中，给软件行业带来了巨大的变化。

今天，尽管"软件危机"并未被彻底解决，但软件工程已经成为现代软件产业一个关键的技术，并且正在向成熟发展，在未来对网络时代的软件开发将有更大的推动力。

# 1.3　软件工程的基本概念

## 1.3.1　什么是软件工程

所谓的"工程"，就是创造性地运用科学原理设计和实现建筑、机器、装置或生产过程，或者是在实践中使用一个或多个这些实体，或者是实现这些实体的过程。

远古时期，人们互相协作建造了不少工程奇迹，比如希腊雅典的帕特农神庙、古罗马帝国的罗马水道、中国的长城等。我们可以想象这些工程在设计和建造的过程中一定涉及了大量的计算、计划、各类角色的协作，以及成百上千的人、动物、机械经年累月的劳作。这些因素在后来出现的诸如化学工程、土木工程等各类"工程"中依然存在。

顾名思义，软件工程就是把工程化的方法应用到软件之中，是一门研究如何用系统化、规范化、数量化等工程原则和方法去进行软件的开发和维护的学科。人们曾经对"软件工程"给过许多定义，下面是两个比较典型的。

1968 年 NATO 会议上首次提出："软件工程是为了经济地获得可靠的和能在实际机器上高效运行的软件，而建立和使用完善的工程原理。"这个定义不仅指出了软件工程的目标是经济地开发出高质量的软件，而且强调了软件工程是一门工程学科，它应该建立并使用完善的工程原理。

1993 年 IEEE 进一步给出了一个更全面更具体的定义："软件工程是①将系统化的、规范的、可度量的方法应用于软件的开发、运行和维护的过程，即将工程化应用于软件中；②对①中所述方法的研究。"

美国南加州大学的巴里·贝姆（Barry Boehm）教授总结了国际上软件工程的发展历程： 20世纪 50 年代的类似硬件工程（Hardware Engineering）、60 年代的软件手工生产（Software Crafting）、70 年代的形式化方法和瀑布模型（Formality and Waterfall Processes）、80 年代的软件生产率和可扩展性（Productivity and Scalability）、90 年代的软件并发和顺序进程（Concurrent vs. Sequential Processes）以及 21 世纪初的软件敏捷性和价值（Agility and Value）。我国北京大学杨芙清院士也系统地回顾了起步于 1980 年的中国软件工程的研究与实践，代表性工作包括软件自动化系统、XYZ 系统 4、MLIRF 系统和青鸟工程等，都在国内外有广泛的影响。

总的来说，软件工程包括软件开发技术和软件项目管理两方面内容。 其中，软件开发技术包括软件开发方法学、软件工具和软件工程环境，软件项目管理包括软件度量、项目估算、进度控制、人员组织、配置管理、项目计划等。

## 1.3.2　软件工程的基本要素

软件工程是相当复杂的。涉及的因素很多，不同软件项目使用的开发方法和技术也是不同的，而且有些项目的开发无现成的技术，带有不同程度的试探性。一般说来，软件工程包含方法（methodologies）、工具（tools）和过程（procedures）三个关键元素。

软件方法提供如何构造软件的技术，包括与项目有关的计算和各种估算、系统和软件需求分析、数据结构设计、程序体系结构、算法过程、编码、测试以及维护等内容。软件工程的方法通常引入各种专用的图形符号以及一套软件质量的准则。概括地说，软件工程方法规定了明确的工作步骤与技术、具体的文档格式、明确的评价标准。

软件开发方法（见图 1-2）的发展经历了面向过程、面向对象、面向构件和面向服务 4 个阶段。

面向服务：在应用表现层次上将软件构件化，即应用业务过程由服务组成，而服务由构件组装而成。

面向构件：寻求比类的粒度更大且易于复用的构件，期望实现软件的再工程。

面向对象：以类为基本程序单元，对象是类的实例化，对象之间以消息传递为基本手段。

面向过程：以算法作为基本构造单元，强调自顶向下的功能分解，将功能和数据进行一定程度的分离。

图 1-2　软件开发方法

（1）面向过程。以算法作为基本构造单元，强调自顶向下的功能分解，将功能和数据进行一定程度的分离。

（2）面向对象。以类为基本程序单位，对象是类的实例化，对象之间以消息传递为基本手段。

（3）面向构件。寻求比类的粒度更大且易于复用的构件，期望实现软件的再工程。

（4）面向服务。在应用表现层次上将软件构件化，即应用业务过程由服务组成，而服务由构建组装而成。

代码封装的力度从函数到类，再到粒度更大的构件以及在应用表现层次上的服务，软件的复用程度逐步提升，开发效率也越来越高。

软件工具是人类在开发软件的活动中智力和体力的扩展和延伸，为方法和语言提供自动或半自动化的支持。软件工具最初是零散的，后来根据不同类型软件项目的要求建立了各种软件工箱，支持软件开发的全过程。更进一步，人们将用于开发软件的软、硬件工具和软件工程数据库（包括分析、设计、编码和测试等重要信息的数据结构）集成在一起，建立集成化的计算机辅助软件工程（Computer-Aided Software Engineering）系统，简称 CASE。

现在开源的工具非常多，贯穿于整个开发过程。具体来说，软件建模工具可以支持建立系统的需求和设计模型；软件构造工具包括程序编辑器、编译器、解释器和调试器；软件测试工具可以帮助人们分析代码质量，执行软件测试和评价产品的质量；在软件维护阶段，一些代码分析工具和重构工具，可以帮助人们理解和维护代码。除此之外，还有一些软件工程管理工具，帮助人们有效管理开发过程，控制代码的更改，支持团队进行协作开发。

软件过程贯穿于软件开发的各个环节，它定义了方法使用的顺序、可交付产品（文档、报告以及格式）的要求、为保证质量和协调变化所需要的管理以及软件开发过程各个阶段完成的标志。

软件开发过程一般包括一系列基本的开发活动，这些活动将用户的需求转化为用户满意的产品。通过对开发过程中各个活动环节质量的有效控制，来保证最终产品的质量。首先要研究和定义用户的问题；确定和分析用户的实际需求；设计整个系统的总体结构；编程实现系统的各个部分；最后，将各个部分集成起来进行测试，最终交付出用户满意的产品。除此之外，还应该包括一些开发过程管理等支持性的活动。

从内容上说，软件工程包括软件开发理论和结构、软件开发技术以及软件工程管理和规范。其中，软件开发理论和结构包括程序正确性证明理论、软件可靠性理论、软件成本估算模型、软件开发模型以及模块划分原理，软件开发技术包括软件开发方法学、软件工具以及软件环境，软件工程管理和规范包括软件管理（人员、计划、标准、配置）以及软件经济（成本估算、质量评价）。即软件工程可分为理论、结构、方法、工具、环境、管理、何规范等。理论和结构是软件开发的基础；方法、工具、环境构成软件开发技术，好的工具促进方法的研制，好的方法能改进工具；工具的集合构成软件开发环境；管理是技术实现与开发质量的保证；规范是开发遵循的技术标准。

软件工程几十年的发展，已经积累了许多开发方法。但是仅有好的战术是不够的，还需要在实践中运用良好的开发策略。软件复用、分而治之、逐步演进和优化折中，是软件开发的四个基本策略。

（1）软件复用。构造一个新的系统，不必都从零开始。可以将已有的软件制品，直接组装或者合理修改形成新的软件系统，从而提高开发效率和产品质量，降低维护成本。软件复用也不仅仅是代码的复用，还包括对系统类库、模板、设计模式、组件和框架等的复用。

（2）分而治之。是人们处理复杂性的一个基本策略。通过对问题进行研究分析，将一个复杂的问题分解成若干个可以理解并能够处理的小问题，然后逐个予以解决。

（3）逐步演进。软件更像是一个活着的植物，其生长是一个逐步有序的过程。软件开发应该遵循软件的客观规律，不断进行迭代式增量开发，最终交付符合客户价值的产品。

（4）优化折中。软件工程师应当把优化当成一种责任，不断改进和提升软件质量。但是优化是一个多目标的最优决策，在不可能使所有目标都达到最优时，需要进行折中来实现整体的最优。

Wasserman 规范给出了对软件工程发展有重大影响的若干技术，这些技术分别是抽象、软件建模方法、用户界面原型化、软件体系结构、软件过程、软件复用、度量、工具和集成环境。其中，抽象是一种降低复杂性的处理方法；软件建模方法可以帮助工程师理解和刻画系统的分析和设计结果，便于开发人员进行沟通和交流；用户界面原型化可以克服需求难以确定的困难；软件体系结构对产品质量是至关重要的；软件过程、软件复用和度量都是工程方法的组成部分；工具和集成环境对于提高软件开发效率是必不可少的。

Wasserman 指出，上述八个技术变化中的任何一个都对软件开发过程有着重大的影响，它们合在一起，改变了我们的工作方式。

在软件工程中，软件的可靠性是软件在所给条件下和规定时间内，能完成所要求的功能的性质。软件工程的软件可靠性理论及其评价方法，是贯穿整个软件工程各个阶段所必须考虑的问题。

软件工程的目标在于研究一套科学的工程化方法，并与之相适应，发展一套方便的工具与环境，供软件开发者使用。

## 1.3.3　软件工程的基本原理

自从 1968 年提出"软件工程"这一术语以来，研究软件工程的专家学者们陆续提出了许多关于软件工程的准则或信条。美国著名的软件工程专家 Boehm 综合这些专家的意见，并总结了 TRW 公司多年的开发软件的经验，于 1983 年提出了软件工程的七条基本原理。

Boehm 认为，这七条基本原理是确保软件产品质量和开发效率的原理的最小集合。它们是相互独立的，是缺一不可的最小集合；同时，它们又是相当完备的。下面简要介绍软件工程的七条基本原理。

### 1. 用分阶段的生命周期计划严格管理

这一条是吸取前人的教训而提出来的。统计表明，50%以上的失败项目是由于计划不周而造成的。在软件开发与维护的漫长生命周期中，需要完成许多性质各异的工作。这条原理意味着，应该把软件生命周期分成若干阶段，并相应制定出切实可行的计划，然后严格按照计划对软件的开发和维护进行管理。 Boehm 认为，在整个软件生命周期中应指定并严格执行项目概要计划、里程碑计划、项目控制计划、产品控制计划、验证计划、运行维护计划六类计划。

### 2. 坚持进行阶段评审

统计结果显示，大部分错误是设计错误，大约占 63%；错误发现得越晚，改正它要付出的代价就越大，相差大约 2 到 3 个数量级。因此，软件的质量保证工作不能等到编码结束之后再进行，应坚持进行严格的阶段评审，以便尽早发现错误。

### 3. 实行严格的产品控制

开发人员最痛恨的事情之一就是改动需求。但是实践告诉我们，需求的改动往往是不可避免的。这就要求我们要采用科学的产品控制技术来顺应这种要求，也就是要采用变动控制，又叫基准配置管理。当需求变动时，其他各个阶段的文档或代码随之相应变动，以保证软件的一致性。

### 4. 采纳现代程序设计技术

从 20 世纪六七十年代的结构化软件开发技术到最近的面向对象技术，从第一、第二代语言到第四代语言，人们已经充分认识到：方法比气力更有效。采用先进的技术既可以提高软件开发的效率，又可以减少软件维护的成本。

### 5. 结果应能清楚地审查

软件是一种看不见、摸不着的逻辑产品。软件开发小组的工作进展情况可见性差，难以评价和管理。为更好地进行管理，应根据软件开发的总目标及完成期限，尽量明确地规定开发小组的责任和产品标准，以使所得到的标准能清楚地审查。

### 6. 开发小组的人员应少而精

开发人员的素质和数量是影响软件质量和开发效率的重要因素，开发人员应该少而精。这一条基本原理基于两点原因：高素质开发人员的效率比低素质开发人员的效率要高几倍到几十倍，开发工作中犯的错误也要少得多；当开发小组为 N 人时，可能的通信信道为 N(N−1)/2，可见随着人数 N 的增大，通信开销将急剧增大。

**7. 承认不断改进软件工程实践的必要性**

遵从上述七条基本原理，就能够较好地实现软件的工程化生产。但是，它们只是对既有经验的总结和归纳，并不能保证赶上技术不断前进发展的步伐。因此，Boehm 提出应把承认不断改进软件工程实践的必要性作为软件工程的第七条基本原理。根据这条原理，不仅要积极采纳新的软件开发技术，还要注意不断总结经验，收集进度和消耗等数据，进行出错类型和问题报告统计。这些数据既可以用来评估新的软件技术的效果，也可以用来指明必须着重注意的问题及应该优先进行研究的工具和技术。

# 1.4　软件工程的现状与发展趋势

## 1.4.1　敏捷开发

敏捷软件开发（agile software development），又称敏捷开发，是从 20 世纪 90 年代开始逐渐引起广泛关注的一些新型软件开发方法，它是一类轻量级的软件开发方法，提供了一组思想和策略来指导软件系统的快速开发并响应用户需求的变化。

随着软件交付周期的日益加快，迭代式敏捷开发方法渐成标准，已经成为大多数软件开发团队的必选项。迭代对整个团队的需求、架构、协同及测试能力都提出了更高的要求，敏捷可以被看成是迭代式开发的一种导入方式，只不过敏捷的范围其实比迭代化开发更大一些。

简单地说，敏捷开发是一种以人为核心、迭代、循序渐进的开发方法。在敏捷开发中，软件项目的构建被切分成多个子项目，各个子项目的成果都经过测试，具备集成和可运行的特征。换言之，就是把一个大项目分为多个相互联系但也可独立运行的小项目，并分别完成，在此过程中软件一直处于可使用状态。

敏捷方法有很多，包括 Scrum、极限编程、功能驱动开发以及统一过程（RUP）等。这些方法本质上是一样的。敏捷开发小组主要的工作方式可以归纳为以下 5 种。

**1. 敏捷小组作为一个整体工作**

项目取得成功的关键在于，所有项目参与者都把自己看成朝向一个共同目标前进的团队的一员。一个成功的敏捷开发小组应该具有"我们一起参与其中"的思想，"帮助他人完成目标"这个理念是敏捷开发的根本管理文化。当然，尽管强调一个整体，小组中应该有一定的角色分配，各种敏捷开发方法角色的起名方案可能不同，但原则基本上是一样的。

**2. 敏捷小组按短迭代周期工作**

在敏捷项目中，开发小组根据需要定义开发过程，在初始阶段可以有一个简短的分析、建模、设计。项目真正开始后，每次迭代都会进行同样的工作（分析、设计、编码、测试等）。迭代是受时间框限制的，也就是说即使放弃一些功能也必须结束迭代。迭代的时间长度一般是固定的，时间框设定较短，大概是 2～4 周。

**3. 敏捷小组每次迭代交付一些成果**

开发小组在一次迭代中要把一个以上的不太精确的需求声明，经过分析、设计、编码、测试，变成可交付的软件（称为功能增量）。当然并不需要把每次迭代的结果交付给用户，但目标是可以交付，这就意味着每次迭代都会增加一些小功能，但增加的每个功能都要达到发布质量。每次迭代结束的时候让产品达到可交付状态十分重要，但这并不意味着要完成发布的全部工作，因为迭代的结果并不是真正发布产品。

**4. 敏捷小组关注业务优先级**

敏捷开发小组从两个方面显示出它们对业务优先级的关注。首先，它们按照产品所有者制定的顺序交付功能，而产品所有者一般会按照组织在项目上的投资回报最大化的方式来确定优先级，并且把它组织到产品发布中去。要达到这个目的，需要综合考虑开发小组的能力以及所需功能的优先级来建立发布计划。在编写功能的时候，需要使功能的依赖性最小化。功能之间完全没有依赖是不太可能的，但把功能依赖性控制在最低程度还是相当可行的。

**5. 敏捷小组检查与调整**

每次新迭代开始，敏捷小组都会结合上一次迭代中获得的新知识做出相应调整。如果认为一些因素可能会影响计划的准确性，也可能更改计划。迭代开发是在变与不变中寻求平衡，在迭代开始的时候寻求变，而在迭代开发期间不能改变，以期集中精力完成已经确定的工作。由于一次迭代的时间并不长，所以使得稳定性和易变性能够得到很好的平衡。在两次迭代期间改变优先级甚至功能本身，对于项目投资最大化是有益处的。从这个观点来看，迭代周期的长度选择就比较重要了，因为两次迭代之间是提供变更的机会，周期太长，变更机会就可能失去；周期太短，则会发生频繁变更，而且分析、设计、编码、测试这些工作都不容易做到位。综合考虑，对于一个复杂项目，迭代周期选择 4 周还是有道理的。

## 1.4.2　开放计算

随着互联网的不断发展和普及，软件工程开放式计算有了技术基础，更多的开放式资源使得软件工程有效地集成，在软件开发标准上形成了互联互通，对于文化、语言来说有所打破，真正地实现了软件开发的协作交流。Linux、Jazz、Android 等软件的开源，对于开放计算来说有了充分的促进，对于软件开发格局有所改变，并且随着互联网的不断普及和发展，对于软件开发计算来说迎来了前所未有的机遇，网络连接了原本分散的开发人员，真正地实现了在基础框架下的集体智慧的升华，能够更高效有序地开发出优秀的产品级软件。

开放计算主要融合了"开放标准""开放架构"和"开源软件"三个方面。通过坚持"开放标准"，不同企业开发和使用的软件可以互连互通，不同的软件工程工具能够更好地集成，不同国界和不同文化能够更好地协作交流，用户的投资能够得到很好的保证，正是它为全球化趋势奠定了重要基础；"开放架构"通过一组开放的架构标准和技术，有效地解决了商业模式的创新对 IT 灵活性要求的增加和现有 IT 环境的复杂度之间的矛盾，第一次使 IT 和业务走得如此之近，其典型代表包括 SOA、REST 等；而"开源软件"不但书写了 Linux、Eclipse、Jazz 等一个又一个的神奇故事，而且有效地促进了开放标准的发展，同时有效利用社区驱动的开发与协作创新，优化软件设计中的网络效应，开源软件越来越被中小企业和个人用户所认可。

开源软件大量出现，软件外包将更加普及，主要特点如下。

（1）计算能力的增强，集成开发环境更加智能，获取现成的类库更加方便，应用软件开发变得更加容易。

（2）加上软件本身一次性投资的特点，很多的场合甚至可以使用软件替代硬件，使得软件开发需求增加。

（3）消费类电子产品与人们的生活更加息息相关，小的免费软件、小型桌面游戏的出现等，使得需要的软件开发人员数量急剧增长（组织形态是大量的小规模开发团队）。在这一因素以及降低成本的压力下，开发外包变得非常普及。

（4）项目构建工具，资源依赖更加自动化，系统开发也不需要从零开始，而是利用业内的免费框架进行二次开发。

### 1.4.3  云计算

云计算（cloud computing）被称为继个人计算机、互联网之后的第三次信息化革命，它是基于互联网的相关服务的增加、使用和交付模式，通常涉及通过互联网来提供动态易扩展且经常是虚拟化的资源。云是网络、互联网的一种比喻说法。云计算是一种理念，是旧瓶子装新酒，它实际上是分布式技术、服务化技术、资源隔离和管理技术（虚拟化）的融合。

到底什么是云计算呢？不同的组织从不同的角度给出了不同的定义。例如：

一种计算模式。把 IT 资源、数据、应用作为服务通过网络提供给用户（如 IBM 公司）。

一种基础架构管理方法论。把大量的高度虚拟化的资源管理起来，组成一个大的资源池，用来统一提供服务（如 IBM 公司）。

以公开的标准和服务为基础，以互联网为中心，提供安全、快速、便捷的数据存储和网络计算服务（如 Google 公司）。

现阶段广为接受的是美国国家标准与技术研究院（NIST）定义，即云计算是一种按使用量付费的模式，这种模式提供可用的、便捷的、按需的网络访问，进入可配置的计算资源共享池（资源包括网络、服务器、存储、应用软件、服务），这些资源能够被快速提供，只需投入很少的管理工作，或与服务供应商进行很少的交互。

通俗意义上的云计算往往包含如图 1-3 所示的内容。开发者利用云 API 开发应用，然后上传到云上托管，并提供给用户使用，而不关心云背后的运行维护和管理以及机器资源分配等问题。

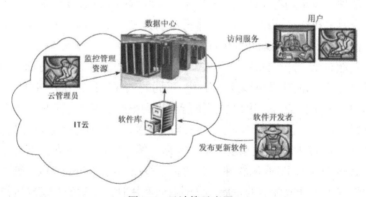

图 1-3  云计算示意图

虚拟化和服务化是云计算的主要表现形式（见图 1-4）。

虚拟化技术包括资源虚拟化、统一分配监测资源、向资源池中添加资源。虚拟化的技术非常多，有的是完全模拟硬件的方式去运行整个操作系统，比如我们熟悉的 VMWare，可以看作重量级虚拟化产品。也有通过软件实现的共享一个操作系统的轻量级虚拟化，比如 Solaris 的 Container、Linux 的 lxc。虚拟化的管理、运行维护多数是通过工具完成的，比如 Linux 的 VirtManager、VMWare 的 vSphere、VMWare 的 vCloud 等。

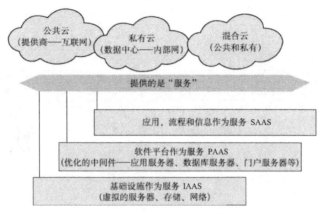

图 1-4 云计算的主要表现形式

服务思想如下所示。

（1）软件即服务（Software-as-a-Service，SAAS）。是目前最为成熟的云计算服务模式。在这种模式下，应用软件安装在厂商或者服务供应商那里，用户可以通过某个网络来使用这些软件。这种模式具有高度的灵活性、可靠性和可扩展性，因此能够降低客户的维护成本和投入，而且运营成本也得以降低。最著名的例子就是 Salesforce.com。

（2）平台即服务（Platform-as-a-Service，PAAS）。提供了开发平台和相关组件，软件开发者可以在这个开发平台之上开发新的应用，或者使用已有的各种组件，因此可以不必购买开发、质量控制或生产服务器。Salesforce.com 的 Force.com、Google 公司的 App Engine 和微软公司的 Azure（微软云计算平台）都采用了 PAAS 的模式。

（3）基础设施作为服务（Infrastructure as a Service，IAAS）。通过互联网提供了数据中心、硬件和软件基础设施资源。IAAS 可以提供服务器、操作系统、磁盘存储、数据库和信息资源。用户可以像购买水电煤气一样购买这些基础设施资源使用。

# 习题一

1. 什么是软件？它有什么特点？

2. 什么是软件危机？软件危机有哪几种表现？其产生的原因是什么？怎样消除软件危机？

3. 什么是软件工程？构成软件工程的要素是什么？

4. 软件工程研究的基本内容是什么？

5. 软件工程的基本原理有哪些？在过去的软件开发实践中有哪些是符合这些原理的？

6. 一架客机通常由几百万个零件构成，且需要成千上万的人来安装。一座四车道的高速公路桥则是另一个复杂系统的例子。而 1989 年，微软公司发布的 Windows 系统下的 Word 字处理器需要 55 人·年，总共生成了 249000 行源程序代码。请讨论飞机、高速公路桥的开发与 Word 字处理器的开发之间的差别。

# 第2章
# 软件过程

软件过程是为了获得高质量软件所需要完成的一系列任务的框架，它规定了完成各项任务的工作步骤。一个软件过程定义了软件开发中采用的方法以及该过程中应用的技术方法和自动化工具。

通常使用生命周期模型简洁地描述软件过程。软件生命周期模型规定了把软件生命周期划分成的阶段及各个阶段的顺序，因此也称为过程模型。

## 2.1　软件过程概述

过程是一个广义的概念，它是通过一系列相互关联的活动，将输入转化为输出。对于软件开发来说，用户需求是软件开发的基础，也是整个开发过程的一个输入；开发人员通过一系列软件开发活动，最终交付出用户需要的产品。

要实现对软件开发过程的有效控制，首先，要规定过程实现的方法和步骤。把整个开发过程进行细分，详细地定义出过程里面的每一个环节以及各个环节之间的执行顺序。其次，要对过程进行监控。但是这个监控并不只是对最终产品进行质量检验，而是要对过程的开始、每一个活动的执行、一直到结束，进行全方位的监测，以保证每一个活动能够达到应有的质量。

从某个待开发软件的目的被提出并着手实现，直到最后停止使用的这个过程，一般称为软件生存期。软件工程采用的生命周期方法学就是从时间角度对软件开发和维护的复杂问题进行分解，把软件生存的漫长周期依次划分为若干个阶段，每个阶段有相对独立的任务，然后逐步完成每个阶段的任务。

把软件生存周期划分成若干个阶段，每个阶段的任务相对独立，而且比较简单，便于不同人员分工协作，从而可以降低整个软件开发工程的困难程度；在软件生存周期的每个阶段都采用科学的管理技术和良好的技术方法，而且在每个阶段结束之前都从技术和管理两个角度进行严格的审查，合格之后才开始下一阶段的工作，这就使软件开发工程的全过程以一种有条不紊的方式进行，保证了软件的质量，特别是提高了软件的可维护性。

软件过程是指软件生存周期中的一系列相关过程，是为了获得高质量软件而实施的一系列活动。它包括问题定义、需求开发、软件设计、软件构造、软件测试等一系列软件开发的实现活动，而每一项活动都会产生相应的中间制品。

### 1. 定义阶段

任何一个软件产品，都起源于一个实际问题或者一个创意。当问题或创意提出之后，人们通过开展技术探索和市场调查等活动，来研究系统的可行性和可能的解决方案，从而确定待开发系统的总体目标和范围。因此，软件定义阶段主要是确定待开发的软件系统要做什么。即软件开发人员必须确定处理的是什么信息，要达到哪些功能和性能，建立什么样的界面，存在什么样的设计限制，以及要求一个什么样的标准来确定系统开发是否成功；还要弄清系统的关键需求；然后确定该软件。软件定义阶段大致分三个步骤。

（1）系统分析

在这个步骤，系统分析员通过对实际用户的调查，提出关于软件系统的性质、工程目标和规模的书面报告，同用户协商，达成共识。

（2）制定软件项目计划

软件项目计划包括确定工作域、风险分析、资源规定、成本核算以及工作任务和进度安排等。

（3）需求分析

对待开发的软件提出的需求进行分析并给出详细的定义。开发人员与用户共同讨论决定哪些需求是可以满足的，并对其加以确切的描述。首先要收集用户的需求，对所收集的需求进行分析、整理和提炼，来理解和建模系统的行为。在这个过程，可能还要返回去继续收集更多的需求。在对系统的行为进行明确之后，还要使用文档的形式，把待开发系统的行为定义出来，并且检查和确认这个文档是否满足用户的要求。在确认的过程中，还要反复收集、分析、再补充这样的一个过程。确认通过之后，形成一个正式的软件需求规格说明书。这个需求规格说明将作为后续开发的一个基础。

**2. 开发阶段**

主要是要确定待开发的软件应怎样做，即软件开发人员必须确定对所开发的软件采用怎样的数据结构和体系结构、怎样的过程细节、怎样把设计语言转换成编程语言以及怎样进行测试等。开发阶段大致分为三个步骤。

（1）软件设计

有了需求规格说明之后，需要对软件进行设计以形成软件设计说明书。软件设计主要是把软件的需求翻译为一系列的表达式（如图形、表格、伪码等）来描述数据结构、体系结构、算法过程以及界面特征等。软件设计一般又可分为总体设计和详细设计。其中总体设计主要进行软件体系结构的设计，详细设计主要进行算法过程的实现。具体的设计活动包括：首先要对软件的整体结构进行设计；然后定义出每个模块的接口，并且进一步地设计每一个组件的实现算法和数据结构；同时，还要对整个系统的数据库进行设计。

（2）编码

在设计完成之后，还需要通过编码活动把设计转换成为程序代码。这就要求程序员根据目标系统的性质和实际环境，选取一种适当的程序设计语言，把详细设计的结果翻译成用选定的语言书写的程序，并且仔细测试编写出的每一个模块。因此程序员需在理解系统模型的基础上编写代码，进行代码的审查和单元的测试。此外，还要进行代码优化，最终要构建系统并且集成连接。这是一个复杂而迭代的过程。

（3）软件测试

在软件构造完成之后，还要对软件产品进行测试。软件测试主要是通过各种类型的测试及相应的调试，发现功能、逻辑和实现上的缺陷，使软件达到预定的要求，检查和验证所开发的系统是否符合客户期望。测试是有不同层次的，包括单元测试、子系统测试、系统的集成测试和验收测试等。测试需在不同的层次上进行，以保证每一个模块、整个系统和最终产品的质量。

### 3. 维护阶段

测试通过以后，产品就可以发布了。但是系统投入使用后还会进行不断的修改，以适应不断变化的需求。维护阶段主要是进行各种修改，使系统能持久地满足用户的需要。

维护阶段还要进行再定义和再开发，所不同的是在软件已经存在的基础上进行。应该说，完全从头开发的系统是很少的，整个开发和维护其实是一个连续交叉的过程。当新的需求出现之后，需要首先定义这个需求，然后查看现有的系统是不是能够满足当前这个新的需求。如果现有的系统不能满足需求，就要进行进一步的开发，提出系统的变更；针对这个系统的变更，对现有的系统进行修改，形成一个新的系统。整个过程是一个循环往复的过程。

通常有四类维护活动。改正性维护，即诊断和改正在使用过程中发现的软件错误；适应性维护，即修改软件使之能适应环境的变化；完善性维护，即根据用户的新要求扩充功能和改进性能；预防性维护，即修改软件为将来的维护活动进行准备。

### 4. 软件开发管理

为了保证软件开发过程能够按照预定的成本、进度、质量顺利完成，还需要进行诸如项目管理、配置管理、质量保证等一系列开发管理活动，通过建立整个组织的质量管理体系，实现对软件开发活动的有效控制和质量保证。

（1）软件项目管理

是为了软件项目能够按照预定的成本、进度和质量顺利地完成，对人员、进度、质量、成本、风险进行控制和管理的活动。项目管理主要体现在以下四个方面。

首先，要明确项目的目标，制定项目的计划，明确项目需要的资源。

其次，要组建开发团队，要明确每一个成员的分工和责任。

再次，在项目实施过程中，要检查和评价项目的总体进展情况。

最后，控制整个项目范围的变更，监控项目进展过程中出现的问题，并及时地纠正这些问题。

（2）软件配置管理

是通过版本的控制、变更的控制并使用合适的配置管理软件，来保证整个开发过程的所有产品配置项（例如代码、文档等）的完整性和可跟踪性。它主要包括四个基本活动。

① 版本管理是跟踪系统中每一个组件的多个版本，来保证开发者对组件的修改不会产生混乱。

② 系统的构建是把不同的组件进行编译、链接，组成了一个可执行的系统。

③ 变更管理是对开发过程中来自用户和开发者的开发请求进行分析和评估，做出适当的决策，决定是否变更和何时变更。

④ 当整个开发完成之后，发布版本管理。需要准备发布的软件，并对用户使用的软件进行持续的跟踪。

# 2.2　软件过程模型

软件过程模型就是对软件过程的一个抽象描述，是软件开发的全部过程、活动和任务的结构框架。软件过程模型能清晰、直观地表达软件开发全过程，明确规定了要完成的主要活动和任务，是用来作为软件项目开发的基础。常见的软件过程模型包括瀑布模型、原型法模型、迭代式开发和可转换模型。

（1）瀑布模型将软件开发的基本活动看成是一系列界限分明的独立阶段，这些活动以线性的方式顺序执行。这是一种计划驱动的软件过程，有利于规范软件开发活动。

（2）原型法模型主要用于解决需求不确定等问题。原型是一个部分开发的产品，通过原型实现对系统的理解，有助于明确需求和选择可行的设计策略。

（3）迭代式开发是将描述、开发和验证等不同活动交织在一起，通过在开发过程中建立一系列版本，将系统进行逐步的交付和演化，从而实现软件的快速交付。

（4）可转换模型是利用自动化的手段，通过一系列的转换将需求规格说明转化为一个可交付使用的系统。

这些模型相互并不排斥，而且经常一起使用，尤其是对大型系统的开发。对于大型系统，综合瀑布和迭代开发模型的优点是有意义的。系统核心需求的获取以及设计系统的软件体系结构以支持需求，这些是不能迭代式开发的。在更大的系统中，子系统的开发可以使用不同的开发方法。对于那些理解得很好的系统部分可以用基于瀑布模型的过程来描述与开发；而对于那些很难提取描述清楚的系统部分，如用户界面，就总是会用迭代式开发方法。

## 2.2.1　瀑布模型

瀑布模型（waterfall model）是在 1970 年提出的，直到 20 世纪 80 年代早期，它一直是唯一被广泛采用的软件开发模型。它把软件的生命周期划分为计划、需求分析、设计、编码、测试和运行维护等若干基本活动，并且规定了这些活动自上而下相互衔接的固定次序，如同瀑布流水一般，如图 2-1 所示。

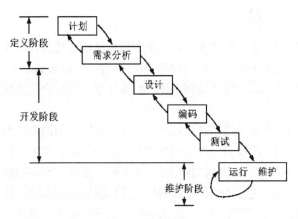

图 2-1　瀑布模型

利用瀑布模型开发软件系统时，每一阶段完成确定的任务后，如果工作得到确认，就将产生的文档及成果交给下一个阶段；否则返回前一阶段甚至更前面的阶段进行返工。而不同阶段的任务，一般来说是由不同级别的软件开发人员承担的。

这种软件开发方法的特点是：阶段间具有顺序性和依赖性，便于分工合作；强调软件文档的作用，要求每个阶段都要仔细地进行验证；文档便于修改，并有复审质量保证。

瀑布模型看似美丽，却不现实，目前已经很少在业界使用。它的主要问题在于：各个阶段的划分完全固定，阶段之间产生大量的文档，增加了开发工作量；由于开发过程是线性的，用户只有在整个过程结束时，才能看到开发成果；开发过程中间，很难响应用户的变更要求；早期的错误，也要等到开发后期的测试阶段才能发现，这样会产生严重的后果。

因此，瀑布模型仅适合于在软件需求比较明确、开发技术比较成熟、工程管理比较严格的场合下使用。

## 2.2.2 原型法模型

一般来说，软件需要解决以前从未解决的问题，或者当前的解决方案需要不断更新，以适应业务环境的不断变化。因此，软件开发具有迭代性，需要不断地反复尝试，通过比较和选择不同的设计，最终确定令人满意的问题解决方案。

从瀑布模型的起源来看，它借鉴了硬件领域的做法，是从制造业的角度看待软件开发。制造业是重复生产某一特定的产品，但是软件开发却不是这样的。随着人们对待解决问题的逐步理解以及对可选方案的评估，软件是在不断地演化的。因此，软件开发是一个创造的过程，而不是一个制造的过程。

原型法模型（prototype model）是针对瀑布模型提出来的一种改进。它的基本思想是从用户需求出发，快速建立一个原型，使用户通过这个原型初步表达出自己的要求，并通过反复修改、完善，逐步靠近用户的全部需求，最终形成一个完全满足用户要求的新体系。

一般又把原型分为三类：抛弃式，目的达到即被抛弃，原型不作为最终产品。演化式，系统的形成和发展是逐步完成的，它是高度动态迭代和高度动态的，每次迭代都要对系统重新进行规格说明、重新设计、重新实现和重新评价，所以是对付变化最为有效的方法，这也是与瀑布开发的主要不同点。增量式，系统是一次一段地增量构造，与演化式原型的最大区别在于增量式开发是在软件总体设计基础上进行的。很显然，增量式对付变化比演化式差。

## 2.2.3 迭代式开发

在早期的软件开发中，客户愿意为软件系统的最后完成等待很长时间。有时，从编写需求文档到系统交付使用会经过若干年，这段时间称为循环周期（cycle time）。但是，今天的商业环境不会再容许长时间的拖延。软件使产品在市场上引人注目，而客户总是期待着更好的质量和新的功能。

一种缩短循环周期的方法是使用迭代式开发。在这种生命周期方法中，开发被组织成一系列固定的短期（如三个星期）小项目，称为一次迭代（iteration）；每次迭代都产生经过测试、集成并可执行的局部系统。每次迭代都包括各自的需求分析、设计、实现和测试活动。

通过对多次迭代的系统进行持续扩展和精化，并以循环反馈和调整作为核心驱动力，使之最终成为完善的系统。随着时间的递增，系统通过一次一次的迭代，增量式地发展及完善，因此，这种方法也称为迭代和增量式开发（iterative and incremental development）。

早期迭代过程的思想是螺旋式开发和进化式开发。螺旋模型将瀑布模型与原型法模型结合起来，并且加入风险分析，构成具有特色的模式，弥补了前两种模型的不足。螺旋模型将工程划分为制定计划、风险分析、实施工程、用户评价四个主要活动。这四个活动螺旋式地重复执行，直到最终得到用户认可的产品。螺旋模型如图2-2所示。

在螺旋模型中，软件开发是一系列的增量发布。在每一次迭代中，被开发系统的更加完善的版本逐步产生。螺旋模型被划分为若干框架活动，也称为任务区域。典型地，有以下任务区域。

（1）客户交流。建立开发者和客户之间有效通信，正确定义需求。

（2）计划。定义资源、进度及其他相关项目信息，即确定软件目标、选定实施方案、弄清项目开发的限制条件。

（3）风险分析。评估技术的及管理的风险，即分析所选方案、考虑如何识别和消除风险。

（4）工程。建立应用的一个或多个表示，即设计软件原型。

（5）设计与制作。构造、测试、安装和提供用户支持，即实施软件开发。

（6）客户评估。基于对在工程阶段产生的或在安装阶段实现的软件表示的评估，获得客户反馈，即评价开发工作、提出修正建议。

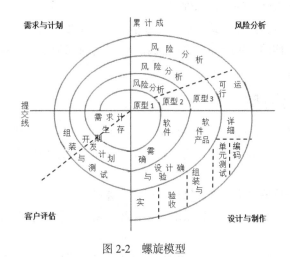

图 2-2　螺旋模型

对于大型系统及软件的开发，螺旋模型是一种很好的方法。开发者和客户能够较好地对待和理解每一个演化级别上的风险。但需要相当的风险分析评估的专门技术，且成功与否依赖于这种技术。很明显，一个大的没有被发现的风险问题，将会导致问题的发生，可能导致演化的方法失去控制。

开发人员可以用多种方法决定如何将开发组织为发布。增量开发（incremental development）和迭代开发（iterative development）是两种最常用的方法。在增量开发中，需求文档中指定的系统按功能划分为子系统。定义发布时首先定义一个小的功能子系统，然后在每一个新的发布中增加新功能。图 2-3 的上半部分显示了增量开发是如何在每一个新的发布中逐步增加功能直到构造全部功能的。

图 2-3　增量模型和迭代模型

而迭代开发是在一开始就提交一个完整的系统，然后在每一个新的发布中改变每个子系统的功能。图 2-3 的下半部分说明了一个迭代开发的三个发布。实际上，许多组织将迭代开发和增量开发方法结合起来使用。

与瀑布模型相比，迭代开发有以下三个重要优点。

（1）降低了适应用户需求变更的成本。重新分析和修改文档的工作量比瀑布模型要少很多。

（2）在开发过程中更容易得到用户对于已完成的开发工作的反馈。用户可以评价软件的现实版本，并可以看到已经实现了多少。这比让用户从软件设计文档中判断工程进度要好很多。

（3）使得更快地交付和部署有用的软件到客户方变成了可能，虽然不是所有的功能都已经包含在内。但与瀑布模型相比，用户可以更早地使用软件并创造商业价值。

尽管迭代开发有很多优点，但也不是没有问题。从管理的角度来看，增量方法存在两个问题：

（1）过程不可见。管理者需要通过经常性的可交付文档来把握进度，如果系统开发速度太快，要产生反映系统每个版本的文档就很不划算。

（2）伴随着新的增量的添加，系统结构在逐步退化。除非投入时间和金钱用在重构系统结构上以改善软件，否则定期的变更会损坏系统的结构。随着时间的推移，越往后变更系统越困难，而且成本也将逐步上升。

### 2.2.4　可转换模型

Balzer 的可转换模型（transformational model）通过去除某些主要开发步骤来设法减少出错的机会。利用自动化手段的支持，转换过程使用一系列转换把需求规格说明变为一个可交付使用的系统。

转换的样例有改变数据表示、选择算法、优化、编译。

由于从规格说明到可交付系统可以采取很多途径，所以它们所表示的变换序列和决策都保存为形式化的开发记录。

转换方法具有很好的前景。然而，应用转换方法的主要障碍在于需要一个精确表述的形式化的规格说明，这样才可以基于它进行操作，如图 2-4 所示。随着形式化规格说明方法的普及，转换模型将会被更广泛地接受。

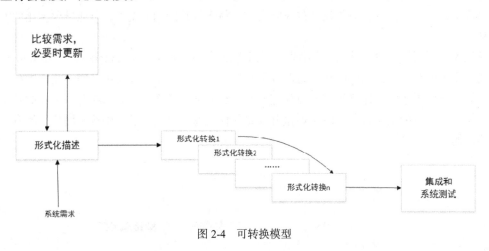

图 2-4　可转换模型

# 2.3　敏捷开发过程

随着互联网技术和应用的迅速发展，软件开发面临着需求频繁变化和快速交付的挑战。在这种情况下，人们开始尝试一种新型的敏捷开发方法。敏捷方法采用增量和迭代的开发过程，强调团队紧密的协作。这种方法已经取代了传统的瀑布模型，被众多的软件企业广泛地应用。

传统的瀑布模型，是最典型的预见性开发方法。它要求需求在开发初期就完全确定，并且在整个过程中很少变化，整个开发过程是计划驱动的，严格按照需求、设计、编码、测试、维护的步骤顺序展开。然而，实际上软件开发更专注于交付的价值。也就是说，高质量的交付产品是最重要的，而这个产品不是一次构建形成，是需要经过迭代演进来形成的。

互联网时代，是一个快鱼吃慢鱼的时代。快速地推出产品，就能够占领市场的先机。在互联网时代，用户的变化和对创新的要求是非常高的，软件的产品要追求创新，要快速地响应用户的变化。

敏捷开发就是一种有效应对快速变化需求、快速交付高质量软件的迭代和增量的新型开发方法。它强调更紧密地团队协作，关注可工作的软件产品。这是一种基于实践而非理论的开发方法。

敏捷方法强调适应而非预测。由于软件需求很难预测，那么按照预测产生的结果，往往不是用户需要的产品，所以软件开发应该是一个自适应的跟踪过程，通过适应和逼近，最终产生用户满意的产品。

## 2.3.1　敏捷方法的由来

从 20 世纪 70 年代到 90 年代提出并使用的许多软件开发方法都试图在软件构思、文档化、开发和测试的过程中强加某种形式的严格性。在 20 世纪 90 年代后期，一些抵制这种严格性的开发人员系统地阐述了他们的原则，试图强调灵活性在快速有效的软件生产中所发挥的作用。

2001 年，这群关注迭代和敏捷方法的人（铸就了"敏捷"这一术语）为寻求共识汇聚一堂。该会议的成果就是创建了敏捷联盟并发表了代表敏捷精神原则的"敏捷宣言"。敏捷宣言可以概括为四种核心价值和十二条原则，用于指导迭代的以人为中心的软件开发方法。"敏捷宣言"强调的敏捷软件开发的四种核心价值如下所示。

（1）"个体和交互"胜过"过程和工具"。

相对于过程和工具，他们更强调个人和交互的价值。这种观点包括给开发人员提供他们所需的资源，并相信他们能够做好自己的工作。开发团队将他们组织起来，让他们进行面对面交互式的沟通，而不是通过文档进行沟通。

（2）"可以工作的软件"胜过"面面俱到的文档"。

他们更喜欢在生产运行的软件上花费时间，而不是将时间花费在编写各种文档上。也就是说，对成功的主要测量指标是软件正确工作的程度。

（3）"客户合作"胜过"合同谈判"。

他们将精力集中在与客户的合作上，而不是在合同谈判上，从而客户成为软件开发过程的一个关键方面。

（4）"响应变化"胜过"遵循计划"。

他们专注于对变化的反应，而不是创建一个计划而后遵循这个计划，因为他们相信不可能在开发的初始就预测到所有的需求。

"敏捷宣言"提出的十二条基本原则已经应用于管理大量的业务以及 IT 相关项目中，包括商业智能。这十二条基本原则如下所示。

（1）我们的最高目标是，通过尽早和持续地交付有价值的软件来使客户满意。

（2）欢迎对需求提出变更，即使到了项目开发的后期，也要善于利用需求变更，帮助客户创造竞争优势。

（3）经常性地交付可以工作的软件，交付的间隔可以从几个星期到几个月，并且交付的时间间隔越短越好。

（4）在整个项目开发期间，业务人员和开发人员必须天天都在一起工作。

（5）要善于激励项目人员，给他们提供所需要的环境和支持，并且信任他们能够完成工作。

（6）无论是团队内还是团队间，最具有效果并且富有效率的传递信息的方法，就是面对面地交流。

（7）可用的软件是衡量进度的主要指标。

（8）敏捷过程提倡可持续的开发速度，责任人、开发者和用户应该能够保持一个长期的、恒定的开发速度。

（9）坚持不懈地追求技术卓越和良好设计，将会增强敏捷能力。

（10）要做到简单，即尽最大可能减少不必要的工作，这是一门艺术。

（11）最好的构架、需求和设计出自于自组织的团队。

（12）每隔一定时间，团队会在如何才能更有效地工作方面进行反省，然后相应地对自己的行为进行调整。

## 2.3.2　计划驱动开发和敏捷开发

软件开发的敏捷方法认为，设计和实现是软件过程的核心活动。敏捷方法将其他的活动，如需求的导出和测试，合并到设计和实现活动中。相对而言，软件工程的计划驱动方法，识别软件过程中的每个阶段及其相关输出。前一个阶段的输出作为规划接下来的过程活动的基础。对于系统描述，计划驱动和敏捷方法之间的不同如图 2-5 所示。

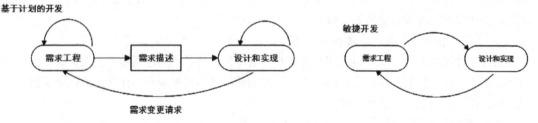

图 2-5　计划驱动和敏捷描述

在计划驱动的方法中，迭代发生在各个活动之中，用正式文件在软件过程的各个阶段之间进行沟通。例如，需求演化，最终产生一个需求描述。这个需求描述又作为设计和实现过程的输入信息。根据这个需求，可以估计所需要的资源和时间，制定完美的计划。整个的开发过程，是完全按照计划来驱动的。

在敏捷方法中，迭代发生在所有活动之间。敏捷方法认为需求是不确定的，它是在固定的时间和资源范围内，估计出所需要实现的产品特性。通过这个价值的驱动，来实现用户需要的功能。因此，需求和设计阶段不是单独开发的，而是同时进行的。

计划驱动的软件过程可以支持增量式开发和交付。例如，分配需求并将设计和开发阶段计划为一系列的增量，这是完全可行的。敏捷过程也并不是一定围绕代码展开的，它可以产生一些设计文档，而不是产生一个新版本系统。实际上，大多数的软件工程包括计划驱动的开发和敏捷开发的实践。为了在计划驱动和敏捷方法之间得到平衡，通常需要回答以下一些技术的、人员和机构方面的问题。

（1）在实现开始之前，有非常详细的描述和设计非常重要吗？如果是，就需要使用计划驱动的方法。

（2）增量交付策略，即软件交付给用户并快速地取得反馈，可行吗？如果是，考虑使用敏捷方法。

（3）开发的系统有多大？敏捷方法对于小的、处于同一地点的开发团队来说大多是有效的，这种团队的交流往往是非正式的。可能不适用于需要大的开发团队的大型系统，这种系统可能要用计划驱动的方法。

（4）开发的系统是什么类型？实施之前需要大量分析的系统（如有复杂时序要求的实时系统），通常需要相当详细的设计来实现这些分析。这种情况下，计划驱动的方法可能是最好的。

（5）预想的系统寿命是多长？长寿命的系统可能需要通过更多的设计文档来体现系统开发者的最初意向，以支持团队工作。然而，敏捷方法的支持者们认为，文档通常不能得到及时更新，且在长期的系统维护中很少用到。

（6）以什么样的技术来支持系统开发？敏捷方法通常依赖于好的工具。

### 2.3.3　敏捷方法

敏捷方法，是一组轻量级开发方法的总称，它包含了很多具体的开发过程和方法。每一种方法都基于一套原则，这些原则实现了敏捷方法所宣称的理念（敏捷宣言）。最主要的敏捷方法有以下几种。

#### 1. 极限编程（XP）

它是激发开发人员创造性、使管理负担最小的一组技术。极限编程（XP）的主要目的是降低需求变化的成本。它引入一系列优秀的软件开发方法，并将它们发挥到极致。比如，为了能及时得到用户的反馈，XP 要求客户代表每天都必须与开发团队成员在一起。同时，XP 要求所有的编程都采用结对编程（pair-programming）的方式。这种方式是传统的同行审查（peer review）的一种极端表现，或者可以说是它的替代方式。

XP 定义了一套简单的开发流程，包括编写用户案例、架构规范、实施规划、迭代计划、代码开发、单元测试、验收测试等。像所有其他敏捷方法一样，XP 预期并积极接受变化。

#### 2. 并列争球法（Scrum）

该方法由对象技术公司于 1994 年创建，随后 Schwaber 和 Beedle 将它产品化。Scrum 是一个敏捷开发框架，它由一个开发过程、几种角色以及一套规范的实施方法组成。它可以被运用于软件开发、项目维护，也可以被用来作为一种管理敏捷项目的框架。

在 Scrum 中，产品需求被定义为产品需求积压（product backlogs）。产品需求积压可以是用户案例、独立的功能描述、技术要求等。所有的产品需求积压都从一个简单的想法开始，并逐步被细化，直到可以被开发。

Scrum 将开发过程分为多个 Sprint 周期，Sprint 代表一个 2 ~ 4 周的开发周期。每个 Sprint 有固定的时间长度。首先，产品需求被分成不同的产品需求积压条目。然后，在 Sprint 计划会议（Sprint planning meeting）上，最重要或者最具价值的产品需求积压被首先安排到下一个 Sprint 周期中。同时，在 Sprint 计划会议上，将对所有已经分配到 Sprint 周期中的产品需求积压进行估计，并对每个条目进行设计和任务分配。在 Sprint 周期过程中，这些计划的产品需求积压都将被实现并且充分测试。每天，开发团队都会进行一次简短的 Scrum 会议（daily Scrum meeting）。会议上，每个团队成员需要汇报各自的进展情况，同时提出遇到的各种障碍。每个 Sprint 周期结束后，都会有一个可以被使用的系统交付给客户，同时进行 Sprint 审查会议（Sprint review meeting）。审查会议上，开发团队将向客户或最终用户演示新的系统功能。同时，客户会提出意见以及一些需求变化。这些可以以新的产品需求积压的形式保留下来，并在随后的 Sprint 周期中得以实现。Sprint 回顾会议随后会总结上次 Sprint 周期中有哪些不足需要改进以及有哪些值得肯定的方面。最后，整个过程将从头开始，开始一个新的 Sprint 计划会议。

### 3. 水晶法（Crystal Clear）

这是另一种形式的敏捷方法，它更专注于人。相比于其他的敏捷方法，它可使人获得更大的解放。它认为每一个不同的项目都需要一套不同的策略、约定和方法论。水晶法正是基于这一理念的一组方法。Cockburn 是水晶法的创建者。他认为，人对软件质量有重要的影响，因而随着项目质量和开发人员素质的提高，项目和过程的质量也随之提高。通过更好的交流和经常性的交付，软件生产力得以提高，因为它较少需要中间工作产品。

这种方法更适合于较小规模的开发小组（由 2 ~ 8 人组成）和非关键项目。Crystal Clear 定义了七种属性。前三种属性——频繁的交付（frequent delivery），渗透交流（osmotic communication），反思提高（reflective improvement）——反映出基本的敏捷开发做法和价值，如周期较短的迭代式开发、自我管理的开发团队和反馈带动增量发展等。另外的四种属性分别是个人安全（personal safety）、集中（focus）、容易接触专家用户（easy access to expert users）和技术环境（technical environment）。其中，容易接触专家用户实际就是敏捷方法中提到的客户持续参与，但 Crystal Clear 对此要求较宽松。Crystal Clear 也提供了一些通用的做法，比如，它提供了访谈、问卷调查和工作组三种回顾分析的方法。Crystal Clear 的过程也是相当简单的，其中涉及短的迭代周期、日常会议及持续集成等。

### 4. 动态系统开发方法（DSDM）

这是由快速应用程序开发（RAD）方法演变而来的敏捷开发模式。DSDM 在普遍的敏捷价值和原则的基础上，定义了更加详细的流程，以涵盖更完整的项目生命周期，包括项目前期活动（pre-project activities）、项目可行性研究、功能建模、设计和开发、实施或部署、项目后期维护（post-project maintenance）等。同时，每个过程都定义了诸如如何将每个功能模型转化为实际代码、如何将原型交付最终用户使用并审查、如何处理反馈信息等的详细步骤。因此，相比于其他敏捷方法，DSDM 在过程上显得比较繁重。

### 5. 特征驱动开发（FDD）

这是另一种敏捷开发方式，它将用户的功能需求划分成更小的功能特征，然后逐步地在每个迭代周期中开发实现这些产品特征。与 DSDM 方式一样，FDD 仍然会在项目初期对整个项目进行较大的规划和建模，以获得对该系统的全面了解。但是与 DSDM 相比，FDD 在这些方面更简捷。

### 6. 自适应软件开发（ASD）

它有六个基本的原则。在自适应软件开发中，有一个使命作为指导，它设立项目的目标，但并不描述如何达到这个目标。特征被视作客户价值的关键点，因此项目是围绕着构造的构件来组织并实现特征的。过程中的迭代是很重要的，因此"重做"与"做"同样关键，变化也包含其中。变化不被视作改正，而是被视作对软件开发实际情况的调整。确定的交付时间迫使开发人员认真考虑每一个生产的版本的关键需求。同时，风险也包含其中，它使开发人员首先解决最难解决的问题。

敏捷方法包含了很多具体的开发过程和方法，在这里面最有影响的两个方法就是极限编程和 Scrum 开发方法。如何选择一种合适的方法取决于多种因素。在做出决定之前，通常需要充分考虑以下这些方面。

（1）方法的复杂度。确保创建的团队或组织能够应付这种复杂度。

（2）社区支持。流行的方法可能并不是最理想的选择，但流行的方法至少有较多的社区及行业支持，可以使开发小组受益匪浅。

（3）实用工具。选择一种可以提供许多支持工具的方法。一个良好的自动化工具可以帮助团队有效地处理日常工作，促进团队协作，并减少管理成本。

（4）目前的开发方式和目前团队关于敏捷方法的认识程度。选择一些与开发小组当前开发方式比较接近的敏捷方法将有助于推动该方法的实施。

（5）团队规模。较小规模的团队最好从简单的方式入手。当然，这并不意味着必须选择那些本身就比较简单的方法如 Crystal Clear。开发团队可以选择一些相对比较全面的方法，但从简单入手。当团队的规模逐渐扩大时，再增加相应的细节。

（6）不需要只遵从一种方法。可以为团队选择一个主要的方法（如 Scrum 法），然后从其他方法中借鉴对本团队或组织有所帮助的其他方式加以整合。

敏捷总是在不断发展演变的，因此，没有一个人能保证目前的敏捷方法都是正确的。每个采用敏捷开发的团队都可以通过发现并形成自己的想法和最佳实践，对敏捷开发做出自己的贡献。

# 习题二

1. 什么是软件过程？它与软件工程方法学有何关系？
2. 软件生存期分哪几个阶段？各阶段的任务分别是什么？
3. 什么是敏捷开发？它的特点是什么？
4. 简述你所知的软件开发模型各有什么特点？
5. 试论述计划驱动开发与测试驱动开发两者的优缺点。
6. 结合实例，说明软件开发过程中，如何选择合适的开发模型以及会涉及哪些因素。

# 第3章
# 对象模型

传统的结构化方法学适合需求比较确定的应用领域，这一点已成为软件工程界大多数学者和实践者的共识。实际上，系统的需求往往是变化的，而且用户对系统到底要求些什么也不是很清楚，而这些在面向对象方法中不再成为问题，因而对象技术发展十分迅速，成为 20 世纪 90 年代十分流行的软件开发技术。

从狭义上看，面向对象的软件开发包括面向对象分析（Object-Oriented Analysis，OOA）、面向对象设计（Object-Oriented Design，OOD）和面向对象程序设计（Object-Oriented Programming，OOP）三个主要阶段。其中，OOA 是指系统分析员对将要开发的系统进行定义和分析，进而得到各个对象类以及它们之间的关系的抽象描述；OOD 是指系统设计人员将面向对象分析的结果转化为适合于程序设计语言中的具体描述，它是进行面向对象程序设计的蓝图；OOP 则是程序设计人员利用程序设计语言，根据 OOD 得到的对象类的描述，建立实际可运行的系统。

## 3.1 面向对象基础

简单地说，面向对象方法学的基本原则有三条。

（1）一切事物都是对象。

（2）任何系统都是由对象构成的，系统本身也是对象。

（3）系统的发展和进化过程都是由系统的内部对象和外部对象之间（也包括内部对象与内部对象之间）的相互作用完成的。

从面向对象技术的实际应用情况来看，Smalltalk 语言是坚持这三条基本原则的典型代表，而 C++语言则在第一条原则上进行了一些修正。

面向对象方法之所以会如此流行，主要是因为它非常适合于人们认识和解决问题的习惯。首先，它是一种从一般到特殊的演绎方法，如面向对象中的继承与人们认识客观世界时常用的分类思想非常吻合。其次，它也是一种从特殊到一般的归纳方法，如面向对象中的类是由一大批相同或相似的对象抽象而得的。面向对象方法的主要特征如下。

（1）客观世界是由各种对象（Object）组成的，任何事物都是对象，复杂的对象可以由比较简单的对象以某种方式组合起来。因此，面向对象的软件系统是由对象组成的，软件中的任何元素都是对象，复杂的对象由比较简单的对象组合而成。

（2）把所有的对象都划分为各种类（Class），每个类都定义了一组数据和一组方法。数据用于表示对象的静态属性，描述对象的状态信息；方法是对象所能执行的操作，也就是类中所能提供的服务。

（3）按照子类（也称为派生类）和父类（也称为基类）的关系，把若干个类组成一个层次结构的系统。在这种类层次结构中，通常下层的派生类具有与上层的基类相同的特性（包括数据和方法），这一特性称为继承（Inheritance）。

（4）对象与对象之间只能通过传递消息进行通信（Communication with Messages）。

以上四个要点概括了面向对象方法的精华，可用如下公式概括：

Object-Oriented = Objects + Classes + Inheritances + Communication with Messages

## 3.1.1 面向对象的基本概念

### 1. 类与对象

类是面向对象的一个基本概念，类封装了客观世界中实体的特征和行为，即类的属性（数据抽象）和方法（过程抽象，也称为操作）两个方面。图 3-1（a）所示的表示符号用来描述类，类中的对象的表示符号见图 3-1（b）。其中，对象的表示符号是在类的表示符号的基础上加了一个细实线的圆角矩形边框。外部细实线的圆角矩形框表示对象，内部粗实线的圆角矩形框表示类。

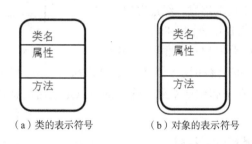

（a）类的表示符号　　（b）对象的表示符号

图 3-1　类与对象的表示符号

### 2. 属性

属性附属于类与对象，描述了类与对象区别于其他类与对象的特性。不论是物理对象还是人，它们的每一个特性都可以看作一个类与一个特定的域之间的一种二元关系，这也就是说属性具有域中定义的某个值。在大多数情况下，一个域可以简单地用一组特定的值来表示。例如，假定类"人"有一个属性为"肤色"。而"肤色"对应的域为﹛黄色，白色，黑色﹜。这时，属性"肤色"就可以取这三种颜色值之一。在一些应用当中，可以为属性设置默认值。例如，可以将"肤色"的默认值设为"黄色"。

### 3. 方法

在类与对象的介绍中，已经看到方法也是附属于类与对象的，方法描述了类与对象的行为。面向对象中的每一个对象都封装了数据和算法两个方面。数据由一组属性表示，算法则用来处理这些数据。这里的算法也就是图 3-1 中所示的方法，有时也称为操作或服务。类与对象封装的每一个方法都代表着类与对象能够进行的一个"动作"。例如，对象"人"的"取肤色"方法可以获取存储在属性"肤色"中的值。

### 4. 消息

消息是对象之间进行交互的手段和方法。向一个对象发送消息，接收消息的对象会执行相应的动作来做出响应，也就是执行某一方法。当方法执行结束的时候，这一响应动作也就完成了。图 3-2 表示了对象之间消息传递的过程。

发送消息的对象（以后简称发送对象）通过其内部的某个方法产生如下形式的一个消息。

消息：［目标，方法，参数］

这里，目标代表消息将要传递到的对象（即接收消息的对象，以后简称接收对象），方法是指将要激活的接收对象的方法，参数是方法需要成功执行所需要的信息。下面通过一个例子来理解对象之间通过消息传递进行通信的过程。图 3-2 所示的面向对象系统中，有四个对象 A，B，C 和 D。对象 A 有若干个属性和两个方法，对象 B 有若干个属性和三个方法，对象 C 有若干个属性和两个方法，对象 D 有若干个属性和三个方法。发送对象向一个对象发送消息，实质上是请求一个对象完成某项服务，在这种意义上，发送对象和接收对象之间是类似于客户机和服务器之间的关系。接收对象通常是这样响应消息请求的：首先选择要执行的方法，然后执行该方法，执行完该方法后将控制权返回给发送对象（必要时向发送对象提供返回值）。图 3-2 中所示有两条消息传递的链路：一条是从对象 A 的方法 OP1 内部出发，经过对象 B 的方法 OP4，最后到达对象 D 的方法 OP10；另一条是从对象 A 的方法 OP2 内部出发，经过对象 C 的方法 OP6，最后到达对象 D 的方法 OP9。

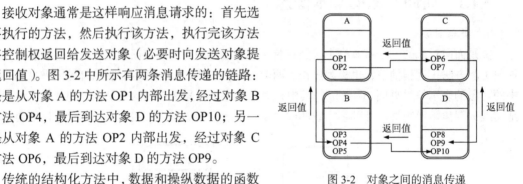

图 3-2　对象之间的消息传递

传统的结构化方法中，数据和操纵数据的函数（或过程）是分开的，重点是将数据送到函数中，请求执行相应的功能。而在面向对象方法中，数据和操纵数据的方法合在一起构成对象，这时的重点是发送消息到对象以请求对象完成相应的功能。

### 3.1.2　对象、属性与方法

对象就是在一段运行的计算机程序中，将数据和代码封装在一起的单元。对象是通过调用其他对象的服务来进行交互的。有两个对象 Stu 和对象 Elmer，对象 Stu 要求对象 Elmer 解答 905 和 1988 是否互为素数，如图 3-3 所示。对象 Elmer 积极地进行计算和解答：两个整数如果除 1 之外，再没有共同的因子，那么它们就是互质的。或者换个说法，如果两个整数的最大公约数为 1，那么它们是互质的。

图 3-3　客户对象发送消息给服务对象，调用服务对象的方法

事实上，对象并不会随意接受调用并给出解答。相反，对象可接受的调用通常被定义为该对象的一组"方法"。图 3-3 所示的 areCoprimes() 表示为 Elmer 对象的一个方法。方法是与一个对象相关联的函数、操作、过程或者子程序，其他对象可以通过调用方法获得该对象的服务。每一个

对象都支持有限数量的方法。图 3-4 所示为自动取款机对象所提供的示例方法。这些包含具体调用方式的方法的集合，就称为这个对象的接口（见图 3-5）。该接口指定对象的行为——它接受什么样的调用以及它在响应每个调用的时候做了些什么。

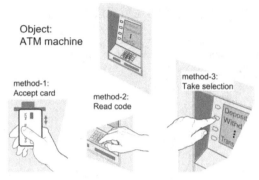 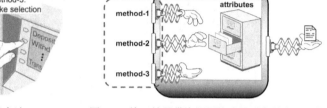

图 3-4　一个自动取款机对象的方法　　图 3-5　接口就是带有调用格式的对象的方法的集合

对象一起工作，以实现程序业务逻辑所需的任务。在面向对象的世界中，对象通过发送消息互相通信。在软件对象的世界中，当对象 A 调用对象 B 的方法时，我们称"对象 A 给对象 B 发送一个消息"。换句话说，一个客户端对象请求通过发送一个消息来执行一个来自服务器对象的方法。该消息是与接收对象所属的软件类定义的方法相匹配的。对象可以在客户端角色和服务器角色之间交替进行。当对象是一个对象调用的发起人时，该对象是客户端，无论对象是否位于相同的内存空间或者在不同的计算机上。大多数对象扮演着客户端和服务器两个角色。

对象除了方法外，还具有属性。属性是由一个标识符命名的数据项，该数据项描述对象的某些特征。例如，对于一个人来说，年龄、身高或者体重就是这个人的属性。属性包含可以区分不同对象的信息。当前指定的对象属性的值描述了对象的内部状态或者其当前的存在条件。对象所知道的一切（即对象的状态），表示为这个对象的属性；对象可以做的事情（即对象的行为），表示为这个对象的方法。类是共享同一类属性和方法（即接口）的对象的集合。把类当作对象的一个模板或蓝图，这样，每当创建一个对象实例时，我们称该对象被实例化了。每个对象实例都有不同的身份，以及各自的属性和方法副本。因为对象是由类创建而来的，所以在创建一个对象之前，必须先设计一个类，并编写相应的程序代码。

对象具有一类特殊的方法——"构造函数"，它在对象创建的时候被调用，来"构造"对象的数据成员（属性）的值。构造函数会为新对象的使用做好准备，它通常使用接受传递过来的参数，设置对象的属性。与其他方法不同的是，构造函数没有返回值。构造函数使用有意义的值来初始化对象的属性，使对象处于一个初始的、有效的、安全的状态。构造函数的调用不同于其他方法，调用者需要知道哪些值适合作为参数传递已完成对象初始化。

## 3.2　面向对象方法的要素

传统的软件开发"结构化方法"是面向过程的，因为问题的解决被描述为程序运行时可遵循的一序列步骤。处理器接收特定的输入数据，然后先做这个，再做那个，以此类推，直到输出结果。而"面向对象方法"则先将整个程序分解成为具有特定角色的软件对象，并据此给出劳动分工。然后，面向对象的程序设计描述了系统中各对象之间的消息传递。

基于过程方法就是将解决方案表示为程序执行时应遵循的一系列的步骤。它所关注的是问题的"全局视图"，是由一个单一代理以逐步推进的方式来获得问题解决的，如图 3-6（a）所示。当待解决整个问题相对比较简单，并且很少有其他可选执行路径时，逐步推进的方法更容易让人理解。但是，当执行步骤的数量以及可选的执行路径巨大时，这种方法就无法适用了。

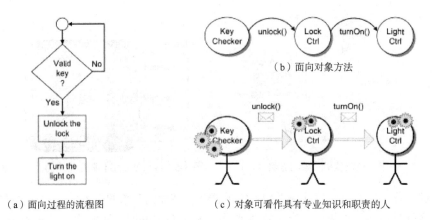

（a）面向过程的流程图　　　　　（c）对象可看作具有专业知识和职责的人

图 3-6　面向过程（程序）方法和面向对象方法的比较

面向对象（OO）方法采用的是问题的"局部视图"。每个对象只专注于一个较小的子问题，并且通过接收其他对象的消息来完成自己的任务，如图 3-6（b）所示。前面已经提到，基于过程的方法中，只有一个单一代理贯穿整个开发过程。与其不同的是，我们可以把面向对象的方法视为将许多微小的代理组织成一个"桶链"。每一个代理被调用的时候，它都携带着自身的任务，如图 3-6（c）所示。当一个对象完成它的任务时，它会给另一个对象传递信息："那是为我做的；对你而言——这是我做的；现在轮到你了！"下面给出两个对象（KeyChecker 和 LockCtrl）的 Java 伪码。

```java
public class KeyChecker {
    Protected LockCtrl lock;
    Protected java.util.Hashtable
        validKeys_;
    ...

/**Constructor */
    public KeyChecker(
        lockCtrl lc, ...) {
        lock_ = lc;
        ...
    }

/**This method waits for and
 * validates the user-supplied key
 */
    public keyEntered (
        String key
    ) {
        if (
        validKeys.containsKey(key)
        ) {
            lock_.unlock(id);
```

```java
public class LockCtrl {
    Protected boolean
        locked_ = ture; //start locked
    Protected LightCtrl switch_;
    ...

/**Constructor */
    public LockCtrl(
        LightCtrl sw, ...) {
        switch_ = sw;
        ...
    }

/**This method sets the lock state
 * and hands over control to the switch
 */
    public unlock() (
        ... operate the physical lock device
        locked_ = false;
        switch_.turnOn();
    }

public lock(boolean light) {
```

```
    } else {
        //dcny access
        //& sound alarm bell?
    }
  }
}
```

```
        ... operate the physical lock device
        locked_ = true;
        if (light) {
            switch_.turnOff();
        }
    }
}
```

观察上面两个类的定义，可以发现如下两点。

（1）对象角色/职责是集中的。每个对象如其名字所声明的一样，只关注一个任务；我们将在后面看到更多的对象职责，比如调用其他对象。

（2）慎重选择对象的抽象级别。这里，我们选择定义 KeyChecker 这个类以及它的 keyEntered()方法，而不是详细地描述使用何种方法实现"用钥匙进入房间"（例如，是通过输入密码还是使用指纹一类的生命特征）。同样地，LockCtrl 类也没有给出具体的门锁装置的功能。这类细节可以放至较低抽象级的对象（例如派生类中）加以描述，而较高抽象级的对象只需给出控制访问方式。

面向对象软件开发中的关键是对对象进行职责分工。最好是每个对象只有一个明确定义的任务（或职责），这样就比较容易实现。一个对象完成任务，需要与其他对象进行交流。这时，职责分配的难度就出现了。

当系统出错时，你一定希望知道错在哪儿或者是谁出的错。这对于一个具有很多功能和交互的复杂系统来说，是尤为重要的。面向对象的方法很有用，因为对象的职责往往是已知的，不过首先需要确保职责进行了充分的分配。这就是为什么分配职责给对象可能是软件开发中最重要的技能。一些职责的分配是显而易见的。例如，在图 3-6 中，给 LightCtrl 对象分配控制灯光开关的任务是很显然的。

然而，分配对象间交流信息的职责更难。例如，谁应该发送信息给 LightCtrl 对象以打开电灯开关？在图 3-6 中，这个职责分配给了 LockCtrl 对象。另一个合乎逻辑的选择就是分配给 KeyChecker 对象。也许这个更合适，因为只有 KeyChecker 对象才能确定钥匙是否合法，以及是否应该开锁和初始化照明的行为。

对象的概念允许我们将软件划分成更小、可管理的部件，这就是分而治之。分而治之又称作还原论、模块化和结构主义。沿用还原论范式，"面向对象是将所分析的复杂事物转换为简单成分的趋势或原理；是可以依据独立的部件或者简单的概念完全理解一个系统的观点"。例如，小汽车出了故障，技工可能会在以下这些零件中查找问题所在——是电池坏了，风扇皮带断了，还是燃油泵损坏。当系统的每个活动都是由一个单元实现，并且每个单元的输入和输出都被完整地定义好了时，这个设计就是模块化的。还原论的思想认为，理解任何复杂事情的最佳途径，就是探究各组成部分的本质以及运作。这种方法包含了最基本的科学道理，是人类解决问题的基本方法。

面向对象是软件开发人员面临现实世界的问题所产生的世界观。虽然面向对象方法得到了广泛的应用，并取得了很多成功案例。但是，和其他任何世界观一样，在软件开发不断变换的场景中，软件开发人员仍然会质疑其正确性。面向对象要求数据和行为必须打包在一起，被封装的数据在对象外部是不能直接操作的，只能通过对象提供的方法间接获取。这就好比一次性相机或早期的数码相机，胶卷（数据）或内置存储器被封装在相机机械装置（处理）中。实际上，人们并不真的喜欢这样的模型，现在大多数摄影设备都带有一个可替换的存储卡。这可以有效地将数据与处理分离开来，但是违背了数据隐藏的原理。

### 3.2.1　对象元素的访问控制

模块化软件设计提供了将软件划分为多个有意义的模块的方法，如图 3-7 所示。然而，这些模块只是子程序块和数据的一种松散组合。因为数据并没有严格的归属，子程序块之间可以互相修改对方的数据，这就使得每个子程序块很难追踪谁对其数据进行了处理，进行了哪些处理，以及什么时候进行的处理。面向对象的方法更进一步，强调状态的封装，也就是说，隐藏对象的状态，只能通过对象提供的方法来观察和修改对象的状态。这种方法可以更好地控制应用程序中各模块之间的交互。传统的软件模块，和对象不一样，存在着更多的"漏洞"；而封装有助于防止对象状态和职责的"泄露"。

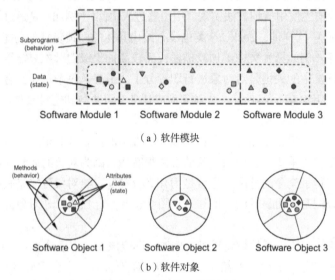

（a）软件模块

（b）软件对象

图 3-7　软件模块和软件对象

在面向对象中，对象的数据不只是程序数据——它们是对象的属性，代表对象的个体特征或者特性。当设计类的时候，我们需要定义该类对象所具有的内部状态以及该状态在类外（对其他对象来说）的表现形式。对象的内部状态保存为类属性，也称为类的实例变量。在 UML 中，类的表示如图 3-8 所示。许多编程语言允许通过一个变量操作直接访问内部状态，这是非常糟糕的做法。相反，应该控制对对象数据的访问。外部状态应该通过 getter 和 setter 方法调用来获取或设置这些实例变量。getters 和 setters 有时也称为访问和赋值的方法。例如，图 3-9 中的 LightController 类，其属性 lightIntesity 的 getter 和 setter 方法分别是 getLightIntensity()和 setLightIntensity()。getter 和 setter 方法可以看作是对象接口的一部分。这样，接口在公开对象行为的同时，也通过 getter 和 setter 方法公开对象的属性。

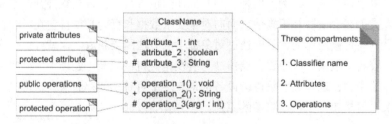

图 3-8　类的 UML 表示法

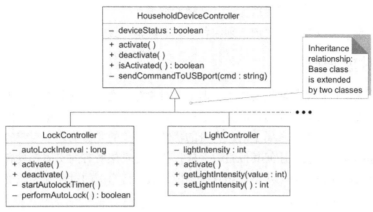

图 3-9  对象继承示例

对象属性和方法的访问是由访问权限（也称为可见性）来控制的。当一个对象的属性或方法被定义为"公有的"时，其他对象就可以直接访问它们。当一个属性或方法被定义为"私有的"时，只有特定的对象可以访问它们（即使是继承该类的子类对象也不可以访问）。另一个访问权限"保护的"，表示允许相关对象的访问，下一小节中将详述。在 UML 类图中，访问权限的符号表示为：+公共的，全局可见；#保护的，相关可见；-私有的，只有类内部可见，如图 3-8 所示。

我们将对象设计为三个组成部分：公共接口、使用的条款和条件（合同）及如何实现业务逻辑的私有细节（称为实现）。

向客户对象提供的服务组成了接口。接口是对象之间交流的基本方式。对象提供的任何行为，必须通过使用其所提供的某一种接口方法，发送消息得以调用。接口应该精确地描述类的客户对象是如何与该类进行交互的。只有被指定为公有的方法才包含在类的接口中（UML 类图中用"+"表示）。例如，在图 3-9 中，HouseholdDeviceController 类有三个公有方法，构成了它的接口。私有方法 sendCommandToUSBport()不是接口的一部分。需要注意的是，接口通常只包括对象的方法，不包括对象的属性。如果客户对象需要访问某个属性，就只能通过使用 getter 和 setter 方法实现了。

封装是面向对象的基础。封装是将程序打包、将类划分为公共接口和私有实现的过程。基本的问题就是，类中的什么内容（哪些元素）应该公开，哪些应该隐藏。这个问题同样适用于对象的属性和行为。封装隐藏了一切其他类所不需要知道的内容。通过对象属性和行为的本地化，可以防止那些逻辑无关的功能操纵对象的元素。这样，我们可以确保一个类的改变不会引起系统的连锁反应。这个特性使得类的维护、测试和扩展变得更简单了。

面向对象使用的是关注接口的黑盒方法。将整个系统看作一个黑盒子，在这里我们只关注一个个独立对象的微观层面。当指定一个接口时，我们感兴趣的只是这个对象做了什么，而不是它如何做的。"如何做"这一部分是在实现阶段才会考虑的。类的实现是描述类如何实现其业务（例如执行计算）的程序代码。只要能得到正确的答案，客户对象通常不会关心计算过程是如何执行的。因此具体的实现是可以改变的，而且不会影响到客户对象的代码。例如，在图 3-3 中，Stu 对象并不关心是否是 Elmer 对象来回答数字互质的问题。相反，它可以使用任何一个对象来获得答案，只要这个对象将 areCoprimes()方法作为其接口的一部分即可。

合同可以指明对象的不同的条款和条件。在设计或者运行的时候可以使用合同。编程语言，例如 Java 和 C#，有两种语言结构用来描述设计时的合同。运行时，合同指定在什么情况下可以调用对象的方法，以及方法执行后取得了什么样的结果。

必须强调的是，可以互换的对象必须在各个方面都是一致的。

## 3.2.2 对象职责

面向对象的关键特征就是职责的概念，即一个对象对其他对象的职责。因为将职责认真地分配给各个对象，使得分工劳动成为可能，所以每个对象只需关注自身的特色。面向对象的其他特征，如多态性、封装等，都是隶属于对象自身的特性。对象的职责描述了系统的总体设计。因为对象是共同协作的，所以就像任何其他组织一样，我们会希望所有的实体都具有定义好了的角色以及职责。确定对象应该知道（状态）和它应该做什么（行为）的过程称为职责分配。对象的职责是什么？关键的对象职责如下。

（1）"知道"型职责（knowing）：知道各类数据和引用变量，如数据值、数据集合或对其他对象的引用。即知道自己私有的、封装了的数据；知道与自己相关联的对象信息；知道自己派生出来或计算出来的事物。通常这部分职责作为类对象的属性加以描述。

（2）"做"型职责（doing）：执行计算完成某项任务，如数据处理、物理设备的控制等；发起其他对象执行动作；控制和协调其他对象内的活动。其中有一类特殊的"做"型职责，它主要实现商业政策和流程的业务规则。不同于数据处理和计算功能的算法，业务规则需要了解客户的业务环境，并且业务环境还会经常改变，所以区分业务规则是很重要的。

（3）"交流"型职责（communicating）：和其他对象进行交流。这部分通常表示为消息传递机制，调用其他对象的方法。其中，构造函数的调用尤为重要，因为调用者必须知道初始化这个新对象所需要的的正确参数。

职责分配本质上意味着如何定义一个对象所具有的方法以及谁来调用这些方法。具体对象职责的分配详见本书 7.1 节。

## 3.2.3 通过继承和组合实现重用和扩展

### 1. 继承与组合

基本的类与类之间的关系包括继承和组合。继承是一个类从一个基类中继承所有的元素，而组合是一个类中包含另一个类的引用。这些关系又可以进一步细化如下。

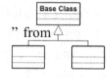

图 3-10 Is-a 关系

（1）Is-a 关系：一个类"继承"另一个称为基类、父类或者超类的类。在 UML 图中，用空心三角符号△表示，如图 3-10 所示。

（2）Has-a 关系：一个类"包含"另一个类。

① 组合关系：被包含项是包含项的一个组成部分，比如桌子腿是桌子的一个组成部分。在 UML 图中，用实心钻石符号◆表示。

② 聚合关系：被包含的项是组成包含项的元素集合中的一员，但是它本身也可以独立存在，例如办公室里的一张桌子。在 UML 图中，用空心菱形符号◇表示，如图 3-11 所示。

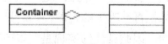

图 3-11 聚合关系

（3）Use-a 关系：一个类"使用"另一个类。在 UML 图中，用箭头符号↓表示。

（4）创建关系：一个类"创建"另一个类（调用构造函数）。

Has-a 和 Use-a 关系都属于组合类型。

#### 2. 重用与扩展

面向对象最强大的特性之一就是代码重用。过程化程序设计提供了一定程度的代码重用——你可以先写一个过程，然后重复使用多次。但是，面向对象程序设计更进一步，允许你定义类与类之间的关系，这不仅有利于代码重用，而且通过类的组织以及不同类之间共性的提取，可以达到优化整体设计的目的。

继承和组合，对象模型中的这两种重要的类与类之间的关系，使得重用和扩展成为可能。继承关系是静态的，在编译时定义，且在对象的整个生命周期中都不能改变；组合是动态的，在运行时定义，且在整个参与对象的生命周期中可以更改。

当接收消息时，对象内必须有一个已定义好的方法来响应该消息。这个方法可以是对象自定义的，也可以是从它的父类继承下来的。在继承层次中，所有子类继承父类的接口。但是，因为每个子类都是独立的实体，所以对于同一个消息，每个子类可能会做出不同的响应。例如，在图 3-9 中，子类 LockController 和 LightController 继承父类 DeviceController 的接口，即父类的三个公有方法。而私有方法是父类所私有的，即便是该类派生出来的子类也不能直接访问。子类 LightController 重新定义了由父类继承下来的 activate()方法，因为在开灯以后，它还需负责调整灯光的明暗度；而继承下来的 deactivate()方法则未经任何修改。相对地，LockController 同时重载了 activate()和 deactivate()这两个方法，因为它需要定义一些额外的行为。例如，除了打开门锁，LockController 的 deactivate()方法还需要启动计时器进入倒计时，记录门锁保持打开状态的时间，实现门锁的自动锁定。activate()方法需要清除定时器，解除保险锁。同一个父类的同一个方法在不同的子类中定义为不同的行为的这种性质，称为多态性。

继承适用于多个对象具有一些共同的职责。主要的思想就是在基类中定义通用算法，然后将它们继承到不同子类的具体语境中。有了继承，我们可以利用差异进行编程。继承是一种很牢固的关系，因为派生类和它们的基类是密不可分的。基类中的方法只能在其自身的继承结构中使用，而不能在其他继承结构中加以重用。

# 3.3　统一建模语言 UML

统一建模语言 UML（Unified Modeling Language）是一种用于描述、构造可视化和文档化软件系统的语言，由 Rational Software 公司及其合作伙伴开发。许多公司正在把 UML 作为一种标准整合到其开发过程和产品当中，包括商务建模、需求管理、分析、设计、编程、测试等。

UML 是 Booch 方法、OOSE 方法、OMT 方法和其他建模方法的组合和延伸。其开发始于 1994 年末，当时 Rational Software 公司的 Grady Booch 和 Jim Rumbaugh 各自开始了 Booch 方法和 OMT（Object Modeling Technique）方法的统一工作。1995 年秋，Ivar Jacobson 连同其 Objectory 公司加入了 Rational Software 公司，并将其 OOSE（Object-Oriented Software Engineering）方法也合并了进来。

## 3.3.1　UML 的基本实体

UML 的基本实体由定义 UML 本身的实体和使用这些实体产生的 UML 项目实体两大类构成。

#### 1. 定义 UML 本身的实体

定义 UML 本身的实体包括 UML 语义描述、UML 表示法和 UML 标准 Profile 文件。

### 2. UML 项目实体

选择哪一种模型和创建哪些图表，对于如何解决问题及构建解决方案有极大的影响。集中注意相关细节而忽略不必要细节的抽象方法，是学习和交流的关键。

（1）每一个复杂系统最好通过一个模型的几个接近于独立的视图进行描述。

（2）每一个模型可以在不同的精确级别上进行表达。

（3）最好的模型是与现实世界相关的模型。

根据一个模型、多个视图的观点，UML 定义了下面 11 种图形表示。

（1）用例图（use case diagram）。

（2）类图（class diagram）。

（3）行为图（behavior diagrams）。

（4）状态图（statechart diagram）。

（5）活动图（activity diagram）。

（6）交互图（interaction diagram）。

（7）顺序图（sequence diagram）。

（8）协作图（collaboration diagram）。

（9）实现图（implementation diagrams）。

（10）构件图（component diagram）。

（11）配置图（deployment diagram）。

这些图提供了对系统进行分析或开发时的多角度描述，基于这些图就可以分析和构造一个自一致性（self-consistent）系统。这些图与其支持文档一起，是从建模者角度看到的基本的实体。当然，UML 及其支持工具还可能会提供其他一些导出视图。

UML 不支持数据流图。简单地说，是因为它们不能很好地融入到一个一致性的面向对象方法学中。活动图和协作图能够表示人们希望从数据流图中得到的大部分内容。此外，活动图在进行工作流建模时也非常有用。

## 3.3.2  UML 图的使用实例

UML 可以表示几种不同的图形，从而可视化地表示系统的不同方面。本节分别从语义、表示法和实例三个方面简单介绍以下 8 种 UML 图。

（1）用例图（use case diagram）。

（2）类图（class diagram）。

（3）状态图（statechart diagram）。

（4）活动图（activity diagram）。

（5）顺序图（sequence diagram）。

（6）协作图（collaboration diagram）。

（7）构件图（component diagram）。

（8）配置图（deployment diagram）。

### 1. 用例图

用例图表示角色和用例之间的关系。用例代表的是一个系统或分类器（Classifier）的功能，通过与这一系统或分类器相关的外部交互者进行交互予以呈现。

一个用例图是由一些角色、一组用例，还可能有一些接口以及这些组成元素之间的关系构成的图。关系是指角色和用例之间的联系，用例通常用矩形框起来以表示系统或分类器的边界。用例图的例子如图 3-12 所示。

### 2. 类图

类图是一组静态的描述性模型元素相互连接的集合图。模型元素包括类、接口和它们之间的关系等，如图 3-13 所示。其中，# 表示受保护成员，+ 表示公有成员，-表示私有成员。

### 3. 状态图

状态图用于描述模型元素在接收到事件后的动态行为。最典型的情况是用于描述类的行为，当然也可用于描述其他实体元素（如用例、角色、子系统、操作或方法等）的行为。

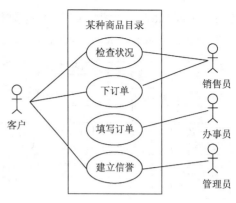

图 3-12　用例图的例子

状态图是用于表示状态机（state machine）的图。图形中的状态和各种其他类型的顶点（伪状态）用适当的状态或伪状态符号表示，状态之间的转换则用有向弧连接表示。状态图的例子如图 3-14 所示。

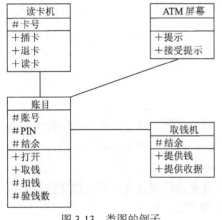

图 3-13　类图的例子

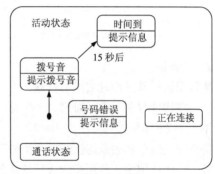

图 3-14　状态图的例子

### 4. 活动图

活动图是状态图的一种特殊情况。在活动图中，绝大部分状态是动作或子活动状态，并且绝大部分甚至所有的转换是通过动作或子活动的完成所触发的。活动图通常用于描述绝大多数甚至是所有的事件是由内部动作的完成所引起的情况，如图 3-15 所示，而一般的状态图则用于表示异步事件。

### 5. 顺序图

顺序图表示交互，是指为得到一个期望的结果而在多个分类器角色（Classifer Role)之间进行的交互序列。

顺序图有两维，垂直维代表时间，水平维表示对象。通常，垂直维自上至下代表时间向前推进，如图 3-16 所示。

### 6. 协作图

协作图表示协作，包含一组由对象扮演的角色以及在一个特定的上下文中的关系。

协作图描述相互联系的对象之间的关系，或者分类器角色（Classifer Role）和关联角色

（Association Role）之间的关系。协作图有两种不同的形式，即实例级（instance level）的图示和规格级（specification level）的图示。图 3-17 给出一个规格级图示的例子。

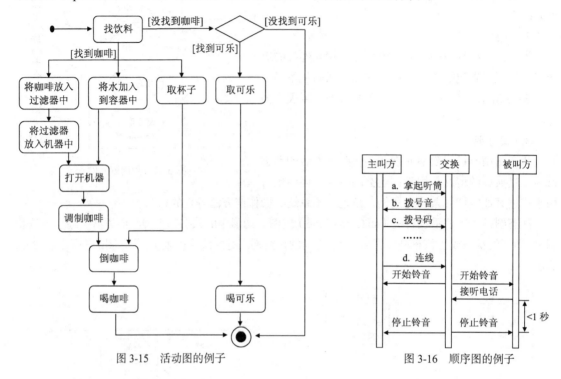

图 3-15　活动图的例子　　　　　　　图 3-16　顺序图的例子

### 7. 构件图

构件图表示软件构件之间的依赖关系。软件构件包括源代码构件、二进制代码构件和可执行构件。一些构件存在于编译时刻，一些存在于链接时刻，一些存在于运行时刻，还有一些可能存在于不止一个时刻。

构件图是由依赖关系连接起各个构件而成的图，也可能与代表复合关系的物理包容体构件进行连接。在构件图中，使用箭线表示依赖关系，如图 3-18 所示。

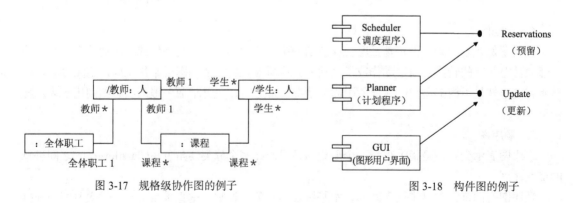

图 3-17　规格级协作图的例子　　　　　图 3-18　构件图的例子

### 8. 配置图

配置图表示运行时处理元素、软件构件以及基于它们的进程和对象的配置情况。不处在运行状态的实体的软件构件不在配置图中出现，而在构件图中表示。

配置图是一个由通信关系连接起来的结点图。结点可能包含构件实例，构件可能包含对象。

构件与构件之间的依赖关系用箭线表示，如图 3-19 所示。

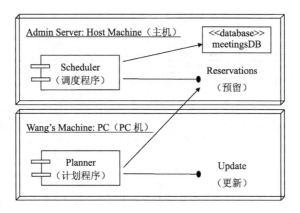

图 3-19　配置图的例子

# 习题三

1. 名词解释：对象和类，用例，UML。
2. 什么叫面向对象？面向对象方法的特点是什么？为什么要使用面向对象方法？
3. 请简要说明 UML 和面向软件开发之间的关系。
4. 如何理解面向对象方法的三大基本要素？
5. 对象的职责有哪些？职责的划分意味着什么？
6. 什么是对象模型？建立对象模型时主要使用哪些图形符号？这些符号的含义是什么？
7. 对类、属性、方法命名时，通常会遵循什么样的规则？请举例说明。

# 第4章 需求获取

需求分析要求详细、准确地分析清楚系统必须"做什么"，有时又称为软件系统分析，它处于软件工程的开始部分，提供了构建软件项目其余部分的根基，关系到软件开发的成败。同时，随着面向对象（OO）、可视化编程（VP）、计算机辅助软件工程（Computer Aided Software Engineering，CASE）等软件开发技术的发展和应用，软件设计、编码、测试等环节的技术日益成熟和稳定，需求工程却由于没有可现成套用的方法成为一个困难的课题，因此目前软件工程学科的焦点和重心正呈现出逐渐转移到前期需求阶段的趋势。只有通过软件需求分析，才能把用户对软件功能和性能的总体要求描述为具体的软件需求规格说明，从而奠定软件开发的基础。

需求工程可以帮助软件工程师更好地理解所要解决的问题。它包括一系列活动，帮助软件工程师了解业务背景，顾客希望得到的是什么，最终用户如何与软件交互以及会产生什么样的业务影响。需求工程一般从问题定义开始。

## 4.1 需求分析与用户故事

软件需求是指用户对目标系统在功能、行为、性能等方面的期望。需求分析是发现、求精、建模和产生规格说明的过程，软件开发人员需要对应用问题及环境进行理解和分析，为问题涉及的信息、功能及行为建立模型。需求分析实际上是对系统的理解与表达的过程，是一种软件工程的活动。

理解的含义就是开发人员充分理解用户的需求，对问题及环境的理解、分析与综合，逐步建立目标系统的模型。通常，软件人员和用户一起共同了解系统的要求，即系统要做什么。

表达的含义是产生规格说明等有关的文档。规格说明就是把分析的结果完全地、精确地表达出来。系统分析员经过调查分析后建立好模型，在这个基础上，逐步形成规格说明。需求规格说明是一个非常重要的文档。

经过软件的需求分析建立起来的模型可以称为分析模型或需求模型。注意，分析模型实际上是一组模型，是一种目标系统逻辑表示技术，可以用图形描述工具来建模，选定一些图形符号分别表示信息流、加工处理、系统的行为等，还可以用自然语言给出加工说明。

为了理解需求分析，首先必须了解需求分析在整个软件开发中的目标。

### 1. 需求分析的目标

Bertrand Meyer 在他的著作 *Object-Oriented Software Construction* 中总结了系统需求分析的如下八项目标。

A0：决定是否建立一个系统。

A1：理解最终的软件系统应该解决哪些问题。

A2：引出这些问题和系统的一些相关问题。

A3：提供一个与这些问题和系统特征有关的回答问题的基础。

A4：决定系统应该做什么。

A5：决定系统不应该做什么。

A6：确认系统将能够满足用户的需要，并且定义相应的验收标准。

A7：为系统开发提供一个基础。

需求分析的这些目标可由三个子阶段完成：可行性分析主要是完成 A0 目标，即要决定是否建立一个系统；需求收集主要完成目标 A1~A6；目标 A7 则由需求规格说明完成。

**2. 需求分析的过程**

为了确保分析结果的一致性、全面性、精确性，软件需求分析过程要有用户的参与和积极的协助。就需求分析而言，一个系统的成功与否，开发者与用户双方的合作是非常重要的。需求开发是分析人员对问题及环境的理解、分析与综合，建立目标系统的模型，最后形成软件需求规格说明。需求分析过程如图 4-1 所示。

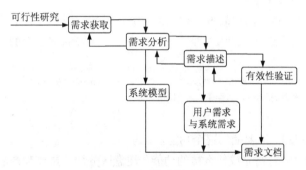

图 4-1　需求分析过程

需求分析工作可以分成以下四个过程。

（1）需求获取

系统分析人员应该研究计划阶段产生的可行性分析报告（如果存在的话）和软件项目实施计划，主要是从系统的角度来理解软件并评审用于产生计划估算的软件范围是否恰当，确定对目标系统的体系结构和综合要求，即软件的需求，并提出实现这些需求的条件，以及需求应达到的标准，也就是解决将要开发的软件做什么、做到什么程度等问题。具体内容在第 2 章中有详细阐述。

（2）需求分析

需求分析包括提炼、分析和审查已收集的需求，以确保所有的风险承担者都明白它们的含义，并且找出其中的错误、遗漏或者不足的地方。

在传统的软件工程中，分析员可以从系统的数据流和数据结构出发，逐步细化所有的软件功能，找出系统各元素之间的联系、接口特性和设计上的限制，分析它们是否满足功能要求，是否合理，依据功能需求、性能需求、运行环境需求等，剔除其不合理的部分，增加其需要部分，最终将其综合成系统的解决方案，给出目标系统的详细逻辑模型。分析和综合工作需要反复进行，直到分析员与用户双方都感到有把握正确地制定该软件的规格说明为止。

常用的分析方法有面向数据流的结构化分析方法（简称 SA）、面向数据结构的 Jackson 方法

（简称 JSD）、面向对象的分析方法，以及用于建立动态模型的状态迁移图或 Petri 网等。这些方法都采用图文结合的方式，可以直观地描述软件的逻辑模型。

（3）需求规格说明

通常，把描述需求的文档叫作软件需求规格说明，分析模型是需求规格说明中的一部分。分析员应以调查分析及分析模型为基础，逐步形成规格说明书。注意，最终确立的分析模型是生成需求规格说明书的基础，也是软件设计和实现的基础。

同时，为了确切表达用户对软件的输入输出要求，还需要制定数据要求说明书及编写初步的用户手册，着重反映被开发软件的用户界面和用户使用的具体要求。

此外，根据在需求分析阶段对系统的进一步分析，从目标系统的精细模型出发，可以更准确地估计所开发项目的成本与进度，从而修改、完善并确定软件开发实施计划。

（4）需求评审

需求分析完成后，应该对功能的正确性、完整性和清晰性以及其他需求给予评价。

为保证软件需求定义的质量，评审应指定专人负责，并严格按规程进行。评审结束后应由评审负责人签署评审意见。通常，评审意见中包括一些修改意见，分析人员须按这些修改意见对软件进行修改，待修改完成后还要再评审，直至通过才可进行软件设计。

### 3. 用户故事（User Story）

敏捷开发方法提倡使用"用户故事"替代传统需求描述。用户故事是从用户的角度来描述他所期望得到的功能。"用户故事"的编写没有固定的格式，也没有强制性的语法，但通常会按照如下格式进行描述：

As a <Role>, I want to <Activity>, so that <Business Value>.
作为一个<角色>，我想要<活动>，以便于<商业价值>

其中：

（1）角色（user-role）：谁要使用这个功能。

（2）活动（activity）：需要完成什么样的功能。注意区分用户操作和产品功能之间的关系，因为产品功能可能也提供了用户所需的价值，但却极可能不便于操作。

（3）价值（business-value）：为什么需要这个功能，这个功能可以给用户带来什么价值或者好处。

表 4-1 列出了一些关于网上订购商品的用户故事，这些故事描述了作为顾客，注册、搜索、浏览和购买商品的一系列功能；以及作为工作人员，维护商品信息和查看订单的功能。关于用户故事的具体内容，详见本书第 11.2 节。

表 4-1 网上订购商品的用户故事

| 优先级 | 名　　称 | 用户故事描述 |
| --- | --- | --- |
| 1 | 浏览商品 | 作为一名顾客在购买商品但不确定型号时，我希望能浏览网站在售的商品，按照商品类型和价格范围进行过滤 |
| 2 | 搜索商品 | 作为一名顾客在查找某种商品时，我希望能进行不限格式的文本搜索，例如按照短语或关键字搜索 |
| 3 | 注册账户 | 作为一名新顾客，我希望注册并设置一个账户，包括用户名、密码、信用卡和送货信息等 |
| 4 | 维护购物车 | 作为一名顾客，我希望能将指定商品放入购物车（稍后购买）、查看我的购物车内的商品以及移出我不想要的物品 |

| 优先级 | 名　　称 | 用户故事描述 |
|---|---|---|
| 5 | 结账 | 作为一名顾客，我希望能够完成我购物车内所有商品的购买过程 |
| 6 | 编辑商品规格 | 作为一名工作人员，我希望能够添加和编辑在售商品的详细信息（包括介绍、规格说明、价格等） |
| 7 | 查看订单 | 作为一名工作人员，我希望能登录并查看一段时间内应该完成或已经完成的所有订单 |

# 4.2 需求及其分类

## 4.2.1 需求的定义

美国科罗拉多州立大学科全分校的 Alan M.Davis 教授认为：需求是对外可见的系统特征。他强调的是需求的对外可见性，以及需求关注的是系统的特征描述。在他看来，需求管理主要由三项任务组成。

（1）学习——以学习为主的需求获取过程。

（2）剪枝——对获取到的需求，进行优选剪枝的过程。

（3）文档化——需求的文档化过程，也就是撰写需求规格说明书。

IEEE 标准对需求的定义为："需求是人们要解决的某个问题或达到某种目的的需要。是系统或其组成部分为满足某种书面合同规定（合同、标准、规范等）所要具备的能力。需求将作为系统开发、测试、验收和提交的正式文档依据。"从这个定义中可以看出，它强调的是需求与合同相关的一些特性。

另一个经典的需求定位来自 Herber Simon 教授，他是诺贝尔经济学奖以及图灵奖的获得者。在其著作《人工的科学》第五章，Simon 教授给出了这样的一段描述："每一种'人造物'，都是一个内部环境与外部环境的'接口'。这里内部环境是指人造物本身的设计组成。外部环境是指人造物的周遭及其作用环境。对这个接口的描述即是需求。"从这个定义可以看出，软件作为一种人造物，为了更好地满足外部环境对它的要求，就必须有一个针对内外环境的接口的、非常精确的描述。只有这样，才能够让软件系统的行为和外界的要求合理匹配。

## 4.2.2 需求的内容

需求是用户希望系统满足一定的目标而体现出来的行为。在需求的描述中，要反映出分析师对问题领域的清晰的理解，给出系统使用的上下文和场景。因此，在需求的定义中，通过回答以下的主要问题，可以比较清楚地了解需求的核心内容。

（1）为什么要设计这个系统。

（2）系统将由谁使用。

（3）系统要做什么。

（4）涉及哪些信息。

（5）对解决方案是否有额外的限制。

（6）如何使用该系统。

（7）质量指标约束要达到何种程度。

在定义需求的过程中，要注意将问题与解决方案分开，建立单独的问题描述文档。这样，可以深入地剖析待解决的问题，将问题描述与实现描述分开。将问题描述提交给干系人，使得干系人之间可以就待解决问题的本身进行充分的磋商和讨论。可以按问题描述，对多个候选的设计方案进行优选。此外，问题描述也可以作为测试用例设计的主要信息来源。

在需求的描述过程中要避免含糊的、错误的、不完整的、矛盾的和无法测试的需求。

（1）含糊的需求往往是在需求的描述中，使用了虚指的代词。对这样的情况的处理，应该注意明确指出所指代对象是什么。

（2）错误的需求描述往往是忽略了一些明确的事实。比如，"所有的系统将九月作为财政年度的起始时间"这条需求，无疑是以偏概全的一种假设。

（3）注意需求的完整性，就要考虑到各种可能的情况。比如，"错误信息显示在屏幕的第 24 行"，这就忽略了出错的信息超过一行时的情况，因此这个需求是无法被满足的。

（4）要注意对变量定义的逻辑上的一致性和无矛盾性。例如，不能先定义 C=A+B，稍后又定义 C=A-B。

（5）无法测试的需求往往是针对非功能性需求的。比如，"系统应该具有友好的界面"这条需求，没有给出明确的判断准则——什么样的界面是友好的？什么样的界面是不友好的？那么这个需求对未来系统的评价是没有任何帮助的，是应该进一步细化的。

## 4.2.3 需求的分类

软件需求的分类可以从多个维度上进行，它们可以彼此交叉。

（1）按照软件需求修饰的对象的不同，可以将其分为以下需求。

① 软件产品需求。主要约束的是软件产品本身的属性。产品需求又可以细分以下两种。

● 功能性需求指代软件产品的功能特性。

● 非功能性需求是软件产品的质量属性，是在功能性需求满足情况下的进一步的要求。

② 软件过程需求。是修饰或者限制软件开发过程的要求。

（2）按照软件需求面向对象的不同以及其抽象层次和详细程度的不同，可以将需求分为以下种类。

① 业务需求。主要是针对业务部门的分析人员的。

② 用户需求。针对客户方、承包方的管理人员、最终用户、客户工程师和系统架构师的。

③ 系统需求。是由最终用户、客户工程师、系统架构师和承包方的程序员所关注的。

④ 软件设计规约。是由客户工程师参考系统架构师和承包方的程序员重点关注的。

（3）系统需求明确待开发系统的特性，通常可分为以下种类。

① 功能性需求。确定问题域内系统的预期行为及其产生的影响，这些需求通常描述了产品的主要特征。而非功能性需求描述的是待开发系统应呈现的质量特性，因此也称为"质量"需求。例如，为防止停电而对持久数据存储进行持续备份，就是一条非功能性需求。

② 非功能性需求。描述了不直接关联到系统行为系统的方方面面。非功能性需求包括用于系统不同方面的广大范围，涉及可用性和性能。"FURPS+"模型提供了如下的非功能性需求的分类。

● 功能性（Functionality）：列出需要考虑的额外的功能需求，如安全性，就是要确保数据的完整性和对信息的访问授权。

- 可用性（Usability）：指的是易用性、美观性、一致性和文档化。一个很难使用并且看起来混乱的系统，可能无法完成它预期的目的。例如，可用性需求包括所采用用户界面的使用方便性、在线帮助的范围以及用户文档的层次。一般情况下，由客户要求开发人员按照用户界面指南中对色彩方案、理念和字体等来解决可用性问题。

- 可靠性（Reliability）：指的是在特定操作环境下预期的系统故障频率、可恢复性、可预测性、准确性以及平均故障时间，是系统在给定时间内以及指定条件下完成其要求功能的能力。例如，可靠性需求包括操作失败之前的平均可接受时间以及指定错误的能力或防御特定安全攻击的能力。

- 性能（Performance）：指响应时间、效率、资源利用率和吞吐量。性能需求需要考虑系统定量属性。比如，响应时间就是指对用户输入而言系统响应的快慢程度。吞吐量是在一个指定时间量内系统可完成的工作量。有效性则是当提出使用要求时，系统的可操作性和可访问性程度。

- 可支持性（Supportability）：指可测试性、适应性、可维护性、兼容性、可配置性、可安装性、可扩展性和本地化。可支持性需求关注在进行部署后去改变系统的情况。比如，可适应性指改变系统以适应外部应用域概念的能力。可维护性是改变系统以适应新技术或找出错误的能力。

"FURPS+"中"+"是指一些辅助性的和次要的因素，包括如下通用非功能性需求标识。

- 接口（Interface）：强加于外部系统接口之上的约束，包括合法系统和交互格式。
- 操作（Operation）：对其操作设置系统管理，即管理员和系统操作设定方面的约束。
- 包装（Packaging）：是系统实际提交方面的约束，例如物流的包装盒。
- 授权（Legal）：是使用许可证、规则和认证等方面的问题。

所有需求都必须加以描述，并且是可测试的。编写可接受的测试，显然可以验证产品是否满足用户的需求。区分功能性需求和非功能性需求看似容易，但实际上是很困难的。通常这些需求之间是相互交织的，而且满足非功能性需求常常需要对系统的功能进行修改。例如，如果达不到执行目标，一些功能性特征可能就需要被舍弃。

需要注意的是，非功能性需求是辅助功能性需求的满足的，非功能性需求的满足以确保功能性需求的满足为前提。任意一种情形下，一个需求的满足会显现待开发系统的某些特性，这些特性将影响客户或用户对该产品的满意度。

由于预算或时间的限制，大多数情况下，系统所有的需求不可能都实现。因此，有必要对需求的优先级进行排序。一个为软件产品需求进行优先排序的方法是成本效益法。该方法的基本思路是，确定每个候选需求的实现成本以及其带来的经济效益。至关重要的是，客户必须参与到需求优先级的分配中，借助工具进行成本/效益的权衡。如果所有需求，或者说，大多数需求具有高优先级，那么需求优先级分配是毫无意义的。需求优先级别决定了需求实现的顺序。这里，我们区分出如下四种类型的需求优先级。

（1）基本的（Essential）：使得客户能够接受系统并且必须实现的需求。

（2）可取的（Desirable）：非常可取但却不是必需的那些需求。

（3）可选的（Optional）：在时间和资源允许的情况下，可能会实现的需求。

（4）未来的（Future）：不会在系统当前版本中实现，但考虑到系统后续的版本应该记录下来的需求。

# 4.3 需求获取技术

如果开发人员足够幸运，客户会对所需要完成的工作给出一个清晰的陈述。但实际上，这种情况很少发生。系统需求的设计应该基于当前所观察到的实践活动以及对如最终用户、经理等客户的访谈。简单来说，如果不了解问题所在，最终就无法解决问题。有组织的访谈可以帮助理解客户正在做什么、他们会如何与计划的系统交互以及面临现有技术的种种困难。敏捷方法论推荐，在整个项目期间客户或用户应持续参与，而不是客户仅仅在项目初期提供需求，然后直到系统完成前都不再露面。

如何精确地描述系统的需求是一个问题，但是有时试图让客户说出他们对于系统的期望似乎更加困难。通过访谈来获取领域知识是比较困难的，因为领域专家们使用的术语和行话，对于门外汉来说，太过陌生、难以理解。对于长期从事某项工作的人来说，有些事情在他们看来是最基本的、显然的、不值一提的。所以与领域专家谈话，软件工程师会觉得，"这些词的意思我都知道，但是把它们组合在一起，完全不懂是什么意思了。"

此外，对于用户来说，很难想象如何在一个尚未创建的系统上进行工作。人们很容易就如何细微地改善工作实践提出相应的建议，但是很少能有大的飞跃。因此，他们常常很难告知需要系统做什么或者对系统有怎样的期许。经常发生的情形是，客户由于不知道使用什么样的技术可以完成而束手无策，开发人员则苦于不知道客户的需求有哪些。

因此，Steve McConnell 说过，需求抽取过程中，最困难的不是记录用户需求，而是与用户不断地探讨磋商，发现真正要解决的问题，确定适用的方案。

下面列出几种最常用的需求获取技术，并给出它们的适用场景。

### 1. 面谈

面谈适合在一样的时间、一样的地点，由少量人参与，由分析师驱动的需求获取模式。面谈说到底就是问问题听答案。下面的情景非常适合安排用面谈的方法来抽取需求。

（1）可以见到客户。

（2）很少的人了解很多内容的时候。

（3）客户是真正的领域专家的时候。

（4）客户不能被聚到一起进行群体诱导的时候。

（5）不需要客户彼此之间进行交互来得到最终解答。

面谈可分为正式面谈和非正式面谈。正式面谈事先应拟定好问题，要求面谈针对这些准备好的问题进行。非正式面谈可以是开放性讨论，事先只需对讨论主题有一个初略的想法。实践中，面谈的组织形式可以灵活选择。在面谈中，需求工程师有以下几个需要注意的要点。

（1）在交流之前尽量获取更多的信息，做一个明晰的阐述要比总提问题好，太多的疑问会使你的可信度极大地下降，使人们没法正确地理解你，会对你产生消极的印象。

（2）要注意观察对方的身体语言，而不仅仅是口头语言，这样有助于理解交流的信息。

（3）尽量把问题阐述清楚，让对方理解你的意思和态度，同时也要尽快地弄清对方的意思，解决在互相交流中产生的误解。

（4）要建立和谐的气氛，让每个人都把心思集中于目标上，建立一个共同的立场，有助于人们互相理解。

## 2. 问卷调查

问卷调查是针对不同时间、不同地点，但是有广泛的、大量的人参与，由分析师观察的需求获取模式。所谓"问卷调查法"，是指开发方就用户需求中的一些个性化的、需要进一步明确的需求（或问题），通过采用向用户发问卷调查表的方式，达到彻底弄清项目需求的一种需求获取方法。

问卷调查适合于开发方和用户都清楚项目需求的情况。因为开发方和用户都清楚项目的需求，所以需要双方进一步沟通的需求（或问题）就比较少，通过用这种简单的问卷调查方法就能使问题得到较好的解决。这种方法的一般操作步骤如下。

（1）开发方先根据合同和以往类似项目的经验，整理出一份《用户需求说明书》和待澄清需求（或问题）的《问卷调查表》提交给用户。

（2）用户阅读《用户需求说明书》，并回答《问卷调查表》中提出的问题。如果《用户需求说明书》中有描述不正确或未包括的需求，用户可一并修改或补充。

（3）开发方拿到用户返回的《用户需求说明书》和《问卷调查表》进行分析。如仍然有问题，则重复步骤（2），否则执行步骤（4）。

（4）开发方整理出《用户需求说明书》，提交给用户方确认签字。

由于这种方法比较简单、侧重点明确，因此能极大地缩短需求获取的时间、减少需求获取的成本、提高工作效率。问卷调查应用场景如下。

（1）有大基数的受访者。

（2）需要关于良好定义的特定的一组问题和答案。

（3）验证有限次面谈得出的结论是否正确。

（4）当需要一个特定的结果时，可采用相应的问卷设计来获得对既定结果输入的搜集。

## 3. 群体诱导技术

群体诱导技术在执行的时候，往往是在同一个会议地点中聚集 3 ~ 20 个干系人，每个人都将自己的观点大声地说出来。这个时候群体的答案往往要比个体提供的方案更全面。群体诱导技术适用于以下场景。

（1）当每个人都只有关于整体的部分知识的时候。

（2）人们需要彼此交互来对答案进行优化的时候。

（3）当能够让这些人在同一时间聚在一起的时候。

（4）如果群体诱导技术要保持群体中每个人的匿名性时，可以采用一些工具让他们彼此之间隔离。

（5）在不同的地方进行，也可以采用一些工具。

## 4. 头脑风暴

头脑风暴的目标是要通过群组效应，激发大家对新产品、新系统的新想法，这种方法在需求不完全明确的情况下比较有用。头脑风暴的目的就是获取尽可能多的新观点，是一个发散的过程。进行头脑风暴的指导性方针如下。

（1）要采用有组织的研讨会的形式。

（2）做到大家百花齐放，不评价、不争论、不批评。

（3）不受现实的可行性的限制。

（4）新观点的采集和产生多多益善。

（5）大家彼此之间抛砖引玉。

（6）互相启发。

#### 5. 参与观察法

参与观察法是让分析师深入到客户的日常工作环境中，从侧面观察客户的行为。在这个过程中，分析师的决策越被动，观测的效果越好。值得注意的一点是，分析师从旁观察可能已经影响到了客户的行为。也就是说，观察到的结果可能和客户的日常行为是有一些差异的，观察参与者的时候要进行相应的动作研究。

当有人或者事物需要通过观察才能获得相关信息，并且当客户的知识无以言表而是行为指使时，采用观察法是行之有效的。

#### 6. 亲身实践

亲身实践与参与观察有一定的相似性，但又不尽相同。参与观察的过程中，工程师是从旁观看，而亲身实践则是通过观察、提问甚至亲自操作来更精确地了解工作内容。亲身实践可实时实地地开展，并获得客户的及时反馈。

实施亲身实践中，需遵循以下指导原则。

（1）当用户太忙，无法安排专门的时间来参加面谈时，可以由工程师到用户的工作场景中去，亲自实践任务的流程。

（2）人们往往只是在既定的流程中完成相应的工作，并没有意识到每天的工作实际上是在做什么。也就是说，人们是下意识地完成某些任务时，通过亲身实践能够更好地恢复出工作的流程和步骤。

（3）实践者反复观察客户执行动作的过程。

（4）实践者学习任务的技能，反过来做给用户看，让用户确认他所做的步骤是否正确，从而获得第一手的实践知识和任务的相关描述。

（5）有利于与用户或顾客建立密切的沟通联系，为后续工作奠定很好的交流基础。

#### 7. 原型

原型是用户最偏爱的需求获取手段之一。它的目标是：明确那些含糊不确定的需求；简化需求的文档，确认需求；能够尽早地获得用户和客户的反馈。

原型方法的适用场景和指导方针是，原型主要用于需求确认，能够提供需求评估的数据基础，尤其适合评估不同的用户界面设计方案，帮助用户可视化关键的功能点。

#### 8. 情景分析

基于情景的分析的主要目标是要清楚地定义用户参与完成的业务实践的步骤，获取对用户来说可见的系统动作。与其他方法相比，基于情景分析方法有着得天独厚的优势，因为对分析师来说，几乎不需培训，只要用户直接写出自己期望的与系统交互的流程就已经是情景分析最好的素材。

情景分析的适用场景和指导原则是要确定与用户间可能的交互活动，具体包括定义业务事件以及感兴趣的领域性质，然后将业务事件细化为具体的业务活动和业务过程，并将其描述出来，形成情景分析的结果。

#### 9. 概念建模

概念建模的目标是用图形化的手段描述现实世界的问题。建立未来系统的模型，对未来系统进行抽象的表示。在建模过程中对原始需求进行评估和扩展，得到清楚、完整、正确、一致的需求描述。

概念建模的指导原则主要是对系统进行不同角度的抽象，建立不同类型的模型。例如，对系统分而治之，然后对子系统的结构进行描述的分解模型；对数据进行描述的 ER 模型、面向对象模型、以描述行为为中心的用例模型、过程模型、活动模型等。

### 10. A/B 测试

如果产品已经有用户在使用，但是开发人员希望对用户界面做一些改进，又不知道用户是否会欢迎。这时，就可以配置 A/B 测试环境。

首先，选定要试验的是哪两种不同的用户界面，确定衡量界面的标准，确定数据搜集的流程，确定试验运行的时间和人数，通常选择 5%~10% 的用户。其次，通过技术实现 A/B 测试环境的搭建。再次，搜集用户的行为数据，分析数据。最后，得出希望的试验结论。在 A/B 测试过程中，最主要的是要获得系统和用户之间的交互的反馈。

上面介绍了众多的需求抽取技术和方法。在选用这些抽取技术和方法的时候，需要根据获取的需求的具体内容来有效地选择。例如获取界面需求的时候，原型法、情景法和建模法是比较有效的；在获取业务逻辑的时候，采用观察法、亲身实践、面谈和情景的方法，则有利于业务累计的精确理解和描述；对未来系统的信息和数据结构进行获取的时候，面谈与既有系统的分析，是最行之有效的。

要建立完整精确的需求模型很困难，建立完整的原型也不是很现实，因此应根据需要和客观条件灵活地搭配组织运用，形成针对一个具体问题的最有效的获取方案。在需求获取过程中，只采用一种抽取技术是不够的。技术的选择与项目的参与人相关、与待理解的需求相关、与具体的应用领域相关。

# 4.4　需求分析方法

需求分析的方法虽然种类繁多，但根据目标系统被分解的方式不同，基本上可以分辨出它们是属于哪一类广泛应用的方法。20 世纪 70 年代，开发和推出了各种冠以"结构化分析"（Structured Analysis，SA）头衔但各具特色的方法。直到 20 世纪 90 年代初，结构化分析方法才面临严峻的挑战，同时，面向对象分析方法（Object Oriented Analysis，OOA）已悄然成型，而且同样也随之出现了大批派生的方法。如今，对于面向对象分析方法的批评已经开始出现，一类所谓的第三种方法（尚未命名但却是基于问题框架的）正发展成型，我们称这种方法为面向问题域的分析方法（Problem Domain Oriented Analysis，PDOA）。

## 4.4.1　结构化分析

从方法学的角度来看，最伟大的革新莫过于告别了那些基于文本的分析和规格文档而迎来了图形建模表示法的使用。这种基于模型的方法开创了一个至今不衰的先河。这在很大程度上是针对早期那些用于开发冗长、无结构的文档的例行做法所作出的反应。这些冗长、无结构文档的内容相当混杂，其描述的范围包括问题域、原有系统、种类繁多的需求、不完整的新系统规格说明以及其他一些或多或少与系统有点相关的问题等。

与早期的例行做法相符，结构化分析通常强调对原有系统的建模。这虽然并不完全等同于问题域的研究，但对于信息系统而言，两者间的差别并不大。当时的软件开发的大部分工作消耗在了针对那些相当俗套的、文书性的信息系统所做的"计算机化"处理上。事实上，原有的、基于文档的手工系统常常也能够为基于计算机的解决方案提供一个合理的模板。

综合性的结构化分析方法正是通过开发各种"模型"而利用了这一点。结构化分析，使用数据流建模方法，主要工具是数据流图（Data Flow Diagram，DFD），来对问题进行分析。结构化分析一般包括下列工具。

（1）数据流图（data flow diagram，DFD）。

（2）数据字典（data dictionary，DD）。

（3）结构化语言。

（4）判定树。

（5）判定表。

结构化系统分析方法从总体上看是一种强烈依赖数据流图的自顶向下的建模方法，它不但是需求分析技术，也是完成规格说明文档的技术手段。在结构化分析中，分析文档与规格说明书两者之间并没有明显的界限。逻辑模型（至少由一组分层的数据流图和相关处理说明组成）虽然也可以称为"规格说明书"，但常常反而是它与原有系统的"分析"模型没多大区别。可见，结构化规格说明理应得到足够的重视。

DFD 模型也可以看作是一种行为模型。从理论上讲，这是可能的，并且假如只是涉及那些"外部可见"的功能，DFD 是可以用于为某一真正的功能分解建立文档的。而实际上，不仅其中掺杂有内部功能，而且功能分解本身也已成了内部结构的重要依据。

所以，结构化分析在相当程度上尚未对需求以及满足需求的方法两者加以区分。需求的说明实际上只是根据满足这些需求的某一特定系统的设计而做出的。新系统中除了最底层的内部设计外都已被从内部设计阶段"强行掳走"并归并到所谓的规格说明中去了。

**1. 数据流模型**

数据流图（DFD，Data Flow Diagram）是以图形的方式表达数据处理系统中信息的变换和传递过程。它有以下四种基本符号。

（1）→：一个命名的向量表示数据流，箭头的起点和终点分别表示数据流的源和目标。

（2）□：用方框表示数据源（终点）。

（3）○：用圆形表示对数据的加工（处理）。

（4）[（或 = ）：用一端开口的长方形表示数据的存储。

数据流是一组成分已知的信息包。这信息包中可以有一个或多个已知的信息。两个加工间可以有多个数据流。数据流应有良好的命名，它不仅是作为数据的标识，而且有利于深化对系统的认识。同一数据流可以流向不同加工，不同加工可以流出相同的数据流。流入/流出简单存储的数据流不需要命名。数据流不代表控制流。数据流反映了处理的对象。控制流是一种选择或用来影响加工的性质，而不是对它进行加工的对象。

数据流模型（也记为 DFD）虽然可以标识数据，但对于数据的定义的作用甚微。为此，数据流模型从一开始就提供了刻画数据流本身性质和结构的描述列表。这类列表常被称作数据字典（Data Dictionary，DD）。尽管数据字典主要侧重于数据的语法，但是也可用于说明数据所代表的含义。因此，数据字典可以说是相当有用的。当然，不足的是它并不总是很好地反映系统数据的总体结构。

20 世纪 70 年代后期， Chen 通过增加数据结构模型以增强结构化分析的适用性，从而使得上述不足得以解决，其中数据结构模型通常以实体关系图的形式出现。而对于信息系统而言，数据结构模型使得对于问题域的认识更加深刻。

然而，数据模型（ERD）与处理模型（DFD）之间的关系并非是一个简单的关系，并且经证明将两者合二为一大有问题。从需求工程的角度来看，数据模型的非过程式特性或许被认为是其得天独厚的一大优势，但同时它也太不易于转换为可执行代码，这一事实经常反映在以下现象中，即每当后续的结构化设计阶段开始之时，数据结构模型便随即销声匿迹。

## 2. 结构化分析的演化

"结构化系统分析与设计方法学"（SSADM, Structured Systems Analysis and Design Methodology）圆满地解决了这最后的一道难题。该方法引入了实体生命历史（ELH, Entity Life History）的概念，它们把各种实体的状态变化与负责获取这些变化的处理联系起来，从而在过程式模型与数据模型之间搭建了一座桥梁。与此同时，还定义了在问题域中所允许出现的合法的事件序列，这对于某些类型的问题是一项重要的举措。

SSADM 同样也解决了长期以来存在的一个问题，即对形成清晰的需求的忽视。在其他一些相关的阐述中，SSADM 引入了问题需求列表（PRL）。这是一种基于文本的、本质上属于无结构的（当前系统的）问题列表和需求（由新系统予以满足）。

而后出现的实时结构化分析（RTSA, Real-Time Structured Analysis），提出了便于针对实时系统建模的论述。这包括：扩展数据流图的基本符号以适应控制数据（即由数据触发、启动或禁止处理的执行）以及定时的要求。引入实体生命建模法（又名实体状态建模，与 ELH 很类似）以帮助对当前系统的状态变化的建模。

在实时系统内部过程的建模开始之际，这些扩展的效用是毋庸置疑的，并且在对实时问题域的建模方面，它们同样被证明是有效的。然而，根据结构化分析的规则，我们所讨论的系统接下来就是原有系统或之后新的解系统。因此，可以这么说，这些扩展的作用充其量只是局限在与需求工程对立的内部设计的圈子里而已。

## 3. 现代结构化分析

虽然结构化分析取得了一定的进展，但到了 20 世纪 80 年代后期，一些主要的业界人士开始认识到结构化分析正陷入困境。其中最突出的问题就是所谓的"分析抑制"现象。曾一度是"增强型"的方法，遭遇上规模日渐增大的亟待解决的问题，结果却是导致许多项目在原有系统的建模上举步维艰。

一大批文档也相继诞生，其中大部分是关于原有系统的详细处理的建模。是否该对原有解系统的处理做深入细致的研究？这一点着实令人为难：若是问题域的处理，回答肯定是当然；若非，则说明原有系统的功能与问题域的处理或许不是一回事。

大量文档有时未能得到利用，这也许就是问题症结的所在。为了生成文档，投入了大量的精力与开销，但随后却被轻易地抛弃了。

除了那些大型、复杂的系统的建模问题之外，还出现了"非存在"系统的建模问题。随着软件开发正进入一个新领域，某些原有系统存在与否已不再被人们所关注，即使存在，也主要体现在新系统的需求或设计方面而已。比如说，什么样的系统能够比基于计算机的引擎管理系统更优先呢？研究打字机的操作原理，对字处理应用程序的设计又会有多大帮助呢？

有趣的是，对于这两类问题居然也有一个解决方案。这就是，根本不必理会原有系统，直接开始新系统的建模。正如 Ed Yourdon 的如下建议。

系统分析员应尽可能避免建模用户的当前系统。在本书第二部分所讨论的建模工具应尽快用于开发用户真正想要的新系统的模型。

在某种程度上，这就等于是承认做了错事，但停止做错事并不等同于开始做正确无误的事情。因此，有人自然而然地提议，新系统的模型应尽可能地抽象，不带任何实现细节；然而实际的情况却是，模型通常就是新系统的内部设计赖以存在的基础。进一步讲，恰恰是设计从根本上实现了功能分解，所以，一方面这也许是一个开发功能规格说明的绝佳的机制，而另一方面能否由此得到令人满意的结构化设计就不得而知了。

坐享"后见之明"其成,不难发现,一个更基本的缺陷就摆在眼前,即分析的主要(战略)目的——研究问题域——很大程度上一直被淡忘了。

## 4.4.2 面向对象分析

面向对象方法的产生可以追溯到 20 世纪 60 年代后期,那时第一个面向对象的编程语言诞生了。在初期,它只是一种为系统的结构进行建模的方式,然而不久,它就从编程扩展到内部设计,并被证明是一种非常有用的方法。

面向对象方法扩展到分析阶段只是近年来的事情,而且它仍处于不断的发展之中。其基本思想是:如果仅仅是着重于对来自问题域的对象类进行建模,那么面向对象的基本原理、模型以及表示法均可应用于分析。然而,正如 Jacobson 所强调的,事情似乎并不像预料中的那样顺利。假如建模技术间存在共性以及某些对象类表面上看起来对于两个领域是公共的,那么分析与内部设计之间的界线可能就成为一条难以觉察的细线了。因此,在 OOA 中,术语"分析"的意义可能会与本书中所描述的含义不一样。"调查问题域"的一般意义通常存在一些重叠交叉之处,而且似乎更多地涉及解系统高层的内部设计(体系结构设计),而较少涉及问题域的分析。

Jacobson 则对这一点十分清楚,他认为面向对象软件工程(OOSE)可能在需求规格说明存在的那一刻起启用,而隐含的假设是将分析以及规格说明作为面向对象"分析"的前身。这样会带来术语上的混淆,但不会造成太大的问题。然而,其他部分却相当难办,同时给我们留下一个疑问,归根到底,面向对象体系结构能够取代什么?究竟什么可以称为"真正的"问题域分析?

有意思的是,在这方面,OOA 有几点特性与 SA 是相同的。

(1)主要的模型是一个结构模型(与行为模型相对立)。

(2)尽管存在完全相反的观点,而实际上,焦点通常都集中在对解系统的建模(而不是问题域)上。

(3)大多数文献倾向于强调表示法的细节(而不是基本原理)。

(4)隐含地假设需求获取行为的发生,但大多数文献很少提及。

(5)分析与规格说明(或就此而言,内部设计)之间没有明显差异。

(6)所有问题域均服从于类似的处理。

根据需求工程的观点,这些特性均可以被认为是严重的缺陷,但是在许多组织里,OOA 已经取代了 SA,同时 OOA 也已成功地应用在一些重要的开发上。这也许是因为前期工作已由其他方法顺利完成,或者是由于一些其他因素(如原有问题域知识)允许走捷径。

正如前面提到的,一般而言,OOA 中有关需求获取的部分很少提及,因此按以前曾提到的方法假定它有发生过。

OOA 的大致方法是:

(1)标识出问题域中的对象类;

(2)定义这些类的属性和方法;

(3)定义这些类的行为;

(4)对这些类间的关系建模。

后续步骤随后通过添加与解系统的行为及实现相关的类对模型加以扩展。这种对同一模型做渐进式精雕细刻的做法导致了"无缝"开发概念的产生,即在整个开发阶段,维护相同的概念模型和表示法。这一概念目前仍受到青睐但也有人认为它没有任何有说服力的理由。但无论如何,完全有理由相信,这一概念对于存在于问题域的结构模型,解系统的行为模型和解系统的结构模型之间的"缝隙"是非常合适的。

根据之前所述，出现不同版本的类模型之间的差别经常被掩盖的现象并不足为奇。然而，有些人却认识到它的重要性。如，Fowler 和 Scott 突出强调了类模型的三个"方面"。

（1）概念化（即问题域类—属于分析）。

（2）规格说明（即接口类）。

（3）实现（即属于内部设计）。

显然第一点与这里有关。但必须注意的是，即使一个类是来源于现实世界，在问题域对象以及任何与之同名的软件表示体之间仍存在着本质的区别。第二点在第 5 章用例建模一章中作简要的回顾。最后一点更适于将其视作面向对象设计，因此也不作进一步讨论。然而，人们普遍缺乏对其区别的认识，这一点读者应心里有数。

就在前不久，方法中新增了一个等待步骤，即使用用例来帮助建立需求。而今到处都在宣扬，在早期阶段，用例应尽早用于帮助获取和记录需求。然而，也应该认识到，用例记录的只是解系统的功能（而不是需求），因此它们的作用更多地体现在规格说明部分而不是决定需求。该方法创建了一条捷径，因而避开了对问题域及其相关的问题做全面考虑，并直接对解系统的行为进行定义。这可比直接进行解系统的体系结构的设计要强得多，只要对问题域有了清楚的了解，那么这会是一条能够正常工作的捷径。

### 4.4.3 面向问题域的分析

面向问题域的分析（PDOA）是一项很新的技术，人们对于它尚没有全面的了解，并且文档资料也不多。据说，它仅仅在部分内容上是全新的。

与 SA 或 OOA 相比，PDOA 更多地强调描述，而较少去强调建模。只要是合适的场合，该描述即可结合使用那些我们在以前提到过的建模技术，但通常没有这样做，它直接靠文本来完成。

描述大致划分为两个部分：一部分关注于问题域，而另一部分关注解系统的待求行为。同时建议有两个单独的文档：第一个文档含有对问题域相关部分的描述以及一个需在该域中求解的问题列表（即需求），第二个文档（规格说明书）包含的是对解系统的待求行为的描述以解决需求。其中只有第一个文档才是通过分析产生的，第二个文档推迟到后续的规格说明任务。

问题框架作为一个全新的模型被引入，该模型不仅有助于把需求从问题域的内在性质中区分出来，而且有助于建立问题域的类型。PDOA 并非对所有的问题域均一视同仁。根据问题域类型，分析者被指导去收集和记录不同的信息。然而，整个方法过程的基本步骤可以定义得相当好。

（1）搜集基本的信息并开发问题框架，以建立问题域的类型。

（2）在问题框架类型的指导下，进一步搜集详细信息并给出一个问题域相关特性的描述。

（3）基于以上两点，收集并用文档说明新系统的需求。

对于第二步至关重要的是指导原则，它由 Kovitz 提出，可以针对每种类型的问题域，列出那些有待探查和文档化说明的问题域的各元素。

#### 1. 问题框架

问题框架是将问题域建模成一系列相互关联的子域，而一个子域（也常简称作"域"）可以是那些可能算是精选出来的问题域的任一部分。

也可将问题框架视作是开发上下文图，但其侧重点不同。

（1）上下文图建模对象是解系统上下文。

（2）问题框架建模对象是问题上下文。

基于这一目的，与上下文图相比，问题框架的目标就是大量地捕获更多的有关问题域的信息。上下文图展示的只是问题域的元素，这些元素对于新的解系统是外部可见的，并且直接与之相连接。这些元素通常又称作端子，因为由它们最终完成新系统的输入与输出数据流。然而，端子并不一定就是唯一适当的子域。如果这样认为，一些重要子域可能会因此被忽略掉。

上下文图也会省略一些子域间的关系。例如，定义一个问题子域与另一问题子域之间关系的规则根本未出现在一个上下文图中（按照约定，端子之间没有关系需要展示），但它实际上却对应必须予以满足的真正需求。

将问题框架应用于软件开发问题只是最近才有的事，这或许会令人感到不可思议，但这却是事实。并且需要强调的是，问题框架的应用尚处于早期阶段，且仍在迅速发展之中。尽管如此，已有迹象表明，它有着重要的优点，并且可以展望，随着技术的成熟，必然会带来更多优点。

（1）问题框架类型

PDOA 与其他分析方法最重要的区别之一在于对问题域的分类方式，基于该分类标准，分门别类做不同的处理。了解问题的类型有益于正确指导分析（通过指出哪些问题需要询问，哪些方面需要建模等）以及规格说明（也就是最终的内部设计）。

Jacobson 提出了一种远比早期所尝试的那些方法要客观得多的分类法，它基于不同问题子域的本质及存在于问题子域间的关系。下面先做一个简单介绍。

① 工件系统——系统必须完成针对只存在于系统中的这些对象的直接操作。

② 控制系统——系统控制部分问题域的行为。这里可以有两种变种，即待求行为框架（待求行为完全由规则预先确定）以及受控行为框架（行为的控制取决于操作员发出的命令）。

③ 信息系统——系统将提供有关的问题域的信息。这里也有两种变化：信息是自动提供的（通常是持续的），信息只在响应具体的请求时提供。

④ 转换系统——系统必须将某种特定格式的输入数据转换成相应的、另一种特定格式的输出数据。

⑤ 连接系统——系统必须维持那些相互没有直接连接的子域间的通信。

上述这些问题类型的每一种都拥有一个典型问题框架。但在对这些不同的问题框架做详细分析之前，先让我们来看看该方法是如何在一个特定的样例系统，即 Petri 网图表处理工具上运作的。

上下文图（见图 4-2）除了展示其中有一个用户之外并没有什么更多的内容。该 Petri 网图表处理工具可以轻易地将其确定为一个工件问题。相应的问题框架（见图 4-3）不仅满足了 Petri 网文档的要求，而且也使得那些规则一目了然，这些规则定义用户所执行的绘制 Petri 网操作的结果。下面先对有关表示法进行解释。

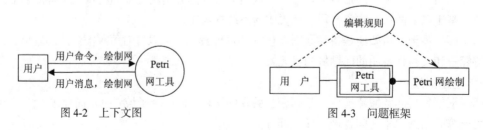

图 4-2　上下文图　　　　　　　　　　图 4-3　问题框架

① 感兴趣的领域（问题域中的元素）用矩形框表示。

② 解系统（或按 Jacobson 所称的"机器"）表示为一个双矩形（也可表示为一个带双边条的矩形）。

③ 椭圆用于显示和命名域间的重要逻辑关系。应注意的是，此类域间关系即为需求。在本例中，编辑规则指定了用户编辑命令对编辑文档所产生的结果。该工具所产生的结果其实就是需求。

④ 连接域的实线指出这些域之间存在着某种关系。对于软件系统，这完全可以使用数据流，但任何一种交互都适用。关键的判别标准在于域是否共享的迹象，即域之间是否存在任何可以共享的价值或事件。

⑤ 虚线代表一个需求的引用，也就是说在被引用的子域中，存在涉及现象的需求。与只是简单地加以引用相反，箭头指示的是需求在子域范围内对现象加以限制。在上面的例子中，需求将（从用户那里）引用编辑命令，并且规定了这些命令将对文档产生什么样的影响。

⑥ 最后，大的实心点用于指出一个域包含在另一个域当中。在本例中，Petri 网图包含在（且仅包含在）工具中。

该方法最大的优点是，一旦识别了问题类型，我们即可根据指示对问题的相关方面做调查和记录。表 4-2 和表 4-3（基于 Kovitz 的内容表）特意指出了有关工件问题的需求文档和规格说明书的内容。正好，对于工件问题，这些列表虽然简短但却非常值得作一番了解。

| 表 4-2　　　　　　工件问题的需求文档 | 表 4-3　　　　　　工件问题的规格说明书 |
| --- | --- |
| **需求文档** | **规格说明书** |
| 工件的合法数据结构 | 用户接口以及操作过程 |
| 所需操作和它们对工件所应产生的影响 | |

需要提醒的是，这些表格因问题类型的不同而变化很大。另外，指出什么该忽略与指出什么该包含两者是同等有用的。例如，对于一个工件问题，试图去识别出工件子域的内在行为是毫无意义的，因为按照定义，它并不表现任何行为。类似地，对于一个转换问题，试图去标识出问题域事件是毫无意义的，因为按照定义，根本就没有问题域事件 2。当然，不管怎样，定义输入／输出数据集映射始终是至关重要的。

（2）问题域、需求及语态

与其他方法不同，PDOA 清楚地区分问题域的内在特性以及在问题域中要求产生的变更。Jacobson 将其刻画为语态（在语法意义下）的区别。关于问题域内在质量的声明是在指示语态下做出的。以下是一个例子。

当电梯在传感器额定位置的垂直方向（之上或之下）20cm 范围内，传感器发出一个 hi 信号，否则发出一个 lo 信号。

以上是对问题域的真实反映，它们完全超出了所要构建的新的解系统能够控制或影响的范围。

另一方面，也确实有一些新系统能够控制的东西，即要求产生的结果。对这些结果的声明是祈使语态下做出的（它们反映了有客户选定的选项），以下是一些例子。

① 电梯不应当在快速模式时停止，而应在停止前至少 1 秒钟切换至慢速模式。

② 只有当电梯停于某一楼层时才能改变其方向。

只要给出问题域的内在特征，新系统完全有能力满足这些需求。

（3）子域交互

正如在上文提到的，连接各子域的线段代表了它们之间的关系或交互作用，而这些都是以共享或引用现象的形式出现。全面描述这些交互作用是非常可能的，并且当涉及为解系统派生一个适合的逻辑行为时，它能够提供很大的优势。尽管其意义重要，但令人可惜的是，该项议题过于庞大，这里很难对其做详尽研究，有兴趣的读者可参考相关文献。

（4）子域类型和问题框架调整

正确识别问题框架类型以适应问题的做法虽然易于理解，但同时也带来处理上的困难。一个有效策略就是利用问题框架施加于子域特性上的限制。例如，工件框架要求工件本身必须是动态、惰性的且包含于机器之中（也就是说，它必须是一个无形的软件文档）。如果假设的工件子域并不适应该模式，那么说明你并没有工件问题。

我们可从考虑一个域是否随时间而变化这一点来定义各种子域类型，其中大多数域在多数情况下被描述为动态的，与此相对肯定也有部分是静态的。

动态域可以进一步分为能够修改自身（自修改）的域和仅由外部机构修改的域两种。后者也称为是惰性的，而在软件系统领域，典型的例子就是文件。

根据在修改时是否要求有外部激励的参与，自修改域还可以进一步进行划分。例如，一个抽象数据类型（ADT）可能仅仅是响应一个外部刺激或请求而改变其自身状态，这种类型的域也被称为是反应性的。

其他一些域可能会自主地改变，对于这些域，我们必须考虑如何使得它们的行为可控或可以预知。如果是完全可预知（即使只是推测性的可预知）的，那么域就被称为是可编程的，同时这当然也是大多数（不是全部）软件应用的基本特性。如果一个域的行为是部分可预知的，那么它就可以被称为是顺从的，而人类用户就是这类域的典型例子。例如，用户可能被要求输入口令，而用户可能会输入，但这并没有明确的保证。另外，一个域也可以是完全不受控制的，这些域则被称为是"自治的"。这方面的例子可以是某一股票市场指数。

图 4-4 对这些考虑因素做了总结。

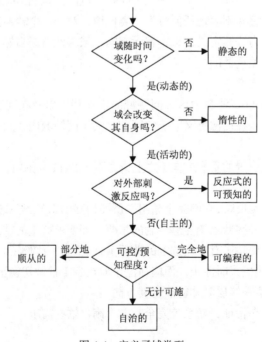

图 4-4　定义子域类型

与以上考虑因素相对应，域也可以分为有形的和无形的两大类。有形域是那些具有物理存在的域，诸如人类用户以及硬件；无形域则包括软件以及其他非物质的对象，如规则集成或以前给出的百科全书的例子。

域一旦具有了特征，那么就可以很容易地检查域是否履行了由选取的框架所施加的需求。继而给出有关那些框架的基本描述，其中包括它们每一个子域的特征。

（5）工件框架

先前曾举过一个特定的例子，即 Petri 网图表处理工具，图 4-5 所示的是该例的总体框架。

这表明工件（典型情形是某种形式的文档）包含在机器中，因此只有机器才能够对其产生作用。机器（也就是需要构建并配置了相应软件的计算机）对接收的请求进行响应，从而完成不同的工件操作。请求的来源可能是某一人类用户，当然也可能是另一部机器，对工件的操作请求的影响由操作性质定义。

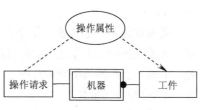

图 4-5　Petri 网图表处理工具的总体框架

由此可见，子域具有以下一些特征。

① 工件是动态的，但也是惰性的（它会改变但却必须被动地改变）同时也是无形的。

② 操作请求（通常就是指用户）也是动态的，但具有本能的主动性，并且是顺从的。机器也可以向用户提供若干确定选项，并且虽然一般能够正常地响应请求，但也有可能不响应。

③ 机器本身也是动态的、主动的，因而当然也是可以编程的。

④ 工件本身组成了一个"现实化的"域，工件在机器内部创建（且只能存在于机器中）。而信息系统也有可能包含某个外部现实的模型，工件是客观存在的。

工件问题绝不少见，例子如下。

① 绘图工具。

② 计算机辅助软件工程（CASE）工具。

③ 许多的办公实用程序，如文字处理器和电子表格。

④ 桌面出版以及网站开发工具。

一旦问题与某一特定框架相适配，我们即可致力于研究 Kotivz 表的内容以获得相关指南，即哪些信息必须获取并记录于需求文档以及规格说明书中。我们将在下一章再来讨论规格说明书方面的问题。表 4-4 所列的是用于工件问题的需求文档内容。

表 4-4　　　　　　　　　　　　　　　工件问题之相关技术

| 工件问题——需求文档 | |
| --- | --- |
| 内　容 | （某些）相关技术 |
| 工件的合法数据结构 | BNF，文件映象，结构图 |
| 操作属性（事件响应），即所需操作和它们应对工件产生的影响 | 有限状态机（FSM），文本，决策表，用例 |

回想一下是否还记得，需求文档包含了问题域的描述以及需求本身。在使用问题框架时，需求被表示为图中的椭圆部分。因此，在该例中，由操作属性（事件响应）形成需求，而其余部分则是问题域的描述部分。

如何将这些方方面面的信息正确地用文档说明是另外一个问题。总是可以使用文本式的描述，但一些建模技术也常常带来便利，在上述的表格中就指出了一些相关的建模技术。本书会详细介绍这些技术，而在本章的稍后部分会有若干例子说明这些建模技术的应用方法。

（6）控制框架

控制框架应用在系统或机器依照某一指定的行为规则集对问题域的某个组成部分的行为实施控制这样的一些场合。按这一主题，控制框架又可以分为两类变种，即待求行为框架和稍微复杂的受控行为框架。

① 待求行为框架。

在该变种内部，被操控系统的待求行为完全由一组预先确定的行为规则来定义。其框架图如图 4-6 所示。

受控域并不一定非单一部件不可，它可以由若干子域组成。但它必须表现出某种行为（否则它就无需被操控了）并且不能是自治的（因为按照定义，这算是不可控的）。除此之外，也可能是反应性的、可编程的或顺从的。

② 受控行为框架。

在该变种内部，待求行为由用户通过命令方式加以控制，而不是完全由预先确定的规则来决定。用户则被假定为一个本能的自治域，该域可以随意发布命令。事实上，它们也可以响应系统的提示，也就是说，它们是顺从的，但该部分在本框架内不予考虑。框架图如图 4-7 所示。行为规则（由椭圆形表示）限制操作员所发布的命令并且定义被操控系统的最终行为。

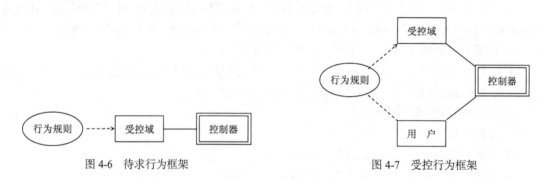

图 4-6　待求行为框架　　　　　　　　图 4-7　受控行为框架

控制问题也是比较常见的，相关的例子如下。

a. 电梯（升降机）控制系统。

b. 用于现代汽车工业的发动机管理系统。

c. 用于温室环境控制的系统。

d. 安全或火警系统。

上述的前两者（第三个或许也可以算上），都是受控行为系统。最后一个应该是（缺少更多的详情）一个待求行为系统。这样决策并不总是一目了然。

无论哪种情况，我们都可以从 Kovitz 表中获得相关指示，明确哪些信息必须被获取并且记录到需求文档（参见表 4-5）中。再重申一次，对相关方面的信息建档的方法将在以后的章节中做详细的分析研究。

表 4-5　　　　　　　　　　　　　　控制问题之相关技术

| 控制问题——需求文档 | |
| --- | --- |
| 内　　容 | （部分）相关技术 |
| 受控域中相关子域的数据模型,如果有的话(注意该内容是可选的) | ERD 和 DD |
| 受控域中每个子域的特征及其内在行为,包括因果定律以及由子域完成/履行的动作/事件 | 文本, ELH, FSM, 决策表 |
| 共享现象, 解系统通过该现象能够对受控域进行监视 | 文本（事件列表） |
| 受控域中的动作, 解系统可以对其进行初始化 | 文本（事件列表） |

续表

| 控制问题——需求文档 | |
| --- | --- |
| 内　　容 | （部分）相关技术 |
| 由任何连接域（因太微不足道，毋须单独建档）引入的失真和延迟 | 文本 |
| 行为规则（也就是说，受控域作为一个整体如何表现行为）以及受控行为的合法命令 | 文本，FSM，决策表 |

而此时，行为规则恰恰构成了需求——除此之外就是问题域的描述了。

还要注意的是，虽然受控域常常是有形的，但并非需要是这样。很有可能会有某个系统其本身又控制着另一个虚拟机器，如计算机网络交换机或电话交换机。

（7）信息系统框架

信息系统是为了能够提供有关问题域中某个组成部分的信息而存在的。信息系统在当前已极为常见，虽然如此，在过去人们却一直未能透彻地了解它。关于信息系统框架有两个变种，第一个变种稍为简单，是指系统自动地（常常也是连续地）供应信息的情形。该问题框架如图 4-8 所示。由图中可以看到，根据某个已定义的信息功能，信息系统能够提供有关"现实世界"某个组成部分的信息（报告）。

在第二个变种（见图 4-9）中，信息以响应具体请求的方式提供。由该图可以看出，信息系统根据某个已定义的信息功能，利用关于"现实世界"某个组成部分的信息，对信息请求提供应答。

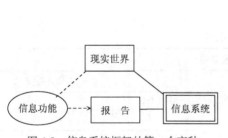

图 4-8　信息系统框架的第一个变种

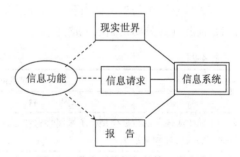

图 4-9　信息系统框架的第二个变种

由于按照定义，信息系统主要处理数据，因此无论怎样，"现实世界"中我们所关心的部分却是由实体所组成的。它们可以用数据模型来表示（经常采用 ERD 的形式），也可以显示在"现实世界"子域框内，进一步，可以推出这个问题域右边的线段（表示关系）实际上是单向的数据流。而左端的线段则代表逻辑关系。考虑将这些因素加以综合如图 4-10 所示。

正如刚才所强调的，对于由请求驱动的信息系统而言，有两种类型截然不同的输入。

① 问题域状态的更新。

② 问题域有关信息的请求。

虽然在问题框架图中它们分别表示为两种不同的线段，但这也意味着没有什么关于这些数据来源的说明。当然也完全存在着这样的情形，即两者来自同一数据源（如在赛艇比赛成绩案例中，用户会输入一些有关赛艇、

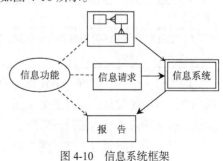

图 4-10　信息系统框架

比赛等方面的详细资料，而同时也会请求获得比赛成绩的输出）。

　　问题域的"现实世界"部分有可能是一个静态域。虽然如此，但正如在前面所指出的，所要描述的域常常是动态的，甚至更重要的是原本就是自治的。而且应当注意与控制系统相反，信息系统并不对问题域（仅对其所包含的所有模型）施加控制。

　　问题域的相关部分有时是无形的，并且存在于与解系统相同的机器之中，从而使机器有可能直接存取现实实体并报告它的状态。

　　更多情况下，信息系统无法直接存取问题域的相关部分，因此信息系统通常会包含一个问题域相关部分的模型并使用该模型作为直接的信息源。显然这就必须要有一个机制，由它来维持问题域与问题域模型间的通信。对信息系统问题框架做进一步的详细阐述（见图 4-11）可以有助于强调这一重点。

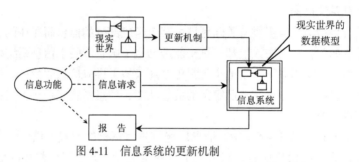

图 4-11　信息系统的更新机制

　　然而更新机制就不是那么简明易懂了。也许将其显式地建模为一个连接域是最佳的选择。

　　有关信息系统需求文档内容的一些指导性原则如表 4-6 所列，在该例中，信息功能表示的是需求，而其他部分则是问题域描述。

表 4-6　　　　　　　　　　　　　　　　信息系统之相关技术

| 信息问题——需求文档 | |
| --- | --- |
| **内　容** | **（一些）相关技术** |
| 有关子域（实体）的数据模型，子域属性那些必须予以报告的问题域（报告内容包括它们的属性和关系） | ERD 和 DD |
| 每个问题子域的特征，包括所有改变问题域状态的问题域事件（因此也包括查询的结果）以及这些事件发生所有可能的序列 | 文本，事件列表和 ELH |
| 系统如何存取问题域当中的相关子域的状态和事件（或者说，对于某个静态的信息系统，软件开发者如何进行存取） | 文本 |
| 由任何连接域（太微不足道而无需单独建档）所引入的失真和延时 | 文本 |
| 其初始数据可以摘自原有的文件、相关格式以及存取规程（希望可以有原有的文档供引用） | 文件映象，结构图，BNF |
| 信息功能也就是所需的报告和它们与现实世界的状态之间的关系，以及任何相关的系统支持的查询 | 绘图，文本，表格 |

　　除了以上这些，还有一个较常见的准则，就是在解系统内部，包含一个关于问题域的存储数据模型。虽说是常见，但对此多少还存在些争议，所以说，解系统数据模型的开发完全可以推迟至规格说明阶段甚至内部设计阶段。

　　有时在信息问题与工件问题之间可能会产生一些混淆。以一个基于机器的电话簿为例（就像通常存储在移动电话里的那种），所存储的关于人员和他们的电话号码的数据是某一现实世界域的模型（毕竟，该数据代表着真实的人和真实的电话号码），抑或它只是一个存储于机器内部且可以由用户进行编辑的工件文档（一个现实化的域）？

虽然它们之间的差别看上去似乎并不明显，但却可能会是至关重要的。这或许不会在本例中出现（可是现实与模型之间的任何不匹配都将导出错误的或者是无法获取的号码），但目前通行的做法却是采用现实化的财务域。早期计算机化的财务系统提供了一种存储和操纵数据的方法，但它们只是相关的纸上系统的模型。纸（如发票和支票）才是真正的、合法装订的文档。但时过境迁，许多组织现在已经认同"oracle"为计算机化的记录，过去那些通常被认为是信息问题的现已被工件问题所取代。

（8）转换问题框架

在图 4-13 所示的这类框架对转换问题进行建模，即系统将某一特定格式的输入数据转换为与之对应的、另一种特定格式的输出数据。当然，机器并不改变任何输入数据，也就是说，要求输入数据域必须是静态的。输出数据域的改变只能通过机器来实现，因而它是惰性的。

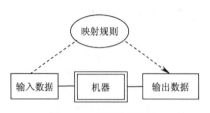

图 4-12　转换问题框架

由机器来直接存取也意味着输入与输出域两者均是无形的，然而虽然这只是最简单的情况，但如果能提出适当的连接域，同样可以适用于那些有形的输入域。

在表 4-7 中给出了适用于转换系统的需求文档内容指导性原则。其中输入与输出之间的映射代表需求，其余部分是问题域描述。

表 4-7　　　　　　　　　　　　转换问题之相关技术

| 转换问题——需求文档 | |
| --- | --- |
| 内　　容 | （一些）相关技术 |
| 输入与输出数据集 | DD（BNF），结构图 |
| 数据来源与去向 | 文本 |
| 输入与输出间的映射 | 文本，映射表，结构图 |

转换框架也称作 JSP 框架，这是由于 Michael Jackson 发明了一种解决这类问题的方法（也就是一种处理内部设计的方法），而方法被称作 Jackson 结构化程序设计（JSP）。

JSP 解决方法对输入域和输出域的性质设立了较为苛刻的前提条件。本质上，两者都必须是顺序的，而且可以由正规表达式定义。映射规则必须相对地简单易懂，而设立的条件则可以避免某些问题的发生（如在上面提到的 OCR 问题）。当然，只有 JSP 解决方法才会受到影响，而这也不是当前迫切需要关心的，因为我们还有需求获取以及文档化的指导原则可以有效地解决同类问题。

（9）连接框架

连接框架应用在我们必须维持那些相互间没有直接连接的子域间通信的场合。如果两个域之间总是存在一个直接连接（也就是所说的共享现象），事情应该有所简化，然而这常常是绝无可能的。

即使如此，只要我们容忍连接域所带来的某些失真，那么我们就可以忽略该连接域，但是假如做不到这一点（而且再小心谨慎也总有犯错的时候），就应该对连接域明确地做一番研究。首先必须定义共享现象的本质属性以及连通域之间可实现的通信。

通常，这样的问题出现在某个较大型问题的某些部分，如信息系统需要搜集有关问题域的信息，或者某个控制系统必须与其所控制的部分相连接。因此，经常出现机器的一端与另一个必须构建的机器相连接的情形。

目前至少存在两种版本的连接问题，而第一种的应用使得你——一个需求工程师——在对连接域进行外部设计时有了一定的选择余地。一个典型例子就是，信息系统依赖于用户的输入以维持它的问题域视图。HMI 也就是必须要生成的连接机器。图 4-13 对该问题的框架做了说明。缩写 RC 和 CM 分别表示现实与连接域间的共享现象以及连接域与机器间的共享现象。这些共享现象总是存在于相互作用的域之间，但通常没有明确地予以显示。

另一种场景是连接域是给定的（如传感器或传动器），且机器必须予以容纳的情形。该问题的建模如图 4-14 所示。

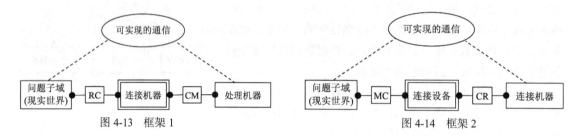

图 4-13　框架 1　　　　　　　　　图 4-14　框架 2

在该场景中，问题域的相关部分以及连接设备都是有形、自治的域，而机器则一如既往是可编程的。然而鉴于连接问题多少带有点变数，因此必须灵活地对待所列检查清单（如表 4-8 所列）。在这里，期望的映射表示的是需求，其余的则是问题域描述。

表 4-8

| 连接问题——需求文档 | |
| --- | --- |
| 内　容 | （一些）相关技术 |
| 问题域中相关的状态和事件 | 事件列表，FSM |
| 问题域数据中的冗余（如果有），以及在有冗余的地方，用于确定最可靠数据的规则 | 文本，决策表 |
| 由任何已有的连接设备所引入的信息映射（包括任何失真以及延时） | 并发 FSM，文本，映射表，决策表 |
| 期望的映射。在连接的域之间发挥作用 | 并发 FSM，文本，映射表，决策表 |

### 2. 待求子域性质小结

为了完全适合相关问题框架，关键的子域必须体现某些性质，表 4-9 对这些性质进行了总结。其中一行中存在多个项，表明有多个可供选择的选项。

表 4-9

| 框架 | 子域 | 静态的 | 惰性的 | 反应的 | 可编程的 | 顺从的 | 自治的 |
| --- | --- | --- | --- | --- | --- | --- | --- |
| 工作 | 操作请求 | | | | | √ | |
| | 工作 | | √ | | | | |
| 控制 | 受操控域 | | | √ | √ | √ | |
| 信息 | 现实 | √ | | | | | √ |

| 框架 | 子域 | 静态的 | 惰性的 | 反应的 | 可编程的 | 顺从的 | 自治的 |
|------|------|--------|--------|--------|----------|--------|--------|
| 信息 | 请求 | | | | | √ | |
| | 输出 | | √ | | | | |
| 转换 | 输入 | √ | | | | | |
| | 输出 | | √ | | | | |
| 连接 | 连接设备 | | | | √ | | |
| | 现实 | | | | √ | √ | √ |

### 3. 多框架问题

现实生活中许多应用域会形成一些复杂的问题，只是将它们作为简单的问题来对待不仅不切实际而且很可能行不通。解决复杂问题的关键在于将复杂的问题分割或者分解为若干较简单的问题，而每个单独的简单问题更易于解决。这一做法也称为"分而治之"策略。

问题框架法的优点之一就是，它为问题分解提供了合理性原则。这在其他的分析法中是没有的。我们就从识别适合于简单问题框架的问题元素开始进行。问题的某一部分会适合于一种框架而其他一些部分则会适合于另一种框架。除非我们正在处理的是两个完全不同的问题（不仅可能而且简明易懂，只需独立地分别加以处理），否则在不同的框架之内总会有一些重叠或共性。这是多框架问题。

### 4. 问题框架的应用

应用问题框架法时，建议采用直截了当的策略。

（1）抽象问题域。

① 标识子域。

② 标识子域间的交互（根据共享现象）。

③ 刻画每个子域的特征。

④ 生成一个（成 n 个扩展的）上下文图。

（2）识别出相关的标准框架。

（3）调整框架，使之适配于问题（尽我们所能而为之）。

（4）使用关于相关框架的 Kovitz 表来指导进一步的分析与文档编制任务。

这些步骤都是按显然的次序给出，当然也有可能这些步骤间存在很大部分的重叠和迭代。

### 5. 问题框架小结

为了能够刻画问题的特征，问题框架将问题域建模成为一系列相互关联的子域。问题框架同时也是一个上下文图的开发，而上下文图则是为使得模型与特定问题之间的适配关系更趋密切而进行的准备。

作为 PDOA 的组成部分，问题框架具有以下 4 点优势。

（1）问题框架提倡在早期将注意力集中在问题域和需求上，这与任何其他原有的系统或解系统相反。

（2）问题框架有助于标识我们所处理的问题域类型（单靠一个上下文图是无法做到的，所有其他系统的上下文图也大致相同）。

（3）问题框架容纳了那些真正组成需求的域间关系（毕竟标识需求是需求工程的一件头等大事）。

（4）问题框架为各种类型问题的处理提供了专门的指南。

# 4.5 需求分析的工具

软件需求分析方法最初是为人工使用而开发出来的。对于一些大的软件项目，使用这些方法手工进行分析，就显得很麻烦而且容易出错。因此，针对这些方法，开发出了一些计算机辅助工具以帮助分析员进行需求分析。它们可以改善分析的质量和生产率。

需求分析的自动工具按不同的方式可以归为两类。

一类工具是为自动生成和维护系统的规格说明（以前是以手工方法制作的）而设计的。这类工具主要利用图形记号进行分析，它们产生一些图示，辅助问题分解，维护系统的信息层次，并使用试探法来发现规格说明中的问题。更重要的是，这类工具能够对要更新的信息进行分析，并跟踪新系统与已存在系统之间的连接。例如，Nastec 公司的 CASE2000 系统能够帮助分析员生成数据流图和数据字典，把它们保存在数据库中，以便进行正确性、一致性和完备性的检查。事实上，这种工具与其他多数自动需求分析工具相比，其好处在于将"智能处理"应用到问题的规格说明中。

另一类需求分析工具要用到一种特殊的以自动方式处理的表示法（多数情况是需求规格说明语言），用需求规格说明语言来描述需求。它是由关键字指示符号与自然语言（例如英语）叙述组合而成的。规格说明语言被一个处理器处理以产生需求规格说明，更重要的是，产生有关规格说明的一致性和组织方面的诊断报告。

## 4.5.1 SADT

SADT（Softtech 公司的商标）是 D.T.ROSS 等人 1977 年提出来的一种结构化分析与设计的技术，已广泛地应用于系统定义、软件需求分析、系统设计与软件设计。最初，SADT 是作为一种手工方法开发的。

SADT 由以下三部分组成。

（1）分解软件（或系统）功能的过程。

（2）能沟通软件内部的功能和信息联系的图解表示，即 SADT 活动图和数据图。

（3）使用 SADT 进行项目管理的指导书。

使用 SADT，分析员可以建立一个由许多分层定义的活动图和数据图组成的模型，此模型也叫作 SA 图。这种表示法的格式如图 4-15 所示。图 4-15（a）给出的是活动图的组成部件，图 4-15（b）给出的是数据图的基本组成部件，其中右图给出的是它们的实例。

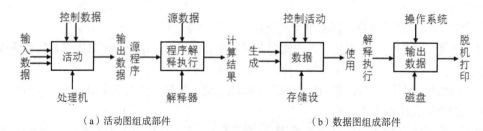

（a）活动图组成部件          （b）数据图组成部件

图 4-15　活动图和数据图的组成

在活动图中，结点表示活动，弧表示活动之间的数据流，因此活动图是数据流图的另一种形式。但要注意，不可将活动图与数据流图混淆。活动图有 4 种不同的数据流与每一个结点有关。一个结点的输出可以作为另一个结点的输入或控制，而某些结点的输出则是整个系统对外界环境的输出，如图 4-15（a）所示。这样，每个结点的输出都必须连到其他结点或外部环境。它的输入与控制也必须来自其他结点的输出或者来自外部环境。

在数据图中，结点表示数据对象，边表示对于数据对象的活动。其中，输入是生成数据对象的活动，输出是使用数据对象的活动，而控制是针对结点数据对象的一种控制，如图 4-15（b）所示。因而数据图与活动图是对偶的。在实践中，活动图应用得更广泛。不过，数据图也是很有用的，主要表现如下。

（1）能指明一个给定数据对象所影响的所有活动。

（2）可利用由活动图构造数据图的办法去检查某个 SADT 模型的完全性和一致性。

描述软件工程定义阶段最初几个步骤的 SADT 活动图如图 4-16 所示。

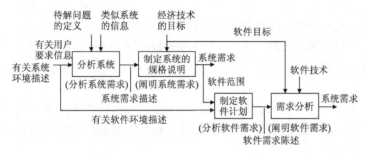

图 4-16　描述需求定义的 SADT 活动图

## 4.5.2　PSL/PSA

系统分析辅助工具 PSL/PSA 由问题说明语言 PSL（Problem Statement Language）与问题说明分析器 PSA（Problem Statement Analyzer）组成。它是美国密执安（Michigan）大学开发的 ISDOS 系统的一部分。

问题说明语言 PSL 是一种用计算机处理的形式语言，可以按一定的语法用它正确地完整描述用户对系统的功能要求和性能要求。问题说明分析器 PSA 则可以对用 PSL 书写的需求规格说明进行分析，产生定义系统的许多报告。

PSL 可以从系统的信息流、系统结构、数据结构、数据的推导、系统的规模和容量、系统的动态特性、系统的性质和项目管理等 8 个方面，描述系统中的每个对象以及这个对象与其他对象之间的关系。

在面向数据流的分析方法分析数据处理系统时，借助于 PSL/PSA 工具，可以一边对用户的数据处理活动进行自顶向下的逐层分解，一边将分析过程中遇到的数据流、文件、加工等对象用 PSL 描述出来，并将这些描述输入到 PSL/PSA 系统。PSA 将对输入数据进行一致性、完整性检查，并保存这些描述信息，形成一个可用计算机管理的数据库（或数据字典）。

PSL 有确定的语法，是一种计算机可处理的语言。所以，PSA 可以按系统分析员的要求，对用 PSL 书写的字典进行查阅、分析，打印出许多有用的报告，其中包括当分析员修改系统描述时修改规格说明数据库的记录、以各种形式（包括数据流图）提供数据库信息的引用报告、提供开发项目管理信息的小结报告以及评价数据库特性的分析报告等。

显然，PSL/PSA 系统提供的自动化方法，确实有不少的好处，如下所示。

（1）通过标准化和产生报告，改善了文档编制的质量。

（2）由于数据库可供大家使用，改善了分析员之间的协作关系。

（3）通过相互参照各种图表和报告，可以很容易地发现一些漏洞、疏忽和不一致之处。

（4）比较容易追踪修改的影响。

（5）降低了对规格说明进行维护的成本。

# 4.6  传统的软件建模

## 4.6.1  软件建模

在很多的科学领域中，为了更好地理解和表达问题，常常采用问题模型化的方法。模型可以是一种物理实体模型，也可以是一种图表或者数学抽象概念的模型。

在软件工程中，在解决问题之前，首先要分析和理解问题空间，即调查分析。当对问题彻底理解后，需要把它表达清楚。这就是对问题的"理解 – 表达"过程，在这过程中也常采用模型的表达方法。

所谓模型，就是为了理解事物而对事物做出的一种抽象，是对事物的一种无歧义的书面描述。简单地说，模型就是某一事物的抽象表示方式。通常，软件工程中的模型可以由一组图形符号和组织这些符号的规则组成。

模型是一种思考工具。利用模型可以把知识规范地表示出来，可以降低问题的复杂度，使问题更容易理解，便于进行系统分析与设计，便于开发人员与用户的交流。一个好的抽象化模型能够将问题重要的特性表达出来，排除无关的、非本质的干扰。

模型用于描述软件目标系统所有的数据信息、处理功能、用户界面及运行的外部行为等。一般来说，模型并不涉及软件的具体实现细节。

经过软件的需求分析建立起来的模型可以称为分析模型或者需求模型。分析模型实际上是一组模型，它是一种目标系统逻辑表示技术，可以用图形描述工具来建模，如选定一些图形符号分别表示信息流、加工处理以及系统的行为等，还可以用自然语言给出加工说明。

软件分析模型应包含以下的基本目标。

（1）描述用户对软件系统的需求。

（2）为软件设计奠定一个良好的基础。

（3）定义一组需求，并且可以作为软件产品验收的标准。

需求分析模型如图 4-17 所示。

在技术上，需求分析过程实际上是一个建模过程。分析模型的核心是数据字典，围绕着数据字典有 3 个层次的子模型，即数据模型、功能模型和行为模型。这 3 个子模型有着密切的联系，它们的建立不具有严格的时序性，而是一个迭代过程。

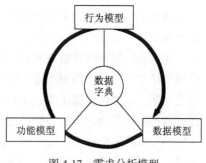

图 4-17  需求分析模型

## 4.6.2　数据模型的建立

在进行数据建模活动中，应该充分考虑系统处理哪些主要的数据对象；每一个数据对象如何组成，具有哪些属性；每一个数据对象与其他数据对象有哪些关系；数据对象与变换之间有哪些关系；等等。

数据模型用于描述数据对象之间的关系。数据模型应包含 3 种相关的信息，即数据对象、属性和关系。

### 1. 数据对象

数据对象是几乎所有必须被软件理解的复合信息的表示。复合信息是指具有若干不同特性或者属性的事物。所以，仅有单个值的事物不是对象，例如宽度、长度等即不属于对象。

数据对象可以是一个外部实体、事物、行为、事件、角色、单位、地点、结构等。例如，汽车可以被认为是数据对象，因为汽车可以用一组属性来定义，如汽车可以用制造厂家、车型、颜色等来描述。

数据对象只封装数据，没有引用对作用于数据对象的操作。这里所说的数据对象与面向对象方法中所描述的"对象""类"有着显著的区别。

### 2. 属性

属性定义了数据对象的性质，它具有 3 种不同的特性。

（1）为数据对象实例命名。

（2）描述该实例。

（3）引用另一个实例。

一个数据对象往往具有很多属性。我们应该根据要解决的问题和对问题语境的理解来确定数据对象的属性，选取一组本质的属性，排除与问题无关的非本质的属性。例如，教师的属性有教工号、姓名、性别、职称、职务、专业、研究方向、科研成果、担任课程、住址、电话、家庭成员等。对于设计一个教学管理系统来说，我们所关心的是与教学有关的属性，应排除与教学无关的属性。

在一个系统中，数据对象的描述应包括数据对象以及它所具有的属性，数据对象描述可以用一个数据表来表示。

### 3. 关系

数据对象彼此之间是有关联的，也称为关系。例如，数据对象"教师"和"课程"的连接关系是"教"，数据对象"学生"和"课程"的连接关系是"学"。这种关联的形态有 3 种。

（1）一对一关联（1:1）。例如，一所学校只有一位校长，所以学校与校长的关联是一对一的。

（2）一对多关联（1:N）。例如，一位教师可以"教"多门课程，所以教师和课程的关联是一对多的。

（3）多对多关联（M:N）。例如，一名学生可以学多门课程，一门课程有多名学生学习，所以学生和课程的关联是多对多的。

### 4. 实体 – 关系图

数据模型常常用"实体 – 关系图"ERD, entity-relationship diagram)来描述。实体 – 关系图重点关注的是数据，它表示了存在于系统中的一个"数据网络"，也称为 E-R 模型。

ERD 包含 3 种基本元素，即实体、属性和关系。通常用矩形表示实体即数据对象，用圆角矩形或者椭圆形表示实体的属性，用菱形连接相关实体表示关系。例如，图 4-18 所示就是一个简化的教学管理 ERD。

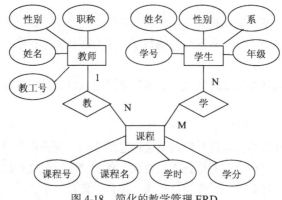

图 4-18 简化的教学管理 ERD

数据模型与实体－关系图为分析员提供了一种简明的符号体系，数据建模创建了分析模型的一部分。另外，由于 E-R 模型简单，容易理解，所以它可以作为分析员与用户交流的工具。

### 4.6.3 功能模型、行为模型的建立及数据字典

#### 1. 功能模型

功能模型可以用数据流图描述，所以又称为数据流模型。人们常常用数据模型和数据流模型来描述系统的信息结构。当信息在软件系统移动时，它会被一系列变换所修改。数据流模型描绘信息流和数据从输入移动到输出以及被应用变换（加工处理）的过程。

数据流图（DFD，data flow diagram）是一种图形化技术，数据流图符号简单、实用。用数据流图可以表达软件系统必须完成的功能。系统分析是把软件系统自顶向下逐层分解、逐步细化的过程，由此所获得的功能模型是一个分层数据流图，它也就描述了系统的分解。

图 4-19 所示为一个加工数据流的一般画法。注意，要对数据流、加工、文件等命名，还要对加工编号。

数据流图中的基本元素如下。

（1）数据流。数据流表示含有固定成分的动态数据，可以用箭头符号"→"表示。数据流包括输入数据和输出数据（流动的数据）。

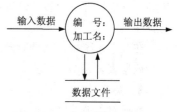

图 4-19　一个加工数据流的画法

输入数据可能是由用户输入的一系列数据，也可能是网络连接传输的信息包，或者是从磁盘提取的数据文件等。输出数据是经过加工（变换）后的数据。

（2）加工处理。加工处理又称为变换或者功能模块，表示对数据进行的操作逻辑，可以用圆符号"○"表示。

加工（变换）是一个广义的概念，它可以表示一个复杂的数值计算、逻辑运算、文字处理、作图、数据检索、分类统计等操作。对加工而言，它可能产生新数据，也可能不产生新数据。通常，每一个都应该具有数据流入（进入箭头）和对数据加工后的数据流出（离开箭头）。

（3）文件。文件表示处于静态的、需要存储的数据，可以用符号"＝"表示，同时，文件名写在两条直线之间。一般地，文件当被用于数据流中某一些加工之间的界面接口时，需要画出。通常，文件出现在中间和底层的数据流图中。

（4）源点和终点。源点和终点表示数据的产生和最终抵达处，通常是系统边界，例如是部门、

人员、组织等，可用符号矩形"□"表示。

通常，数据流图由许多的加工用箭头互相连接构成，数据流存在从加工→加工、加工→文件、加工→终点、源点→加工、文件→加工等情况。因为数据流总是与加工有关系的，所以不会存在文件→文件、文件→终点、源点→文件、源点→终点等情况。

（5）分解的程度。系统自顶向下逐层分解时，可以把一个加工分解成几个加工。当每一个加工都已分解到足够简单时，分解工作就可以结束了。足够简单的不再分解的加工称为基本加工。如果某一层分解不合理、不恰当，就要重新分解。

（6）加工说明。加工说明或者说加工处理（process specification）过程，用于描述系统的每一个基本加工处理的逻辑，说明输入数据转换为输出数据的加工规则。

加工逻辑仅说明"做什么"就可以了，而不是实现加工的细节。加工说明的描述方式可以用结构化语言、判定表、判定树、IPO（输入—处理—输出）图等。

所谓结构化语言，是自然语言加上结构化的形式，是介于自然语言与程序设计语言之间的半形式化语言，特点是既有结构化程序清晰易读的优点，又有自然语言的灵活性。

判定表是一种表格化表达形式，主要用于描述一些不容易用语言表达清楚或者用语言需要很大篇幅才能表达清楚的加工。判定树是判定表的图形形式。

### 2. 行为模型

在传统的数据流模型中，控制和事件流没有被表示出来。在实时系统的分析和设计中，行为建模显得尤其重要。事实上，大多数商业系统是数据驱动的，所以非常适合用数据流模型。相反，实时控制系统却很少有数据输入，主要是事件驱动。因此，行为模型是最有效的系统行为描述方式。当然，也有同时存在数据驱动和事件驱动两类模型的系统。

行为模型常用状态转换图（简称状态图）来描述，它又称为状态机模型。状态机模型通过描述系统的状态以及引起系统状态转换的事件来表示系统的行为。状态图中的基本元素有事件、状态和行为等。

事件是在某个特定时刻发生的事情，是对引起系统从一个状态转换到另一个状态的外界事件的抽象。简单地说，事件就是引起系统状态转换的控制信息。

状态是任何可以被观察到的系统行为模式，一个状态代表系统的一种行为模式。状态规定了系统对事件的响应方式。系统对事件的响应可能是一个动作或者一系列动作，也可能是仅仅改变系统本身的状态。

系统从一种状态转换到另一种状态如图 4-20 所示。

在状态图中，用圆形框或者椭圆形框表示状态，在框内标上状态名，在表示状态的框内用关键字 do，标明进入该状态时系统的行为。从一个状态到另一个状态的转换用箭线表示，箭

图 4-20　状态转换

头表明转换方向，箭线上标上事件名。必要时可在事件名后面加一个方括号，括号内写上状态转换的条件。也就是说，仅当方括号内所列出的条件为真时，该事件的发生才引起箭头所示的状态转换。

系统的状态机模型可以理解为在任一个时刻，系统处于有限可能的状态中的一个状态。当某一个激励（条件）到达时，它激发系统从一个状态转换到另一个新状态。

### 3. 数据字典

在结构化分析模型中，数据对象和控制信息是非常重要的，需要一种系统的、有组织的描述方式表示每一个数据对象和控制信息的特征。这可以由数据字典来完成。

简单地说，数据字典（data dictionary）用于描述软件系统中使用或者产生的每一个数据元素，是系统数据信息定义的集合。

数据字典方便人们对不了解的条目进行查阅，人们可以借助数据字典查出每一个名字（包括数据流、加工名、文件名等）的定义和组成，以避免产生误解。

值得注意的是，对于一个大型的软件系统，数据字典的规模和复杂性会迅速地增长。事实上，人工维护数据字典是非常困难的，因此需要使用 CASE 工具来创建和维护数据字典。

# 习题四

1. 需求分析的原则主要有哪些？

2. 试述需求分析的过程。

3. 有哪些常用的需求收集的方法和技术？试选择某一系统并根据某方法进行需求收集。

4. 分析需求分析工具 SADT 和 PSL/PSA 的特点，并指出它们的缺陷。

5. 试说明下列非功能性需求哪些是可以被证实的，哪些是不能被证实的。

（1）系统必须是可用的。

（2）对于一个提交的命令，系统必须在 1 秒的时间内提供可见的用户反馈。

（3）系统的可用性必须达到 95% 以上。

（4）新系统的用户界面应该与原有的旧系统用户界面尽量相似，这样在对新系统进行培训时，就会更加容易。

6. 以下哪些是非功能性需求？

（1）保龄球馆的计分系统在游戏过程中跟踪分数。

（2）单词统计程序应该能够处理大数据文件。

（3）一个网站的登录系统应该确保安全性。

（4）自动售货机系统应该将硬币作为来自用户的输入。

# 第5章
# 用例建模

在产品开发过程中，需求的管理尤为重要。高效管理需求的工具多种多样，用例建模便是其中之一。随着项目的开展，开发人员可以通过一系列的需求活动管理去挖掘系统的相关信息。通过分析问题理解干系人的需求，在定义系统的过程中，利用简略的用例规约对系统的功能和业务过程进行表示。在融入领域相关信息后，对系统进行细化完善，最终形成更加详细的用例规约描述。通过这个过程，逐步形成完整的用例模型，进而可以管理变化的需求。

用例建模是一种从用户使用系统的角度来建立系统功能需求模型的方法。用例建模既不是从数据模型开始，也不是从系统数据流着手，而是从组成系统的实际操作入手。

## 5.1  用例模型的基本概念

用例模型可以很好地描述系统的功能性需求。在 UML 中，一个用例模型通常由若干个用例图组成，用来表示系统实现的业务过程，描述系统的工作方式。用例图非常简单直观，主要有系统、参与者、用例和关系四种基本成分。

### 5.1.1  系统

系统是指待开发的任何事物，包括软件、硬件或者过程。在建模的过程中，首先就要清晰地确定系统的边界，即系统中有什么、系统外有什么（尽管不需创建，但须考虑其接口）。通过确定系统的参与者和用例便可确定系统边界。在 UML 的用例图中，系统用一个矩形方框来描述，中间标明系统的名称，如图 5-1 所示。

简单ATM系统

图 5-1  系统的表示

用例建模的一个重要环节就是明确系统的边界。系统边界是指一个系统所包含的所有系统成分，与系统以外各种事物的分界线。系统边界的选择会影响用例和参与者的定义。

以一个零售店销售管理系统为例，这个系统需要记录销售及付款情况，包含了硬件设备以及运行的软件。系统的重要功能是自动收款，快速准确地进行销售情况统计及分析，还有自动化的库存管理。

第一种设计方案是将收银员和顾客同时设置为系统外部的参与者。在这种方案中，收银员和顾客共同拥有的用例是购买物品、登录以及退货等三个用例，如图 5-2（a）所示。

第二种设计方案是将整个零售店作为系统的内部结构。在这种情况下，只有客户作为外部参与者与这个系统进行交互，完成购物或退货这两种操作，如图 5-2（b）所示。

在第三种方案中，系统设计涵盖了系统后台管理部分的描述，因此添加了管理员和经理的角色，如图 5-2（c）所示。

通过这个例子可以看出，不同的系统边界定义决定了与系统交互的对象、参与者与系统的交互方式，进而影响了整个用例模型的设计。

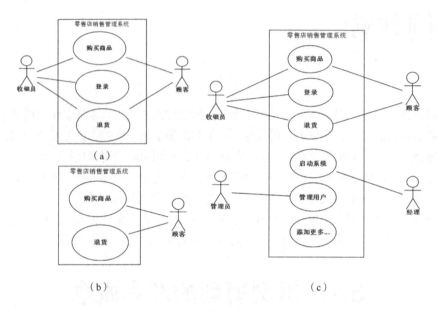

图 5-2　零售店销售管理系统用例模型的设计

## 5.1.2　参与者

参与者用于表示使用系统的对象，是系统外部的一个实体，以某种方式参与用例的执行过程。参与者可以是人或者其他系统，用其参与用例时所担当的角色来代表。在 UML 中，参与者用一个"火柴棒形人"来表示，如图 5-3 所示。

图 5-3　参与者的表示

根据参与者与用例关系的不同，参与者可分为两类：主要参与者（primary actor）和次要参与者（secondary actor）。主要参与者为主动发起人，通过使用用例从系统中获得业务价值。次要参与者参加用例的执行以为其他参与者创造业务价值。一个参与者在一个用例中是主要参与者，在其他用例中可能是次要参与者。用例的主要参与者可能是一个，也可能是多个。

设计参与者时需要注意，首先了解参与者表示的什么，通常需要在系统的实际使用用户和系统参与者之间进行转换。因为不同的系统使用者可以使用相同的模式与系统进行交互，同一个使用者也可以不同的身份使用相同的系统。例如，学生可能是选课同学，也可能是助教；银行柜台人员，可能是银行的客户；等。所以设计时应该注重用户所承担的角色，在命名的时候要体现出角色的特性。

例如，在选课系统中，有这样两个系统使用者成为两个用户实例：李明和韩蕾。李明是软件学院的本科生，而韩蕾是数学系的教师，同时也是软件学院的一名博士生。李明和韩蕾都具有学生的角色，所以他们都具有注册课程的权利。而李雷作为教师身份时，还具有提交成绩等权利。因此，参与者的定义是依据角色而划分的，设计时需要将用户角色和用户实例进行区分。

## 5.1.3　用例

用例是参与者为达到某个目的而与系统进行的一系列交互，执行结果将为参与者提供可度量的价值（measurable value）。从参与者的角度来看，用例应该是一个完整的任务，在一个相对较短的时间段内完成。如果用例的各部分被分在不同的时间段，尤其是被不同的参与者执行时，最好将各部分作为单独的用例来看待。在 UML 中，用例用一个椭圆形符号表示，其中标明用例的名称，如图 5-4 所示。

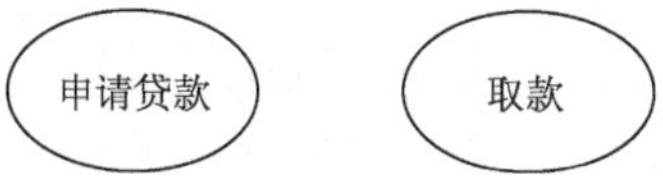

图 5-4　用例的表示

概括而言，用例描述了系统的功能性需求。每个用例给出的是一个细化的系统行为需求，用例表示系统为参与者提供的服务和价值。参与者与系统的每种不同的交互方式都是一个用例，穷举所有的用例，可得到完整的需求描述。用例的特点在于通过自然语言描述参与者与系统的交互活动，描述系统的职责，描述系统必须做什么，而非如何做。

用例的命名非常重要。创立一个用例名时，要尽量使用主动语态动词和可以描述系统执行功能的名词。

## 5.1.4　关系

在用例图中，关系用来描述参与者和用例间的关系，通常用一条直线表示这种交互关系。系统中往往有多个参与者与同一个用例相关联，通常将获取用例提供价值的参与者定义为主要参与者。主要参与者是服务的主要受益方，但并不一定是主动发起交互的一方。在用例模型中，通常使用箭头来表示交互的发起方和接收方。一个交互代表着参与者与系统之间的一个完整对话。

以注册课程为例，学生登录到系统，系统验证学生登录成功后，学生可向系统发起请求，获取课程信息。随后系统向课程目录系统发起信息查询的请求，课程目录系统返回相关的课程的信息，系统再将相应的信息展现给学生。学生进而可以选择课程，系统进一步处理请求，将相关的课程纳入课程表。以上的过程就形成了一个完整的事件流。

很显然，上面的事件流仅仅是与选课系统交互的情境之一。很多时候系统会根据参与者提供的不同信息进入不同的场景。因此也可以将场景理解为用例的一个实例。一个用例会有不同的场景，也就意味着会有不同的事件流。因此，在对用例进行文本描述时需要将这些不同的场景分别表示出来。场景可以表达正面的行为需求，也可以表达反面的、不希望发生的交互，还可以包括并行机制，在每个选择点进行一种情况的具体描述。

一般来说，主要有以下四类关系：通信关系、泛化关系、包含关系和扩展关系。

### 1. 通信关系

通信关系用来描述参与者与用例之间的关系。参与者触发用例，与用例交换信息，用例执行完后向参与者返回结果。不管参与者与用例之间有多少次交互，一个用例与一个参与者之间至多有一个通信关系。在 UML 中，通信关系采用执行者与用例之间的连线来表示。有时，为了明确谁是发起者，采用箭线，箭头表明发起的方向，如图 5-5 所示。

### 2. 泛化关系

在用例图中，参与者与参与者之间以及用例与用例之间存在泛化关系。参与者之间的泛化关系意味着一个参与者可以完成另一个参与者同样的任务，也可以补充额外的任务。用例之间的泛化关系意味着一个用例是另一个用例的特殊版本。特殊用例（子用例）可以在一般用例（父用例）的执行序列的任意位置插入额外的动作序列，也可以修改某些继承而来的操作和顺序。一般用例的任何包含关系和扩展关系也可以被特殊用例继承。在 UML 中，泛化关系用一个带连线的三角形来表示。图 5-6 给出了泛化关系描述的示例。

（a）未标明发起方向　　　　　　　　　　（b）标明发起方向

图 5-5　通信关系示例

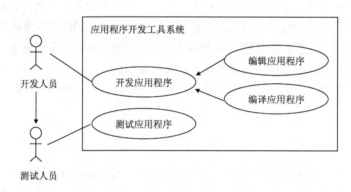

图 5-6　泛化关系描述示例

### 3. 包含关系

包含关系描述了用例间的共同行为。当两个或两个以上用例有共同的执行序列片断时，可以将这些执行序列片断抽出，形成被包含用例。同时，当一个用例描述的执行序列是另一个用例的执行序列的一部分时，也可使用包含关系。在 UML 中，包含关系用标有"《include》"的虚箭线来表示，如图 5-7 所示。

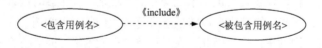

图 5-7　包含关系的图形表示

在描述包含用例（including use case）的动作序列时，一般在动作序列的某位置用"include（被包含用例名）"声明被包含用例。当包含用例执行到该位置时，转去执行"被包含用例"对应的动作序列，执行完"被包含用例"后返回，继续执行该位置以后的动作序列。包含关系有点类似于程序间的调用关系。

### 4. 扩展关系

当对一个已存在的用例增加新的功能时，可使用扩展关系。扩展关系一般用于有条件地扩展已有用例的行为，是在不改变原始用例的情况下增加用例行为的一种方法。在被扩展用例中，通常包含一些扩展点表明用例中允许扩展的地方。应该注意的是，扩展点并不要求用例一定被扩展，但如果扩展的话，它表明了可以发生扩展的地方。每个扩展点，在一个用例中都有唯一的名字和位置描述，通常在椭圆形的用例描述符号中添加一个扩展点分区来表示。显然，被扩展用例的描述并没有因此而改变。在 UML 中，扩展关系用虚箭线表示，其上标明"《extend》"扩展点列表和扩展条件，如图 5-8 所示。

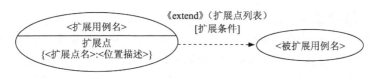

图 5-8　扩展关系表示

在使用扩展关系时应注意以下 4 个方面。

（1）扩展用例是一些用例片断，用来扩展"被扩展用例"的行为；扩展用例一般没有实例，若有也不包含"被扩展用例"中的行为。

（2）扩展用例可以在"被扩展用例"的多个扩展点扩展"被扩展用例"的行为。只要在"被扩展用例"执行到"扩展用例"引用的扩展点时扩展条件为真，则所有"扩展用例"的动作序列片断均插入"被扩展用例"中扩展点描述的相应位置。

（3）扩展用例可以继续被其他用例扩展。

（4）若"被扩展用例"的某个扩展点上有多个对应的扩展用例，则这些扩展用例执行的相对顺序是不确定的。

图 5-9 给出了"简单 ATM 系统"较完整的用例图。

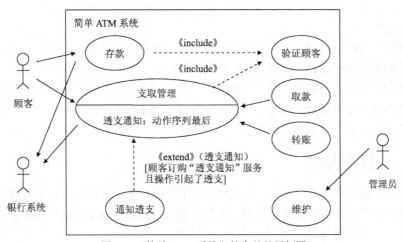

图 5-9　"简单 ATM 系统"较完整的用例图

# 5.2　用例建模过程

用例模型是用例建模的主要成果，它从系统外部执行者的角度来描述系统需要提供哪些功能以及谁使用这些功能。用例建模主要用来建立系统的功能模型，其基本步骤可概括如下。

**1. 找出系统的参与者和用例**

确定系统的参与者和用例，也即确定系统边界，这是用例建模的第一步。参与者是系统之外与系统交互的所有事物。每个系统之外的实体可以用一个或者多个参与者来代表。

对于每一个参与者，确定其参与执行的用例。用例是系统的一种行为，通过执行它向参与者提供可度量的业务价值。列出每个参与者需使用系统完成的事情，其中向参与者提供可度量的业务价值的事情可作为一个候选用例。

**2. 区分用例的优先次序**

区分用例的优选次序，也即确定哪一项任务是最关键的、哪些用例涉及全局认识、哪些用例可以为其他用例所重用等。这样，优先级高的用例需要较早开发。区分用例的优先次序的技巧来源于经验，除考虑技术因素外，还需考虑非技术因素，如经济方面。开发人员需要与用户一起协商。

**3. 详细描述每个用例**

详细描述每个用例的主要目的是详细描述用例的事件流，包括用例如何开始、如何与参与者进行交互以及如何结束。

用例开发人员需要与用例的真实用户密切合作。开发人员通过多次面谈，记录用户对用例的理解，并与他们讨论有关用例的各种建议。在用例描述完成之后，需要请这些真实的用户对用例描述进行评审。

用例描述的内容和方式可根据项目和用户特点灵活选择。

**4. 构造用户界面原型**

构造用户界面原型的目的是便于用户有效地执行用例，为最关键的参与者确定用户界面的外观和感觉。首先，从用例入手，设法确定为使每个参与者能执行用例需要用户界面提供哪些信息。然后，开发一个界面原型以说明用户如何使用系统来执行用例。界面原型可以是开发人员给出的界面草图，也可以是利用某种开发环境工具（如可视化编程环境）设计的用户界面。

**5. 构造用例图**

构造用例图的目的是借助用例图中各元素的关系，如包含、泛化、扩展等，给出系统的合理结构，以便用户更容易地理解和处理。在构造用例图时，应该注意以下 3 个方面。

（1）用例的结构关系应尽量反映真实情况。

（2）需要将每个单独的用例视为一个单独的制品（artifacts）。

（3）应尽量避免从功能上分解用例。

## 5.2.1　寻找参与者

参与者可以是待开发系统外部的、与系统交互的任何实体，可以是人，也可以是一个物体或者另一个系统。参与者都具有相应的职责，并且寻求待开发系统的帮助以管理职责。下面一些问题有助于开发人员发现参与者。

（1）谁使用系统的功能。

（2）谁需要系统支持他们的日常工作。

（3）谁来维护、管理系统使其正常工作。

（4）哪些其他系统使用该系统。

（5）系统需要与其他哪些系统交互。

（6）系统需要控制哪些硬件。

（7）对系统产生结果感兴趣的是哪些人或物。

（8）是否有事情在预计的时间自动发生。

在选择参与者时，有两个非常有用的标准：首先，应该能至少确定一个用户来扮演参与者；

其次，与系统相关的不同参与者实例所充当的角色间的重叠应该最少。

寻找新的参与者的一个关键问题就是："系统为这个新参与者提供了不同的服务吗？"很重要的一点就是，牢记参与者应该是与角色相关的，而不是与人相关的。因此，每个角色可以创建为一个新的参与者，而同一个人却可以具有多种角色。这意味着同一个人可以以不同的参与者的形式出现。同样地，不同的人也可能在不同的时刻充当同一个参与者的角色。

此外，在实现参与者的目标的过程中，待开发系统可能需要接受来自其他系统的帮助。在这种情况下，如果这些系统为待开发系统提供了不同类型的服务，那么它们就被定义为不同的参与者。

确认了参与者之后，需要在用例文档描述中，对参与者信息细化。参与者定义时，考虑的是用户的身份。因此参与者的名称，应该要明确指明参与者与系统交互时的身份，同时要注意参与者的命名要唯一，可以与其他参与者进行区分。此外还要对参与者进行简要的描述，具体内容主要包括参与者的名称、是否为抽象参与，以及对参与者的简要描述。图 5-10 给出了关于参与者描述的一个简单示例。

| 参与者规格说明 | |
| --- | --- |
| 参与者名称：顾客 | 是否抽象参与者：否 |
| 简要描述：<br>　　使用 ATM 系统提取现金、转移资金和存款的所有用户，这些用户持有相应的银行卡且知道银行卡对应账号的密码。 | |

图 5-10　参与者描述示例

最后可以根据下述的标准判断对于参与者的建模是否合理。

（1）是否找全了所有的参与者，是否对系统环境中所有的角色都进行了描述和建模。

（2）每一个参与者是否至少都和系统中的一个用例发生了交互。

（3）是否可以为每一个角色找到至少两个应用实例。

（4）不同参与者与系统的交互是否一致，扮演的角色是否相似。如果有这样的情形出现，则需要考虑将这些参与者合并为同一种角色。

## 5.2.2　寻找用例

要描述系统为参与者提供的服务以及参与者是如何与系统交互的，就是寻找用例的过程。寻找用例最好的方式，就是把自己也当作参与者，与设想中的系统进行交互。在寻找用例时需要注意的是，不要一开始就尝试去捕捉所有的细节，要全面地认识和定义每一个用例。要点是用穷举的方式去考虑每个参与者与系统的交互情况，也就是说，寻找用例和寻找参与者的过程是不能完全分开的。

下列一些问题的回答有助于开发人员发现用例。

（1）参与者希望系统提供哪些功能。

（2）系统存储信息吗。参与者将要创建、读取、更新或删除什么信息。

（3）系统是否需要把自身内部状态的变化通知参与者。

（4）系统必须知道哪些外部事件。参与者如何通知系统这些事件。

（5）系统需要进行哪些维护工作。

在确定用例时，"有价值的结果"和"特定参与者"是两个有用的准则。"有价值的结果"是针对主要参与者的，它有助于避免确定太小的用例。"特定参与者"准则可使得用例是向真实的用户（实实在在的用户）提供价值，可以确保用例不会变得太大。

确定用例之后，需要对其进行文本描述。用例描述有许多种方法，如简单文字、模板、表格、形式化语言和图形等，开发人员可根据项目进展及用户特点灵活选择。下面介绍几种常用方式。

### 1. 简单文字

简单文字一般用于用例建模的早期，其内容主要是对用例提供功能的简单说明。例如，"获取呼叫历史"用例的简单文字说明如下：用例"获取呼叫历史"使客户可以查阅账上已付费的所有呼叫的细节。呼叫历史可以以文本或声音的形式提供给客户。

### 2. 模板

模板也是一种文字形式的描述，规定了开发人员需要阐述的有关项目。例如，RUP（rational unified process）风格的用例描述模板主要包括用例名、事件流、特殊需求、前提条件、后置条件和扩展点。其中，前提条件表示用例执行前系统必须满足的状态，后置条件表示用例执行后系统所处的状态，事件流表示的是用例所执行的动作序列，特殊需求一般用来说明用例的非功能性要求。对事件流的描述一般采用编号的步骤序列来表示，采用陈述语句，从参与者的观点来描述。图 5-11 给出了一个用例模板描述示例。

---

**用例名：** 购物

**参与者：** 顾客（发起者）、出纳员

**事件流：**

1. 顾客带着要购买的商品到达一个销售终端时用例开始。
2. 出纳员录入商品。
3. 系统显示商品信息和价格。
4. 重复第 2 步和第 3 步，直到顾客要购买的商品录入完毕。
5. 系统计算并显示该顾客的商品价值总额。
6. 顾客支付现金或用信用卡、支票支付。
7. 系统打印收据。

**可选路径：**

2a. 输入的商品标识符无效。
2a.1 系统显示出错信息。
6a. 顾客不能足额支付所选的商品。
6a.1 取消本次交易。

---

图 5-11 用例模板描述示例

对于用例间关系的描述，不同的使用者可以采取不同的方法。一种较常用的做法是：如果用例包含其他用例，则在事件流的步骤序列中用"include"后跟被包含用例名来描述；如果用例是某用例的特殊用例，则在说明该用例的事件流步骤序列时用不同字体来表明该步是继承的、添加的还是覆盖一般用例的事件流步骤序列；如果用例是对某个用例的扩展，则对应扩展关系的不同扩展点描述各自的扩展事件流步骤序列。

开发人员在选用模板描述用例时，可根据项目的需要增加或删除有关选项，例如增加对用例的非功能性需求、与用例有关的用户界面原型等。

### 3. 表格

用表格描述用例时采用二维表格描述参与者的动作和系统的响应，主要描述用例的动作序列。图 5-12 给出了一个"取消订单"用例的表格描述形式。

| 客户代表 | 系统 | 记账系统 |
|---|---|---|
| 1. 收到一个取消订单的请求<br>2. 输入订单的标识号<br><br>4. 选择取消 | 3. 显示订单内容<br><br>5. 给该订单打上取消标记 | 6. 向客户账号增加订单支付的资金 |

图 5-12　表格描述用例示例

除上述几种描述方式外，还可采用图形来对用例进行描述，如 Petri 网（Petri net）、UML 的顺序图、UML 的活动图、ITU 的消息顺序图。此外，有些形式化语言，如 Z 语言、Occam 语言等也可用来描述用例，用于一些关键系统的用例建模。

完成用例的定义之后，可以通过下述规则来验证用例模型是否完善。

（1）用例建模是为了表示系统的行为，所以我们可以通过用例模型很好地理解系统的相关操作。

（2）用例模型中应该标识所有的用例来表达客户所有的需求。

（3）系统的任何一个特性都应该找到相对应的用例。

（4）用例模型并不包含多余的行为；所有的用例都可以追溯到系统的功能性需求，以作为验证。

（5）在设计用例的时候很多人会加上创建、查找、更新、删除等一类的用例，我们简称其为 CRUD 类的用例。

（6）去掉所有的 CRUD 类的用例。对于这一类用例，通常可以用一个更通用的用例来概括，比如说，可以将增加顾客、删除顾客、更新顾客信息和查看顾客信息等几个用例合并为一个"维护顾客信息"用例。

# 5.3　用例建模技巧

前面描述的是用例建模的基本过程，下面针对用例建模过程的默认规范和需要注意的细节进行简单的介绍。掌握了这些建模技巧，在以后 UML 用例建模的过程中可以省去不少麻烦。

## 5.3.1　用例定义与功能分解

在确定了系统边界之后，需要寻找参与者与用例。在定义用例时，开发人员往往会犯这样的错误，就是将用例定义与功能分解相混淆。

人们在解决复杂问题时，往往习惯将问题分解为粒度较细、更为独立的部分，不同部分组合之后，便形成了原始问题的一个完整解决方案。在计算机领域里，功能分解的方式使得需求的每一个分解部分丧失了其上下文语境。需求划分得越详细，每一个部分就越细小，就需要更多的接口来连接这些分解的部分。这样的定义方式是存在很大隐患的。

实际上，在需求的定义中是非常需要上下文语境信息的，因此用例绝对不是简单的功能分解的过程。通过用例描述需求，在详细程度上与功能分解的效果是一致的。但是干系人的需求是基于一定语境下才有意义的，所以，用例是综合了所有功能来一起描述系统是如何使用的，包含有丰富的语境信息。

下面通过一个例子来了解这两者之间的区别。图 5-13（a）给出的是 ATM 机的功能分解，每一个步骤都被详细地进行了划分。图 5-13（b）给出的是正确的用例建模，整个系统通过取款、转账和存钱这三个用例进行描述。

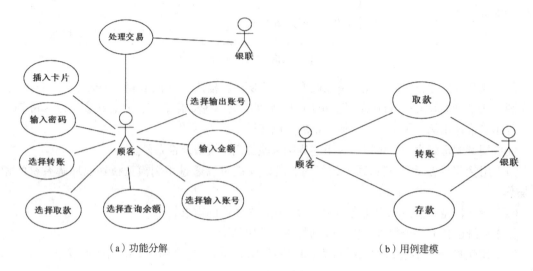

（a）功能分解　　　　　　　　　　　　（b）用例建模

图 5-13　简单 ATM 系统实例

从图 5-13 可以看出：

通过功能划分的方式，会得到很多细小的用例。这些用例往往没有实际的价值，而且在命名时，往往是通过"操作+对象"或"功能+数据"的方式进行定义的。例如"插入卡片"这个用例描述。因此，通过这样的用例，开发人员很难理解整体的模型。显然，用例建模时必须避免简单功能性分解，具体可按照如下思路进行修改。

（1）要寻找更大的应用场景，就是要思考为什么要构建这个系统。

（2）应该从一个用户的角度出发，用户希望通过这个系统达到什么样的目的，满足哪个用户的目标，这个用例的意义到底是什么，可以为参与者提供哪些价值，这个用例背后代表的用户故事是什么。通过不断询问这几个问题，来帮助设计人员寻找正确的用例定义。

## 5.3.2　关联关系的确定

在定义复杂的系统时，我们往往还需要考虑用例与用例之间的关系。这些关系有包含关系以及扩展关系。那么在什么情况下使用包含关系？什么情况下使用扩展关系呢？

（1）当多个用例有共享行为时，需要考虑使用包含关系。也就是说，当两个或多个用例共用一组相同的动作，这时可以将这组相同的动作抽出来创建为一个独立的子用例，供多个基用例所共享。因为子用例被抽出，基用例并非一个完整的用例，所以包含关系中的基用例必须和子用例一起使用才够完整，子用例也必然被执行。包含关系在用例图中使用虚箭线表示（在线上标注<<include>>），箭头从基用例指向子用例。

（2）如果发现两个用例非常地相似，只有少许额外的部分不同时，则可考虑扩展关系。通常将代表普遍或基本行为的情况定义为一个用例，即基用例。将特殊的、例外的部分定义为扩展的子用例。扩展关系是对基用例的扩展，基用例是一个完整的用例，即使没有子用例的参与，也可以完成一个完整的功能。扩展关系的基用例中将存在一个扩展点，只有当扩展点被激活时，子用例才会被执行。　扩展关系在用例图中使用虚箭线表示（在线上标注《extend》），箭头从子用例指向基用例。

　　例如，联通客户响应 OSS。系统有故障单、业务开通、资源核查、割接、业务重保、网络品质性能等用例。现在我们抽出部分需求作为例子。

　　需求 1：国际客服可以查看某条割接通知信息，可以在页面上导出 Excel 格式的割接信息，也可以查询和该条割接相关联的故障单信息。

　　分析：因为导出割接和查看相关联的故障单信息都是可选的，就是说，在查看割接的时候，也可以不进行这些操作，所以这里用 extend 关系比较合适。也就是导出割接和查看故障单信息扩展了查看割接信息，如图 5-14 所示。

　　需求 2：用户在进行业务开通、发布割接通知、发布重保通知及相关跨省的业务时需要进行数据分发。

　　分析：由于业务开通、重保、割接及其他跨省的业务都需要用到数据分发用例，我们可以将数据分发用例单独抽出来，供各业务使用，这里用 include 就比较合适。实际的系统中数据分发也是单独抽出来用 jms 和 webservice 实现的接口服务，如图 5-15 所示。

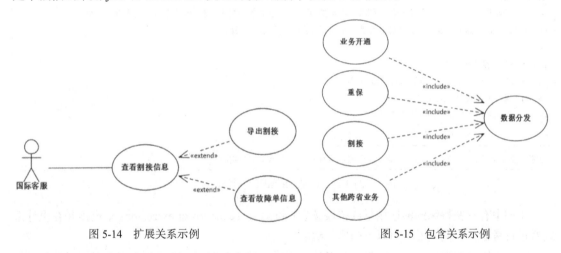

图 5-14　扩展关系示例　　　　　　　　　图 5-15　包含关系示例

## 5.3.3　详细的用例规约

　　在寻找用例和参与者的过程中，开发人员已经对用例进行了简要的描述。但是用例建模要求为每一个用例进行具体的文档描述。具体包括给用例事件流程划分重要等级，按照重要程度排序详细描述事件流程。因此，在用例确定之后，就要将前面形成的简单描述进行扩展，列出用例提纲，用例提纲涵盖了大致的事件流程。最后将用例提纲细化，增加条件说明等，形成更加详细的用例规约。

　　用例建模的过程是逐步扩充、迭代细化的。首先我们通过分析需求，识别到用例。然后简要描述这个用例的意义，一般大概用两到三句话描述清楚即可。接着通过这个简述的内容，把基础事件流抽取出来，形成用例提纲，通过提纲可以大致了解用例的规模和复杂程度。最后通过将事件流中的选择条件、约束等进一步细化，增加前置、后置条件，完成用例详细规约描述。

　　详细的用例描述是将系统用例表示为一系列外部实体（参与者）和待开发系统之间的交互。详细用例规约的撰写多以使用场景或脚本的形式，列出参与者和系统之间特定的交互序列和动作序列。对于用例场景的描述，可以采用逐步的、"菜谱式"描述。场景一步一步地描述了参与者执行的活动以及系统给出的反馈。一个场景也称作一个用例实例，这就意味着一个场景只描述了完成给定的用例行为的若干可能途径中的一种。用例指明了当一个用户或其他系统与待开发系统交互时，需要通过系统边界传递哪些信息。

通常最先描述"正常"的场景，也称为主成功场景（main success scenario）。在这个场景下，系统一切正常，因为所有的动作和交互都是直接了当的，这种场景通常是线性的，不包含任何条件或分支，只是具有一定因果关系的动作/反应对或刺激/响应对。图 5-16 给出了用例规约的一般模式。

| 用例 UC-#： | 名字/标识符[动词短语] |
|---|---|
| 相关的需求： | 该用例所能解决的需求列表 |
| 发起参与者（initiating actor）： | 为实现目标而发起与系统交互活动的参与者 |
| 参与者的目标： | 发起参与者目标的非正式描述 |
| 参加参与者（participating actors）： | 所有帮助实现目标或需要了解结果的参与者 |
| 前置条件： | 交互开始前对于系统状态的假定，即开始使用这个用例之前，必须满足的条件 |
| 后置条件： | 目标实现或放弃目标后系统的结果，即用例执行结果"必须"为真的条件 |

主成功场景的事件流：
→  1.发起参与者给系统发送一个动作或刺激（箭头指明了交互的方向，说明消息发送给系统还是来自于系统）
←  2.系统对该刺激做出反应；如果有参与者，系统同时会给他发送一个消息。
→  3. ……

扩展事件流（候选场景）：
列出正常流程的异常情况，并描述如何处理异常的
→  1a. 例如参与者输入无效数据
←  2a. 例如断电、网络故障或者需要的数据不存在
　　　…
--------------------------------------------------------------
左侧的箭头表明了交互的方向： → 表示参与者的动作； ←表示系统的响应

图 5-16　UML 用例图的一般模式

用例中有一些特殊的候选场景或扩展场景（alternate scenarios or extensions），也需要在设计系统时进行考虑。它们一般是由以下问题导致的的。

（1）不恰当的数据输入。例如参与者选择了错误的菜单选项，或者参与者提供了无效的身份验证。

（2）系统无法给出预期的响应。这可能是一种暂时的状态，也可能是表达响应所必须的信息已经不存在了。

每一个候选的用例都必须创建相应的事件流，以描述用例中到底发生了什么，并列出相关的参与者。候选场景甚至比主成功场景更为重要，因为它们通常处理的是安全方面的问题。

图 5-16 给出的只是一个用例文档模版，包含了一个用例规约的全部内容。开发人员可以根据具体的系统需要，参照此模版，撰写相应的用例文档描述。

# 5.4　行为建模

行为模型指出系统如何对外部事件做出响应，可以使用行为模型来描述系统的动态行为。为了建立行为模型，系统分析员需要采取下列步骤。

（1）仔细评价需求收集阶段所编写的各种用例（use cases），以充分理解系统中的各种交互序列。

（2）标识出驱动这些交互序列的各种事件，同时要理解这些事件如何与特定的对象发生关系。

（3）为每一个用例建立事件跟踪图。

（4）为每一个对象建立状态转换图。

（5）复查行为模型以验证其准确性和一致性，必要时返回到上一阶段修改对象模型。

## 5.4.1 顺序图建模

在使用 UML 的过程中，顺序图往往是和用例建模绑定使用的。前面提到，可以使用用例图来表达单个情景实例的行为，也就是说，每一个用例的交互过程都对应一个顺序图。

顺序图能够很清楚地表达对象间是如何协作完成用例所描述的那些交互功能的。顺序图表示的是，为完成用例而在系统边界输入、输出的数据以及消息。当然，顺序图也可以推进到系统的内部，表示系统内部对象间的消息传递。

在用例建模期间，经常会使用顺序图来表示参与者和系统在系统边界发生的交互活动。随着设计活动的深入，在已经有了系统内部类的结构和对象之间的交互行为的设计之后，再用顺序图进一步丰富系统内部对象之间的交互活动的展开。

顺序图作为交互图的一种，是对系统的执行过程中的交互活动场景进行建模的方法，是最常用的 UML 图形化方法之一。顺序图按时间的次序，表示对象之间的消息，指出有哪些对象参与了交互以及它们之间消息传递的序列。顺序图的建模元素主要包括对象、生命线、控制焦点和消息。

（1）对象及其生命线。在顺序图建模元素中，最重要的就是对象和它的生命线。在顺序图中，主要刻画对象是以何种角色参与到交互场景中来的，无论它是人、物，还是其他的系统以及子系统。

对象的命名有图 5-17 所示的三种方式。方框中标明的就是对象的不同的类别。

① 第一种（object）是完整命名的方法，语法如下：

<对象名>：<类名>

② 第二种（anonymous object）是所谓的匿名对象的表示方法，即在"："后面写上类名，而不给出具体的对象名。这意味着可以是任意一个这个类的对象。

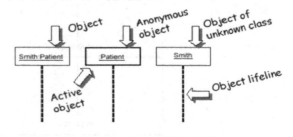

图 5-17　UML 中对象的表示

③ 第三种（object of unknown class）表示的是未知类的对象，即只给出具体的对象名，而不显示类名。

这几种都是合乎语法规定的对象的表示方法。对象的生命线，则是在这些方框的下面用一条虚线来表示。

（2）控制焦点/激活期（focus of control/activation）。在画出对象的生命线以后，如果需要对对象操作时间、片段进行区分的话，也可以定义控制焦点，也就是激活期。它表示对象进行操作的时间片段，表明对象处在活动状态。

（3）消息（message）。在 UML 顺序图中，另外一个核心的建模元素就是消息的表达。消息用于描述对象间的交互操作和值传递的过程。消息的类型主要有如下几种：

① 同步消息（synchronous），也叫过程调用消息（procedure call）。

② 异步消息（asynchronous）。

③ 返回消息（return）。

④ 自关联的消息（self-message）。

⑤ 超时等待（time-out）。

⑥ 阻塞（uncommitted/balking）。

其中，最常用的是同步和异步消息。同步消息有时需要指明返回消息，在 UML 顺序图中，用虚箭线表示。所有的消息通过指向对象的水平箭头表示，在箭头上面写明消息的名称和参数。在消息的定义过程中，应该随着对问题理解的深入，逐步添加消息的细节，而没必要在一开始就把消息的所有细节定义出来。

在顺序图中，用户和对象用垂直线表示，消息用对象之间（或用户与对象之间）的有向线段表示，消息之间的时序关系则自上而下隐含地表示出来。图 5-18 是电梯问题一个典型用例的顺序图示例。

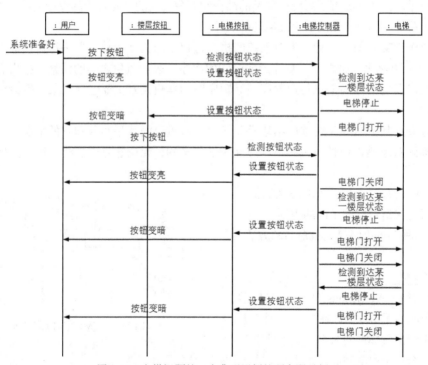

图 5-18　电梯问题的一个典型用例的顺序图示例

通过顺序图建模，可以逐步地对之前的用例描述进行扩展、细化和查缺补漏。顺序图能够贯穿在软件开发周期的不同阶段，服务于不同粒度、不同目标的建模。分析阶段的顺序图并不包含系统的设计对象，也不关注系统消息的参数和它的类型，更关注的是消息本身的目的和消息的内容。

总之，顺序图可以帮助分析人员对照检查用例中的描述需求是否已经落实到具体对象去实现，提醒分析人员去补充遗漏的对象类或操作，帮助分析人员识别哪些对象是主动对象，通过对一个特定的对象群体的动态方面建模深入地理解对象之间的交互。

## 5.4.2　状态建模

有了用例的顺序图后，就可以画出用例所涉及对象的状态转换图。进行状态建模，首先要确定一个对象的状态空间，把具体的状态和抽象的状态定义好，然后再把状态机建模的主要元素包括状态、迁移、事件和行为确定下来。通过这些建模元素，构造一个能够符合系统要求的状态机模型出来。

### 1. 对象及其状态

进行对象状态建模的前提条件是所有的对象都是有状态的。最极端的情况下，至少要表达这个对象的存在与否，即存在和不存在就是该对象的两种状态。在对象存在的情况下，根据它属性的不同取值，可以规划出在对象存在的情况下更细的对象状态。

每一个状态都是由一组属性值来决定的。比如对一个堆栈对象来说，它可能处在以下的 N 个状态。N 取决于栈的大小，栈中有几个元素。然后状态之间的迁移，就是通过压栈和弹栈的操作来完成的。

对于大部分的对象而言，它的状态空间是非常庞大的。状态空间的大小是对象的每个属性的取值空间的乘积，再加上 1。例如，具有 5 个布尔类型的属性的对象，就会有 $2^5+1$ 个状态；具有 5 个整型属性取值的对象，就有（最大整数）$^5+1$ 个状态；具有 5 个实性属性的对象，则会有无穷多个状态。这里所有状态后边的 "+1"，是指对象不存在这一状态的定义。

事实上，现实世界中对象的状态空间几乎总是无限的。尽管整个状态空间是无限的，但人们真正感兴趣的相关的状态以及现象，则是一个比较小的集合。因此，总可以针对这个小集合开展相应的研究工作。例如，对于一个数据库或者一个 Java 程序中的对象来说，如果将其属性的数据类型定义成一个有限的数据类型的话，那么它的状态空间即便巨大，也是有限的。

因此，面对一个庞大的状态空间，人们通常只选取其中最有探究价值的部分开展研究。

（1）忽略掉一些不太可能出现的状态。

（2）对于整数或者实数型的值属性，只是在一定范围内取值。

（3）只关注对象在满足特定约束条件下的行为。比如按年龄分的话，对象可以分为年龄小于 18 岁、年龄界于 18 岁和 65 岁之间以及年龄大于 65 岁三种状态，也就是青少年、成人和老人三种状态。而对于费用这个属性，按照数值也可以把它划为费用小于预算、费用为零、费用超过预算和费用超过预算 10% 这样四种状态。

由此可以看出，模型的建立过程实际上就是对状态空间进行分解的过程，也就是状态划分的过程。

对于一个堆栈对象来说，我们也可以按照刚才给出的状态机的方式，来划分它的状态空间。也就是说，按照栈中所存元素的个数来划分状态。

### 2. 状态图

在 UML 中，状态图用来表示一个类对象的全部生命周期的过程。在系统中，类最主要的动态行为就是对其自身的状态进行检查和管理。状态图关注的就是一个类对象在全生命周期的状态切换。每一个状态都是对象所能处于的一个上下文条件。一般来说，对象有且只有一个起始状态；但是可以没有，或者有多个结束状态。对象的迁移，描述的是对象如何从一个状态进入另外一个状态。迁移的发生可以由事件出发，也可以是在迁移的过程中执行某些操作。

（1）状态：可定义为一个对象生命周期中的一个阶段。在该阶段中，对象要满足一些特定的条件、执行特定的活动或者等待某些事件的发生。具体体现在对对象属性的取值，包含状态的入口或者出口条件及行为的描述。

（2）状态迁移：包括源状态、触发事件、警戒条件、动作以及目标状态五部分的内容。源状态和目标状态分别处于迁移线的左右两侧，如图 5-19 所示。中间迁移线上，依次标注的是触发事件、警戒条件和动作的顺序。

图 5-19　状态迁移

对于一个给定的状态，最终只能产生一个迁移，这样才是一个确定行为的状态机。因此，从相同的状态出发、事件相同的几个迁移条件之间一定是互斥的。也就是说，迁移条件不能存在重叠或遗漏的情况。

（3）事件：其意义在于帮助系统了解正在发生什么事情。也就是说，事件仅需和系统或当前建模的对象相关。此外，从系统的角度出发，事件必须建模成一个瞬间可以完成的原子动作，比如完成工作、考试未通过、系统崩溃等。在面向对象设计中，通过传递消息来实现事件。在 UML 中，有以下四种典型的事件。

① 变更事件，当给定的条件成立时会发生一个状态的变化。

② 调用事件，向给定的对象发出调用某个操作或者执行某个命令的事件。

③ 时间事件，表明某个时间段过去或者某个特殊时刻的来临。

④ 信号事件，给定的信号收到了某些实时信号处理要求。

图 5-20 给出的是一个订单处理对象的生命周期的状态机图。从这个状态机图中可以看到，斜杠后边的就是当前迁移发生时由该对象发出的动作，也就是要调用其他对象的一个操作。不带斜杠的字符串表达的是接收到的事件，也就是取下一个订单项，比如送货。这都是当前对象可以响应到的操作。方括号引用的是条件表达式的定义，这些都属于警戒条件。也就是说，通过检查这些条件的满足与否，可以确定是在当前状态下循环执行，还是进入下一个状态完成状态的迁移。

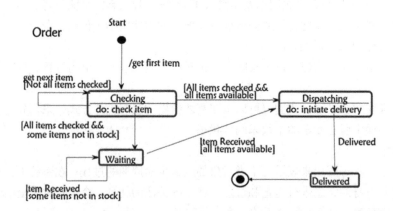

图 5-20　订单处理对象的状态图

对这样简单的一个业务逻辑，通过状态图就能够非常清楚地表达出订单的流程。可见，任何一个状态相关的对象的生命周期用状态图表示，都有助于厘清系统的业务流程。因此，开发的过程中要为系统的主要信息对象建立相应的状态机模型。

# 习题五

1. 在用例图中参与者是什么？它属于系统范围之内吗？

2. 用例之间的扩展、泛化、包含三种关系有什么异同？请分别举例说明。

3. 对于一个电子商务网站而言，以下哪些不是合适的用例？指出并说明理由。

输入支付信息；将商品放入购物车；结账；预订商品；用户登录；邮寄商品；查看商品详情

4. 在顺序图和通信图中，分别应该如何表示"循环"结构？

5. 在顺序图中，表示返回消息的符号是什么？表示异步消息符号是什么？异步消息指的是什么意思？

6. 活动图和顺序图之间有什么区别？它们的特点是什么？请结合实际的建模需要简要说明。

7. 什么是状态？对象的状态和对象的属性有什么区别？

8. 画出列车售票系统的用例图。该系统包括旅客和后台数据库两个参与者。旅客可以购买不同类型的车票，后台数据库是由中心计算机系统管理的包括售票价格表在内的数据库。用例包括 BuyOneWayTicket、BuyWeeklyCard、BuyMonthlyCard 和 UpdateTariff。此外，还包括意外事件处理：TimeOut（因旅行者长时间内未进行正确数量的输入而导致超时）、TransactionAborted（旅行者终止未完成的交易）、DistributorOutOfChange（缺零钱）和 DistributorOutOfPaper（缺打印纸）。

9. 对第 8 题所画的用例图中的各用例，给出具体的用例规约。

10. 考虑四方向十字路口的交通灯系统（两条成直角的相交道路）。假设为了考虑循环通过交通灯的最简单算法（即当一个十字路口的在一条路上的交通是允许的话，则同时另一条路上的交通停止）。标识出这一系统的状态，并画出描述这一状态的状态图。记住，每一个单独的交通灯具有三个状态（绿、黄和红）。

# 第6章
# 软件体系结构

随着软件技术和应用的不断发展，软件系统的规模越来越大，其复杂度也越来越高。在这种情况下，代码级别的软件复用已经远远不能满足大型软件开发的要求。面对日益复杂的软件系统的设计与构造，软件工程师需要考虑的关键问题是，对整个系统的结构和行为进行抽象。一方面是寻求更好的方法，使系统的整体设计更容易理解；另一方面是寻求构造大型复杂软件系统的有效方法，实现系统级的复用。

# 6.1　软件体系结构的概念

## 6.1.1　体系结构的由来

"体系结构"这个词起源于建筑学，它是从系统的宏观层面上，描绘出整个建筑的结构。把一个复杂的建筑体，拆分成一些基本的建筑模块，并通过这些基本的模块进行有机的组合，形成整个建筑。建筑的体系结构设计要满足坚固、适用以及赏心悦目的要求，具体包括以下方面。

（1）有哪些基本的建筑单元。

（2）如何把这些基本单元进行组合形成整体的建筑。

（3）建筑单元怎么搭配才比较合理。

（4）不同类型的建筑有什么典型的结构。

（5）如何快速节省地进行建造和施工。

（6）对于建造完成的建筑，怎么样才能适当地修改。

（7）怎么才能保证单元的修改不会影响整个建筑的质量。

## 6.1.2　软件体系结构的内容

软件体系结构已经在软件工程领域获得了广泛应用，它包括构成系统的设计元素的描述、设计元素之间的交互、设计元素的组合模式以及在这些模式中的约束。软件体系结构主要包含五个方面的内容。

（1）构件：代表着一组基本的构成要素。

（2）连接件：也就是构件之间的连接关系。

（3）约束：是作用于构件或者连接关系上的一些限制条件。

（4）质量：是系统的质量属性，如性能、可扩展性、可修改性、可重用性、安全性等。

（5）物理分布：代表着构件连接之后形成的拓扑结构，描述了软件到硬件的影射。

简单地说，软件体系结构可以看作是由构件+连接件+约束组成的。它提供了在更宏观的结构层次上来理解系统层面问题的一个骨架。软件体系结构主要关注于如何将复杂的软件系统划分成模块，如何规范模块的构成，如何将这些模块组合成为一个完整的系统，如何保证系统的质量要求。

（1）构件。是具有某种功能的可重用的软件结构单元，表示系统中主要计算元素和数据存储。任何在系统运行中承担一定功能或者发挥一定作用的软件体，都可以看作是构件，如函数、模块、对象、类、文件、相关功能的集合等。构件作为一个封装的实体，只能通过它的接口和外部环境进行交互，其内部的结构是被隐藏起来的。构件的功能以服务的形式体现出来，并通过接口向外发布，进而产生与其他构件之间的关联。

（2）连接。连接是构件之间建立和维护行为关联和信息传递的一条途径，它需要两个方面的支持。

① 连接发生和维持的机制。一般来说，基本的连接机制包括过程调用、中断、I/O、事件、进程、共享、同步、并发、消息、远程调用、动态连接、API 等。

② 连接的协议。协议是连接的规约。对于过程调用来说，可以是参数的个数和类型、参数排列次序等；对于消息传送来说，可以是消息的格式。

除了连接实现的难易程度之外，同步或者异步也是影响连接实现的复杂因素之一。

（3）连接件。连接件表示构件之间的交互并实现构件之间的连接。比如说，管道、过程调用、事件广播、客户机—服务器、数据库连接等都属于连接件。连接件也可以看作是一类特殊的构件，它和一般的构件的区别如下。

① 一般构件是软件功能设计和实现的承载体。

② 连接件是负责完成构件之间信息交换和行为联系的专用构件。

## 6.1.3　软件体系结构的目标

好的开始是成功的一半。初期的总体设计是决定软件产品成败的一个关键因素，错误的设计决策往往会造成灾难性的后果。因此，软件体系结构的设计目标如下。

（1）可重用性。在软件设计过程中，我们可以对一些经过实践证明的体系结构进行复用，从而提高设计的效率和可靠性，降低设计复杂度。另外，我们也可以把一些公共部分抽象提取出来，形成公共类和工具类，为大规模开发提供基础和规范。

（2）可扩展性/可改变性。体系结构的设计，要具备灵活性。在产品开发的演化过程中，可以很方便地增加新的功能，更好地适应用户需求的变化。

（3）简单性。由于体系结构构建了一个相对小的简单的模型，这样就把复杂的问题简单化，使系统更加易于理解和实现。

（4）有效性。软件体系结构突出体现了早期的设计决策，展现出系统满足需求的能力。

## 6.1.4　软件体系结构的发展

软件系统规模在迅速增大的同时，软件开发方法也经历了一系列变化。软件体系结构也从最初的一个模糊概念，发展成一项日趋成熟的技术，如图 6-1 所示。

从 20 世纪 70 年代开始，出现了面向过程的开发方法，系统被划分成不同的子程序，子程序之间的调用关系就构成了系统的结构。软件结构成为开发的一个明确概念。

到了 80 年代，面向对象方法逐渐兴起和成熟，系统被划分成不同的对象，并采用统一建模语言来描述系统的结构。

从 90 年代开始，软件开发强调构件化技术和体系结构技术，体系结构也成为软件工程领域的一个研究热点，出现了体系结构风格、框架和设计模式这样一些概念。

2000 年之后，面向服务的体系结构成为面向对象模型的替代模型，它具备分布式、跨平台、互操作和松散耦合等这样一些特点，致力于解决企业信息化过程中不断变化的需求和异构环境集成这样一些难题。

在这个发展过程中，软件系统的基本模块的粒度越来越大，系统的结构越来越趋向分布和开放；所解决的问题，也从技术本身转向商务的过程。

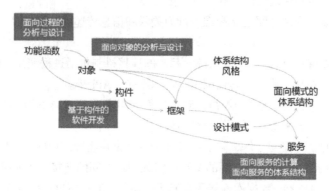

图 6-1　软件体系结构的发展

## 6.1.5　体系结构风格、设计模式与软件框架

软件体系结构风格描述了某一个特定应用领域中系统组织的惯用模式，反映了领域中众多系统所共有的结构和语义特性。比如说，MVC 就是一种常见的体系结构风格。

设计模式描述了软件系统设计过程中，常见问题的一些解决方案。一般是从大量的成功实践中总结出来的，而且被广泛公认的一些实践和知识。观察者模式是一种常用的设计模式，主要用于解决事件处理的问题。

软件框架是由开发人员定制的应用系统的骨架，是整个或者部分系统的可重用的设计，一般由一组抽象的构件和构件实例之间的交互方式组成。如 Django 就是一个开放源代码的外部应用框架，是由 Python 写成的。包括面向对象的映射器、基于正则表达式的 URL 分发器、视图系统和模板系统这样一些核心的构件。

（1）软件框架和体系结构的关系。体系结构是一种设计规约，而框架是一种具体实现，只不过它实现的是应用领域的共性部分，是领域中最终应用的模板；体系结构的目的是指导软件系统的开发，而框架的目的是设计的复用。

确定了框架之后，软件体系结构也随之确定。对于同一种软件体系结构，比如说 Web 开发中的 MVC，可以通过多种框架来实现，像前端有 ANGULAR、BACKBONE，后端有 Python 的 Django 等框架。

（2）软件框架和设计模式的关系。软件框架给出的是整个应用的体系结构；而设计模式给出的是单一设计问题的解决方案，且可以在不同的应用程序或者软件框架中进行应用。

例如，一个网络游戏可以基于网易的 Pomelo 框架开发，这是一个基于 Node.js 的高性能、分布式游戏服务器框架；在实现某个动画功能时，可能会使用观察者模式实现自动化的通知更新。从这个例子可以看出，设计模式的目标是改善代码结构，提高程序的结构质量；软件框架强调的是设计的重用性和系统的可扩展性，以缩短开发周期，提高开发质量。

# 6.2　系统设计

## 6.2.1　问题架构

处理复杂问题的最有效的方式，就是识别和使用规则（或模式），将问题划分成为多个较小的子问题，然后分别解决每个子问题，这就是所谓的"分而治之"的方法。当面对一个复杂的软件工程问题时，此方法则有助于识别是否存在与之相似的典型问题，如果存在，我们就可以直接采用已知的解决方案加以解决。

问题分解可以采用不同的方法，比如"投影"与"划分"，如图 6-2 所示。它们两者之间有着显著的差异。划分是将各个部分彼此独立起来——它通过移除各个部分之间的关系来简化问题。投影只是通过删除问题的部分维度，以实现问题呈现的简化，同时，它保留了各部分之间的关系。投影允许任何形式的重叠，一个子问题的各个元素之间产生重叠，或者一个子问题的元素和其他子问题的元素之间出现的重叠。我们提倡使用投影的方式对系统进行分解，因为它保留了组件之间相互的关系特性。

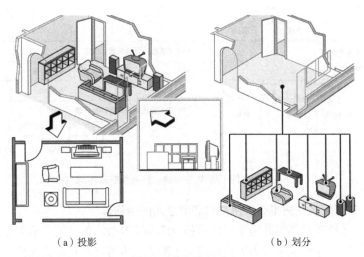

（a）投影　　　　　　　　　　　　　（b）划分

图 6-2　分解类型对比

一开始，我们会识别一些软件工程师遇到的比较典型的基本问题。这种对问题的分类主要依靠经验，而不是由逻辑推理得到的。显然，也无法证明这种对问题的分类是完备的、唯一的、不重叠的。

在软件工程问题中有三类关键角色：使用系统来实现某种目标的用户、软件系统（即待开发的系统）和环境——软件系统以外的任何事物，它可能包含其他"黑盒"系统。图 6-3 描述了一些典型的软件工程基本问题。

**1．类型 1　用户使用计算机系统（与环境无关）**

（1）类问题。用户传递输入文档给系统，系统将输入文档转换成输出文档。编译器（系统）就是一个很好的例子。编译器可以将一种计算机语言（即源语言）编写的源代码转换成另一种计算机语言（即目标语言，通常是二进制形式的"目标码"）。另一个例子是 PDF 编辑器，它接受 Web 页面或者字处理文件并产生相应的 PDF 文档。

（2）类问题。系统帮助用户编辑和维护一个结构化信息库。这类信息库可以进行多种不同的处理。数据长期保存并且数据的完整性非常重要。这类应用程序包括字处理软件、图形编辑软件或关系数据库系统。

**2．类型 2　计算机系统控制环境（无用户参与）**

在这类问题中，编写计算机系统以监控环境。计算机系统持续不断地观察环境，并对预定义事件作出反应。例如，一个恒温器负责监控房间的温度，并通过打开或关闭制热或制冷设备来调节室内温度，使其维持在一个理想的设定值范围。

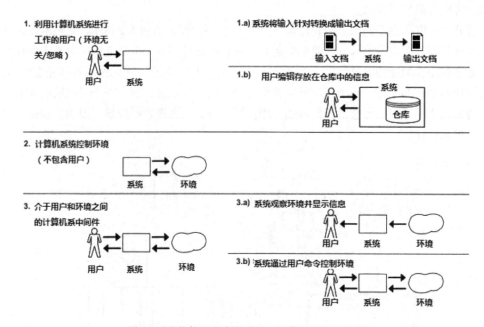

图 6-3　在软件工程中遇到的一些典型的基本问题

**3．类型 3　计算机系统充当介于用户和环境之间的中间件**

（1）类问题。系统监视环境并为用户显示相应的环境参数。信息的显示主要是为了通知用户预定义的事件发生了，这种显示行为可以是持续不断的，也可以是经过筛选的。例如，一个病人监控系统可以测量病人的生理信号，并在一个计算机屏幕上持续显示结果。此外，该系统也可以通过编程来寻找病人生理信号的趋势、突然的变化或异常的值，并通过音频信号向临床医生（即这里的用户）报警。

（2）类问题。系统帮助用户来控制环境，系统接收并执行用户的命令。一个典型的例子就是控制工业生产过程。在前面提到的安全入户系统也属于这类问题，用户命令系统解除门锁，并且可以同时激活其他的家用设备。

复杂的软件工程问题可能会将图 6-3 中提到的若干基本问题组合在一起。考虑前面提到的安全入户系统，上面已经提到它包含类型 3 中（2）的问题，即命令系统解除门锁；而该系统的一项需求包括管理当前租客账户的信息，这又是一个类型 1 中（2）类的问题。此外，该系统还要监控门锁被解除后的状态。如果门锁保持解除（即打开状态）超过一定的时间，系统就会自动锁门，这显然是类型 2 的问题。

为了处理包含若干个子问题的复杂问题，我们使用分而治之的方法。将问题分解成较简单的子问题，设计计算机子系统来分别解决每一个子问题，然后将子系统组装成一个集成的系统，该系统最终解决了原来的复杂问题。图 6-4 给出了图 6-3 中不同的子问题相对应的基本"砖块"，通过这些"砖块"的组合搭建，可以得到待解决的复杂系统的系统架构。

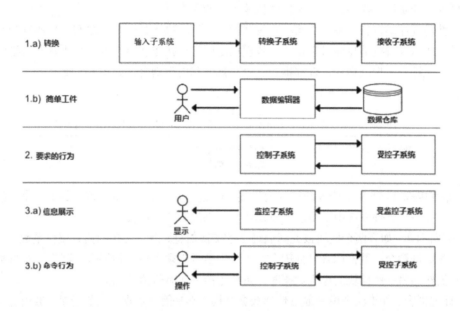

图 6-4　典型软件工程问题的问题架构

## 6.2.2　软件设计原则

软件设计原则是系统分解和模块设计的基本标准，应用这些原则可以使代码更加灵活、易于维护和扩展。虽然不同的程序设计语言，可能有一些自己语言特点的原则，但是抽象、封装、模块化、层次化和复用这样一些原则，应该是所有语言都通用的。

（1）抽象。抽象是一种思考和解决问题的方法，它只是关注事物中与问题相关的部分，而忽略其他无关的部分。当我们对软件系统进行模块设计时，可以有不同的抽象层次。在最高的抽象层次上，使用问题所处环境的语言概括地描述问题的解法。而在较低的抽象层次上，则采用过程化的方法。

① 过程的抽象。在软件工程中，从系统定义到实现，每进展一步都可以看作是对软件解决方法的抽象化过程的依次细化。

② 数据抽象。与过程抽象一样，允许设计人员在不同层次上描述数据对象的细节，可以通过定义与该数据对象相关的操作来规定数据对象。

③ 控制抽象。控制抽象可以包含一个程序控制机制而无需规定其内部细节。

（2）封装和信息隐藏。由 Parnas 方法提倡的信息隐蔽是指，每个模块的实现细节对于其他的模块来说是隐蔽的，即模块中所包含的信息不允许其他不需要这些信息的模块使用。封装和信息隐藏是把一个软件单元的实现细节进行隐藏，然后通过外部可见的接口来描述它的特性。需要注意的是，单元接口应该设计得尽可能简单，并把单元对于环境的假设和要求降到最小。

（3）模块化。是在逻辑和物理上将整个系统分解成多个更小部分，其实质是"分而治之"，即将一个复杂问题分解成若干简单问题，然后逐个解决。使用模块化设计的好处有以下方面。

① 降低系统的复杂性，使系统容易修改。

② 推动系统各个部分的并行开发，提高软件的生产效率。

对软件系统进行模块化分解的原则就是高内聚、低耦合。内聚性是一个模块或子系统内部的依赖程度，耦合是两个模块或子系统之间依赖关系的强度。

耦合性是程序结构各个模块之间相互关联的度量，取决于各个模块之间接口的复杂程度、调用模块的方式以及哪些信息通过接口。一般模块之间的连接方式有 7 种，分别是非直接耦合、数据耦合、标记耦合、控制耦合、外部耦合、公共耦合和内容耦合，如图 6-5 所示。

图 6-5　耦合性

① 非直接耦合。如果两个模块无任何连接，彼此完全独立，则耦合程度最低，模块独立性最强。但是，在一个软件系统中不可能所有模块之间都没有任何连接。

② 数据耦合。如果两个模块彼此间通过参数交换信息，而且交换的信息仅仅是数据，那么这种耦合称为数据耦合。数据耦合是低耦合。系统中至少必须存在这种耦合，因为只有当某些模块的输出数据作为另一些模块的输入数据时，系统才能完成有价值的功能。

③ 标记耦合。如果两个模块通过传递数据结构（不是简单数据，而是记录、数组等）加以联系，或都与一个数据结构有关系，则称这两个模块间存在标记耦合。在这种情况下，被调用的模块可以使用的数据多于它确实需要的数据，这将导致对数据的访问失去控制，从而给计算机犯罪提供机会。

④ 控制耦合。如果一个模块通过传送开关、标志、名字等控制信息，明显地控制选择另一模块的功能，就是控制耦合。

⑤ 外部耦合。一组模块均与同一外部环境关联（例如，I/O 模块与特定的设备、格式和通信协议相关联），它们之间便存在外部耦合。外部耦合必不可少，但这种模块数量应尽量少。

⑥ 公共耦合。当两个或多个模块通过一个公共数据环境相互作用时，它们之间的耦合称为公共耦合。公共数据环境可以是全程变量、共享的通信区、内存的公共覆盖区、任何存储介质上的文件、物理设备等。

⑦ 内容耦合。如果两个模块出现一个模块访问另一个模块的内部数据、一个模块不通过正常入口而转到另一个模块的内部、两个模块有一部分程序代码重叠、一个模块有多个入口这几种情形之一，则这两个模块间就发生了内容耦合。内容耦合是最高程度的耦合，应该坚决避免使用内容耦合。

总之，耦合是影响软件复杂程度的一个重要因素。应该采取下述设计原则：尽量使用数据耦合，少用控制耦合和特征耦合，限制公共耦合的范围，完全不用内容耦合。

一个内聚性高的模块应当只做一件事，它也有 7 种，分别是功能内聚、信息内聚、通信内聚、过程内聚、时间内聚、逻辑内聚和巧合内聚，如图 6-6 所示。

| 高← | | | 内聚性 | | | →低 |
|---|---|---|---|---|---|---|
| 功能内聚 | 信息内聚 | 通信内聚 | 过程内聚 | 时间内聚 | 逻辑内聚 | 巧合内聚 |
| 强← | | | 模块独立性 | | | →弱 |

图 6-6　内聚性

① 功能内聚。一个模块中各个部分都是完成某一具体功能必不可少的组成部分，或者说该模块中所有部分都是为了完成一项具体功能而协同工作、紧密联系、不可分割的。这种模块称为功能内聚模块。

② 信息内聚。这种模块完成多个功能，各个功能都在同一数据结构上操作，每一项功能有唯一的入口点。模块将根据不同的要求，确定该执行哪一个功能。由于模块的所有功能都是基于同一数据结构，因此它是一个信息内聚的模块。

③ 通信内聚。如果一个模块内各功能部分都使用了相同的输入数据，或产生了相同的输出数据，则称之为通信内聚模块。通常，通信内聚模块是通过数据流图来定义的。

④ 过程内聚。模块内各处理成分相关，且必须以特定次序执行。

⑤ 时间内聚。时间内聚又称为经典内聚。这种模块大多为多功能模块，但模块的各个功能的执行与时间有关，通常要求所有功能必须在同一时间段内执行。例如，初始化模块和终止模块、系统结束模块、紧急故障处理模块等均是时间性聚合模块。

⑥ 逻辑内聚。把几种相关功能（逻辑上相似的功能）组合在一模块内，每次调用由传给模块的参数确定执行哪种功能。

⑦ 巧合内聚。当模块内各部分之间没有联系，或者即使有联系，这种联系也很松散，则称此模块为巧合内聚模块，它是内聚程度最低的模块。

事实上，没有必要精确确定内聚的级别。重要的是设计时力争做到高内聚，并且能够辨认出低内聚的模块，有能力通过修改设计提高模块的内聚程度降低模块间的耦合程度，从而获得较高的模块独立性。

（4）层次化。在系统被划分成若干模块之后，我们可以分别在一个模块的内部来处理那些数量已经大量减少的元素。但是为了确保系统的完整和一致，同时还必须在系统的层面来处理这些模块之间的关系。层次关系是一种常见的系统结构，一个系统的层次分解会产生层次的有序集合。这里的层，是指一组提供相关服务的模块单元，通常通过使用另一层的服务来实现本层的功能。

层一定是有序组织的。每一层可以访问下面的层，但是不能访问上面的层。最底层是不依赖于任何层的，最顶层也不会被任何层来调用。在一个封闭式的结构中，每一层只能访问与它相邻的下一层；在一个开放式的结构中，每一层还可以访问下面更低的其他层次。当然，层的数目不宜过多。

总的来说，一个大的系统可以逐层分解，直到所分解的每一个模块可以简单到一个开发人员可以独立实现为止。但是由于不同模块单元之间存在接口，所以每一个模块都增加了处理的开销，过度的划分和分解会增加额外的复杂性。

（5）重用。重用是利用一些已经开发的、对建立新系统有用的软件元素来生成新的软件系统。这样做的好处是可以提高生产效率，提高软件质量。

软件存在不同粒度的重用：代码重用是一种最常见的形式，可以对构件库中的源代码构件进行重用，像 Pyhton 语言中就有大量实用的构件库。软件体系结构重用是采用已有的软件体系结构对系统进行设计，通常它支持更高层次、更大粒度的一个系统复用。框架重用是对特定领域中存在的一个公共体系结构及其构件进行重用。Python 就拥有大量的框架，比如 django、flask、tornado 等。设计模式是通过为对象协作提供思想和范例来强调方法的重用。虽然设计模式是一种设计思想，但是不同语言的特性会影响设计模式的实现，比如 C++语言实现设计模式是充分利用继承和虚函数这样的机制。但是 Python 语言提供了与 C++完全不同的对象模型，而且它有一些特殊的语法（如装饰器）本身就应用了设计模式，所以 Python 在运用和实现设计模式上，与其他的一些面向对象语言是不同的。

# 6.3　软件体系结构风格

体系结构代表了系统宏观的、共性的东西。建筑风格就等同于建筑体系结构的一种可分类的模式，它一般是通过诸如外形、技术和材料这样一些形态上的特征加以区分的。例如，法式建筑、中式园林建筑和现代高层建筑是三种不同的建筑风格，它们都有各自独特的共性特点。每一种建筑风格的产生，都是人们对居住的思考和尝试挖掘出来的可能性，它是一个长期建筑历史发展的结果。之所以称为风格，是因为经过长时间的实践，它们已经被证明具有良好的工艺可行性、性能和实用性，并且可以直接用来遵循和模仿。

对于软件系统来说，大部分的设计也是例行设计。有经验的软件开发人员经常会借鉴既有的一些解决方案，然后按照新的系统的要求，把它改造成一个新的设计。软件体系结构风格（architectural style）描述某一特定应用领域中系统组织方式的惯用模式，反映了领域中众多系统所共有的结构和语义特性，并指导如何将各个模块和子系统有效地组织成一个完整的系统。按这种方式理解，软件体系结构风格定义了用于描述系统的术语表和一组指导构件系统的规则。

对软件体系结构风格的研究和实践促进了对设计的复用，一些经过实践证实的解决方案也可以可靠地用于解决新的问题。体系结构风格的不变部分使不同的系统可以共享同一个实现代码。只要系统是使用常用的、规范的方法来组织，就可使别的设计者很容易地理解系统的体系结构。例如，如果将系统描述为"客户机／服务器"模式，则不必给出设计细节，我们立刻就会明白系统是如何组织和工作的。

卡内基梅隆大学的 Garlan 和 Shaw 教授是软件体系结构最早的研究者。他们认为，体系结构风格是按照结构组织的模式来定义系统。具体地说，就是定义了构件和连接件的语法，即连接方法。同时他们也提出了五种通用的体系结构风格。

（1）以数据为中心的风格：批处理序列，管道/过滤器。

（2）调用/返回风格：主程序/子程序，面向对象风格，层次结构。

（3）独立构件风格：进程通信，事件系统。

（4）仓库风格：数据库系统，超文本系统，黑板系统。

（5）虚拟机风格：解释器，基于规则的系统。

这五种风格各有各的特点，也有共同之处。下面详细介绍其中几种典型的软件体系结构风格。

## 6.3.1　管道/过滤器风格

这是一种最常见、结构最为简单的软件体系结构。在这样的结构体系下，所有的数据按照流的形式在执行过程中前进，不存在结构的反复和重构。在流动过程中，数据经过序列间的数据处理组件进行处理，然后将处理结果向后传送，最后进行输出，这也就是说，最简单和直接的数据流风格是单向的，没有返回的流水线系统。但是在实际应用中，并不一定限制数据处理组件的顺序，其运算的先后顺序不影响最终系统结构的正确性。

在管道/过滤器风格的软件体系结构中，每个构件都有一组输入和输出，构件读输入的数据流，经过内部处理，然后产生输出数据流。这个过程通常通过对输入流的变换及增量计算来完成，所以在输入被完全消费之前，输出便产生了。因此，这里的构件被称为过滤器，这种风格的连接件就像是数据流传输的管道，将一个过滤器的输出传到另一过滤器的输入。这种风格特别重要的是过滤器必须是独立的实体，它不能与其他的过滤器共享数据，而且一个过滤器不知道它上游和下游的标识。一个管道/过滤器网络输出的正确性并不依赖于过滤器进行增量计算过程的顺序。

图 6-7 是管道/过滤器风格的示意图。一个典型的管道/ 过滤器体系结构的例子是以 Unix shell 编写的程序。Unix 既提供一种符号，以连接各组成部分（Unix 的进程），又提供某种进程运行时机制以实现管道。另一个著名的例子是传统的编译器。传统的编译器一直被认为是一种管道系统，在该系统中，一个阶段（包括词法分析、语法分析、语义分析和代码生成）的输出是另一个阶段的输入。

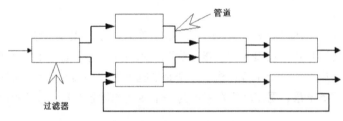

图 6-7　管道/过滤器风格示意图

## 6.3.2　调用/返回风格

### 1. 主程序—子程序

主程序—子程序是结构化程序设计的一种典型风格，它是从功能设计出发把系统进行模块化的分解，由主程序调用那些所分解的子程序模块来实现完整的系统功能。图 6-8 所示的这种风格的系统是由一个主程序和一系列子程序组成，主程序和子程序之间以及子程序之间，通过调用和返回来形成一个层次化的系统结构。

### 2. 面向对象风格

面向对象风格是建立在数据抽象和面向对象的基础上，将数据和其相应的操作封装在一个抽象数据类型（或者对象）中。整个系统可以看成是对象的集合，每一个对象都有自己的功能集合。图 6-9 所示的这种风格的系统，其构件是类和对象，对象之间通过函数调用和消息传递来进行交互。

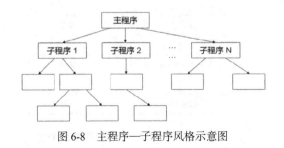

图 6-8　主程序—子程序风格示意图

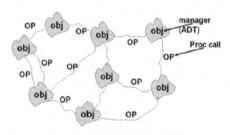

图 6-9　面向对象风格示意图

面向对象模式集数据抽象、抽象数据类型、类继承为一体，使软件工程公认的模块化、信息隐藏、抽象、重用性等原则在面向对象风格下得以充分实现。面向对象的体系结构模式适用于数据和功能分离的系统中，同样也适合于问题域模型比较明显或需要人机交互界面的系统。大多数应用事件驱动风格的系统也常常应用了面向对象风格。

面向对象风格特点是具有信息隐藏性，构件之间只通过接口和外部进行交互，而其内部结构是被封装隐藏起来的。它的最大不足在于如果一个对象需要调用另一个对象，就必须知道那个对象的标识（对象名或对象引用），这样无形之中增强了对象之间的依赖关系。如果一个对象改变了自己的标识，就必须通知系统中所有和它有调用关系的对象，否则系统将无法正常运行。

### 3. 层次结构

层次化已经成为一种复杂系统设计的普遍性原则。很多复杂软件的设计，从操作系统到网络系统，再到一般的应用，几乎都是以层次结构来建立的。在层次结构中，系统被分成若干层次，每一层次由一系列的构件所组成，层次之间存在接口，通过接口形成调用和返回的关系。下层构件向上层构件提供服务，上层构件被看作是下层构件的客户端。

（1）客户机/服务器

客户机/服务器体系结构（client/server）是一种分布式的系统模型。它把应用程序的处理分成了两个部分：一个是客户机，负责和用户进行交互；另一个是服务器，它为客户机提供服务。最早的分布式系统是两层的，一个是客户机，一个是数据库的服务器；后来发展成为三层结构，中间增加了一个应用服务器层；现在已经发展成为一个多层的体系结构。客户机/服务器体系结构如图 6-10 所示。

两层的客户机/服务器结构，也称为胖客户端模型。在这种系统中，数据库服务器负责数据的管理；客户机实现应用逻辑，并和用户进行交互。两层结构的主要问题，在于客户端的负担过重，系统维护和升级比较困难，扩展性也不太好。与胖客户端相对应还有一种瘦客户端，两者的区别在于业务逻辑到底在客户端多一些，还是在服务器端多一些。如果客户端执行大部分的数据处理操作，那就是胖客户端；如果客户端具有很少或者没有业务逻辑，那就是瘦客户端。

（2）浏览器/服务器结构（也称 B/S 结构）

针对两层结构的问题，人们提出了三层客户机/服务器结构，如图 6-11 所示。它把应用系统分成表示层、功能层（即业务逻辑层）和数据层三个部分，而且把这三层进行明确的分割，在逻辑上使其独立。其中表示层是应用的用户接口部分，负责实现用户和应用之间的对话，如窗口、表单、网页等；业务逻辑层包括所有的控制对象和实体对象，实现应用程序的处理逻辑和规则；数据层实现对数据库的存储、查询和更新。

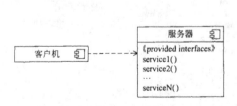

图 6-10  客户机/服务器体系结构

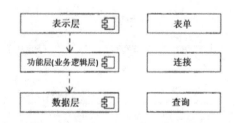

图 6-11  三层客户机/服务器体系结构

在硬件部署时，三层结构的表示层可以配置在客户端，功能层和数据层分别放在不同的服务器上，这样就大大降低了客户端的负荷，也减轻了系统维护和升级的成本和工作量。在增加新的业务处理时，可以相应地增加装有功能层的服务器，系统的灵活性和伸缩性变得很强。特别是随着系统规模的加大，这种结构的优势就变得更加明显。

但是需要注意的是，三层结构中，各层之间的通信效率如果很低，即使分配给各层的硬件很强，系统在整体上也达不到所要求的性能，所以在设计的时候，必须慎重考虑三层之间的通信方法、频率和数据量。

随着互联网技术的发展，浏览器/服务器结构（也称 B/S 结构）逐渐流行。它是三层 C/S 结构的一种实现。图 6-12 所示的浏览器/服务器结构的客户端就是浏览器，表示层负责处理客户端所需要的展视逻辑，应用层负责所有的业务逻辑，数据层负责对数据库的操作。层次架构的基本思想是把一个应用分成多个逻辑层，其中每一层都有通用或者特定的角色。这样做可以使应用更易于扩展。

图 6-12　浏览器/服务器（B/S）体系结构

（3）模型/视图/控制器（Model-View-Controller，MVC）

模型/视图/控制器由 Trygve Reenskaug 提出，首先被应用在 SmallTalk-80 环境中，是许多交互和界面系统的构成基础。MVC 结构是为那些需要为同样的数据提供多个视图的应用程序而设计的，它很好地实现了数据层与表示层的分离。MVC 作为一种开发模型，通常用于分布式应用系统的设计和分析中，以及用于确定系统各部分间的组织关系。

MVC 中的模型、视图和控制类如图 6-13 所示。

| 模型类 | 视图类 | 控制类 |
| --- | --- | --- |
| 数据结构关系<br>视图和控制器的注册关系 | 显示形式<br>显示模式控制 | 状态 |
| 内部数据和逻辑计算<br>向视图和控制器通知数据变化 | 从模型获得数据<br>视图更新操作 | 事件控制<br>控制视图更新 |

图 6-13　MVC 中的模型、视图和控制类

① 模型包含了应用问题的核心数据、逻辑关系和计算功能，它封装了所需的数据，提供了完成问题处理的操作过程。控制器依据 I/O 的需要调用这些操作过程。模型还为视图获取显示数据而提供了访问其数据的操作。这种变化—传播机制体现在各个相互依赖部件之间的注册关系上。模型数据和状态的变化会激发这种变化—传播机制，它是模型、视图和控制器之间联系的纽带。

② 视图通过显示的形式，把信息转达给用户。不同视图通过不同的显示，来表达模型的数据和状态信息。每个视图有一个更新操作，它可被变化—传播机制所激活。当调用更新操作时，视

图获得来自模型的数据值，并用它们来更新显示。在初始化时，通过与变化—传播机制的注册关系建立起所有视图与模型间的关联。视图与控制器之间保持着一对一的关系，每个视图创建一个相应的控制器。视图提供给控制器处理显示的操作。因此，控制器可以获得主动激发界面更新的能力。

③ 控制器通过时间触发的方式，接受用户的输入。控制器如何获得事件依赖于界面的运行平台。控制器通过事件处理过程对输入事件进行处理，并为每个输入事件提供了相应的操作服务，把事件转化成对模型或相关视图的激发操作。

④ 如果控制器的行为依赖于模型的状态，则控制器应该在变化—传播机制中进行注册，并提供一个更新操作。这样，可以由模型的变化来改变控制器的行为，如禁止某些操作。

实现基于 MVC 的应用需要完成以下工作。

① 分析应用问题，对系统进行分离。

分析应用问题，分离出系统的内核功能、对功能的控制输入、系统的输出行为三大部分。设计模型部件使其封装内核数据和计算功能，提供访问显示数据的操作，提供控制内部行为的操作以及其他必要的操作接口。以上形成模型类的数据构成和计算关系。这部分的构成与具体的应用问题紧密相关。

② 设计和实现每个视图。

设计每个视图的显示形式，它从模型中获取数据，将它们显示在屏幕上。

③ 设计和实现每个控制器。

对于每个视图，指定对用户操作的响应时间和行为。在模型状态的影响下，控制器使用特定的方法接受和解释这些事件。控制器的初始化建立起与模型和视图的联系，并且启动事件处理机制。事件处理机制的具体实现方法依赖于界面的工作平台。

④ 使用可安装和卸载的控制器。

控制器的可安装性和可卸载性，带来了更大的自由度，并且帮助形成高度灵活性的应用。控制器与视图的分离，支持了视图与不同控制器结合的灵活性，以实现不同的操作模式，例如对普通用户、专业用户或不使用控制器建立的只读视图。这种分离还为在应用中集成新的 I/O 设备提供了途径。

### 6.3.3 基于事件的隐式调用风格

基于事件的隐式调用风格的思想是系统把应用看成是一个构件的集合。作为事件源的构件，并不是直接调用其他构件，而是触发或者广播一个或多个事件。其他响应事件的构件是作为事件处理器，预先在事件中进行注册。当事件被触发时，事件管理器就会调用这些已经注册的构件进行事件的处理。基于事件的隐式调用风格如图 6-14 所示。

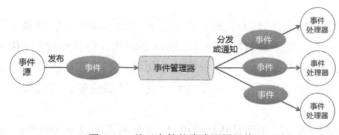

图 6-14 基于事件的隐式调用风格

　　从体系结构上说，这种风格的构件是一些模块，这些模块既可以是一些过程，也可以是一些事件的集合。过程可以用通用的方式调用，也可以在系统事件中注册一些过程，当发生这些事件时，过程被调用。

　　基于事件的隐式调用风格的主要特点是，事件的触发者并不知道哪些构件会被这些事件影响。这样不能假定构件的处理顺序，甚至不知道哪些过程会被调用，因此许多隐式调用的系统也包含显式调用作为构件交互的补充形式。

　　支持基于事件的隐式调用的应用系统很多。例如，在编程环境中用于集成各种工具，在数据库管理系统中确保数据的一致性约束，在用户界面系统中管理数据，以及在编辑器中支持语法检查。例如在某系统中，编辑器和变量监视器可以登记相应 Debugger 的断点事件。当 Debugger 在断点处停下时，它声明该事件由系统自动调用处理程序，如编辑程序可以卷屏到断点，变量监视器刷新变量数值。而 Debugger 本身只声明事件，并不关心哪些过程会启动，也不关心这些过程进行什么处理。

　　隐式调用系统的主要优点有以下方面。

　　（1）为软件重用提供了强大的支持。当需要将一个构件加入现存系统中时，只需将它注册到系统的事件中即可。

　　（2）为改进系统带来了方便。当用一个构件代替另一个构件时，不会影响到其他构件的接口。

　　隐式调用系统的主要缺点有以下方面。

　　（1）构件放弃了对系统计算的控制。一个构件触发一个事件时，不能确定其他构件是否会响应它。而且即使它知道事件注册了哪些构件的构成，它也不能保证这些过程被调用的顺序。

　　（2）数据交换的问题。有时数据可被一个事件传递，但另一些情况下，基于事件的系统必须依靠一个共享的仓库进行交互。在这些情况下，全局性能和资源管理便成了问题。

　　（3）既然过程的语义必须依赖于被触发事件的上下文约束，那么关于正确性的推理就存在问题。

## 6.3.4　仓库风格

　　仓库体系结构是一种以数据为中心的体系结构风格。在这种系统中，所有的功能模块都访问和修改单一的数据存储，这个存储也被称为是一个集中式的仓库，而功能模块之间是相互独立的，它们之间的交互都是通过这个仓库来完成的。仓库风格的体系结构如图 6-15 所示。

　　一般来说，数据库系统也是典型的仓库体系结构风格。它主要包括两种构件：一种是中心数据库，保存当前系统的数据状态；另一种是多个独立的应用，对数据库进行读取。对于复杂的应用系统来说，可能会涉及多个异构数据库的集成，一个数据库可以被多个应用访问；一个应用也可以访问多个数据库。编译器和软件开发环境也遵循仓库体系结构风格。编译器的不同子系统访问和更新一个集中式解析树和一张字符表。调试器和句法编辑器也会访问字符表。

　　仓库子系统也可以用来实现全局控制流。在图 6-16 所示的编译器的例子中，每个工具（例如编译器、调试器和编辑器）由用户调用，仓库仅仅确保了并行访问被串行化。相反地，仓库可以用于调用基于集中式数据结构的状态子系统。

　　仓库风格非常适合于实现那些经常发生改变而且具有复杂数据处理的任务。只要仓库的定义良好，就可以很方便地增添功能模块，从而实现向系统添加新的服务。这种系统的主要问题在于，每个功能模块和仓库之间的耦合非常高，集中式的仓库很有可能成为系统性能的瓶颈。

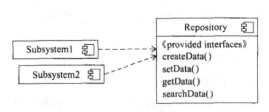

图 6-15　仓库风格的体系结构

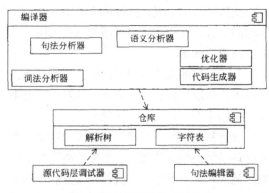

图 6-16　编译器的体系结构

### 6.3.5　体系结构风格的选择

上面简单地介绍了几种常见的体系结构风格，但是在实际应用时，开发人员还需要借助丰富的经验来进行判断和选择。

一般情况下，大部分的实际系统往往是几种体系结构的组合应用。在系统分析和设计过程中，我们首先要把整个系统作为一个功能体来进行分析和权衡，得到一个最顶层的体系结构；如果系统中的元素还是比较复杂，那就继续进行分解，再得到某一部分的局部体系结构。也就是说，我们要把焦点集中在系统的总体结构上，避免过多地考虑实现细节。

在体系结构的选择上，我们需要考虑技术因素和质量因素两个方面。

技术因素包括：使用什么样的构件和连接件；运行的时候，构件之间的控制机制如何实现；数据如何通信；数据和控制如何进行交互。

质量因素包括：可修改性，算法、数据表示以及系统功能的变化和扩展、性能，可复用性，等等。

根据实际的开发经验，我们可以总结一些体系结构的选择原则。比如说，一般层次化的思想在任何系统都可能得到应用。如果系统的功能可以分解成一系列连续的处理步骤，那么就可以考虑批处理或者管道/过滤器风格。如果系统的核心问题是数据管理，而且数据是持续存储的，那么可以使用仓库结构风格。如果任务之间的控制流是可以预先设定的，可以考虑主程序—子程序或者面向对象的风格。对于任务需要高度灵活可配置或者任务是被动的，就可以考虑事件系统或者客户机/服务器的结构。如果设计了一种计算，但是没有机器支持它的运行，可以考虑使用虚拟机或者解释器的体系结构。如果实现一些经常发生变化的业务逻辑，考虑使用基于规则的系统。

# 6.4　软件设计过程

软件设计是软件开发阶段的重要步骤，它的主要任务是在需求分析的基础上，形成软件系统的设计方案。软件设计过程主要包括以下。

（1）软件交互设计。通过分析和理解用户的任务需求，对软件的人机交互、操作逻辑和用户界面进行设计。

（2）系统总体设计。主要是关注系统的质量属性，对整个系统进行模块化的分解，并且选择合适的设计策略。

（3）模块设计和实现。是应用良好的设计原则，进一步地细化和实现所分解的模块单元，这里可能涉及数据结构设计、算法设计和数据库设计等。

其中，系统总体设计是整个软件设计的关键环节。它是在需求分析的基础上定义系统的设计目标，将整个系统划分成若干子系统或模块，建立整个系统的体系结构，并选择合适的系统设计策略。具体来说，系统总体设计首先要明确系统应该关注的质量属性，定义系统满足的设计目标。然后按照高内聚、低耦合的原则，把整个系统进行模块化的分解，并且选择系统部署方案，把所分解的模块映射到相应的硬件上。接下来进一步地定义数据存储、访问控制、全局控制等一系列的设计策略。最后通过评审活动来进一步地改进设计质量，确保设计方案的正确性、完备性、一致性和可实现性。

一般来说，系统的很多质量需求，尤其是非功能需求，主要是体现在系统的总体设计方案中，而不是具体的功能模块的实现上。因此，在系统总体设计时，既要考虑系统的功能需求，还要考虑系统的非功能需求，把整个系统划分成更为简单的模块和接口。在系统设计发生变化的时候，会造成代价很高的返工。

（1）性能是影响系统使用的重要因素，主要考虑响应时间、吞吐量和存储等三个方面。由于系统的硬件资源和服务能力是有限的，所以响应时间和吞吐量不太可能同时达到最优。有时候可能以响应时间为代价来获得更高的吞吐量，有时候又要以吞吐量为代价来得到更好的响应时间。所以在设计的时候，需要对这两个方面进行权衡。

另外，也要考虑是采用内存空间来换取更高的速度，还是在可接受的一个速度范围内有限度地使用内存空间。总之，在系统设计时要综合考虑硬件资源和业务使用的情况，来选择合适的方案，使系统的性能达到一个可接受的程度。

（2）可靠性涉及系统运行时发生崩溃的可能性、系统对可用性和容错性的支持以及安全防范等方面的问题。在系统设计时，我们希望考虑这些因素，在设计方案上给出可能的实现方法。比如说，对于抢票应用来说，需要考虑用什么样的方法来防止恶意的刷票或者非法复制电子票等情况。一种方案是在活动介绍的页面进行处理，另一种方案是利用微信的安全验证机制来保证。不同的选择在具体实现上是不一样的。

（3）系统在投入使用之后，还要进行维护和扩展新功能。那么在系统设计时，也要考虑如何才能更容易地进行修改，这会涉及代码的可读性、可修改性和可扩展性等一系列的属性。

（4）从最终用户的角度来说，除了要考虑性能、可靠性这些因素之外，还要考虑是不是可以提高工作效率，或者很容易使用等方面的问题。

（5）成本也是影响系统设计方案的一个因素。我们需要考虑开发、部署、升级和维护的成本。比如说，微信抢票应用是校园里使用的一个非商业目的的系统，所以它的开发、部署和维护都要是低成本的。在设计方案上，主要是选用那些在较低的硬件资源下的开源框架或者平台。

在系统设计时，我们会重点考虑几个少数的主要目标，但是这些目标有可能是互相牵制的。例如，开发一个安全、可靠而且廉价的系统可能就是不现实的。在这种情况下，我们需要优先考虑一些主要的目标，然后再使用这些目标来结合其他的目标进行权衡。

这里列出了可能遇到的几种设计目标权衡的例子。

对于系统性能方面，如果响应时间和吞吐量不能满足系统需求，就有可能使用更多的存储空间来进行加速；如果软件受到存储空间的限制，也有可能牺牲一定的速度，对数据进行压缩处理。

在开发管理方面，如果进度出现了延迟，可以考虑减少一定的功能来保证按时交付；也可以考虑推迟交付的时间，以保证交付所有的功能。

不过在互联网时代，通常及时地上线交付是更重要的。为了及时上线，我们有时候也会选择先发布一个有少量缺陷的系统，随后再进行升级和修复。当然，赶进度也是经常发生的，加班是一个有效的方法。在项目的后期，增加人手是不可取的。

总体来说，软件设计的过程大致包括如下步骤。

（1）确定子系统或模块。系统设计的一个关键步骤是进行模块化的分解。一般情况下，首先是按照功能进行模块的划分。在此基础上，还要把数据、硬件、时间要求很高的部分独立出来，并且把用户界面与业务逻辑进行分离等。确定系统结构时，可能会选择前面介绍的已有的体系结构风格或者软件框架。在模块分解之后，可以把这些模块通过简单的统一接口进行封装，从而减少模块之间的依赖程度。

（2）选择系统部署方案。系统设计还要考虑系统运行部署的情况，把所分解的子系统或者模块映射到相应的硬件上。在这个过程中，也有可能会增加新的子系统或者模块。

（3）定义设计策略。对于 Web 应用来说，选择合适的数据存储策略也是非常重要的。一般来说，主要是有文件和数据库两种形式。数据库又分成关系数据库、NoSQL 数据库和内存数据库三种类型。

① 数据文件：是由操作系统提供的存储形式，应用系统将数据按照字节顺序，并定义如何以及何时检索数据。

② 关系数据库：采用关系模型作为数据组织方式的数据库，数据是以行和列组成的二维表的形式进行集中存储、控制和管理的。

③ NoSQL 数据库：一种非关系型的分布式数据库管理系统，常用是 Key-Value 存储数据库，其他还有文档型数据库、列存储数据库、图形数据库等。

④ 内存数据库：是将数据直接放在内存中进行操作的数据库，可分为关系型内存数据库和键值型内存数据库两种类型。

确定访问控制策略如下所示。

① 哪些对象在参与者中共享。

② 如何对参与者进行访问控制。

③ 系统如何识别参与者的身份。

④ 如何对系统中选定的数据进行加密。

在多用户系统中，不同角色的用户对系统功能和数据操作有不同的访问权限。因此首先需要识别用户身份。

① 用户名与密码的组合：一个用户对应一个用户名和密码的组合，系统在存储和传输密码前对其进行加密。

② 智能卡：和密码配合同时使用。

③ 生物特征：如指纹、虹膜等。

在系统设计时，还要考虑全局的控制流机制和实现方式。控制流是系统中动作的先后次序。控制流问题需要在设计阶段考虑，其决策取决于操作者或随时间推移所产生的外部事件。一般来说，有三种可能的控制流机制，分别是过程驱动、事件驱动和多线程。

① 过程驱动：在需要来自参与者的数据时，操作等待输入。

② 事件驱动：主循环等待外部事件，在外部事件到达时，系统根据与事件相关的信息将其分配给适当的对象。

③ 线程：系统创建任意数量的线程，每个线程对应不同的事件。如果某个线程需要额外的数据，就等待参与者的输入。

最后还要考虑系统的启动、关闭和异常处理等一些边界情况，并且提出具体的实现策略。识别边界条件包括如下。

① 系统何时启动、初始化以及关闭。

② 如何处理主要故障（例如软件错误、断电、断网等）。

具体边界用例的实现包括以下。

① 系统管理：对于不在普通用例中创建或销毁的对象，增加一个系统管理员调用的用例进行管理。

② 启动与关闭：启动、关闭和配置构件。

③ 异常处理：通过对需求获取中识别的一般用例进行扩展而得到，需要考虑用户错误、硬件故障、软件故障等因素。

# 习题六

1. 根据软件体系结构的定义，你认为软件体系结构的模型应该由哪些部分组成。

2. 软件体系结构与软件设计有何关系？软件体系结构的出现有何必要性和重要意义？

3. 在许多体系结构中，如三层或四层体系结构，持久性对象的存储由专门的一层来处理。你认为哪些设计目标导致了这一决策。

4. 如何理解模块独立性？用什么指标来衡量模块独立性？

5. 模块的内聚性程度与该模块在分层结构中的位置有关系吗？说明你的论据。

6. 老的编译器是根据管道/过滤器体系结构风格来设计的，每一个阶段均要把输入转换成中间表示传给下一个阶段。现代开发环境中的编译器，是一个包括带有句法文本编辑器和源代码调试器在内的集成交互开发环境，这一环境采用了仓库体系结构风格。请说明将管道过滤器风格转换为仓库风格的设计目标是什么。

7. 软件体系结构风格与软件设计模式的区别是什么？

8. 如何选择合适的软件体系结构风格？需要考虑哪些因素？

# 第7章
# 面向对象设计

在软件设计的过程中，开发人员始终要应对需求的日新月异的变化，对设计创新的持续追求以及对软件质量持续提升的要求。在整个设计过程中，开发人员可以采用很多种不同的方法来应对这些问题，面向对象方法就是其中之一。

对于待解决的问题，开发人员可能使用非面向对象的方法，创建了一个非常好的设计；也可能使用面向对象的方法，但是却生成了一个不良的设计。因此，面向对象方法本身并不能保证最终的设计成为优秀的设计。开发人员使用面向对象的方法最主要应对的问题，就是数据封装和减小模块间的依赖性，创建更好的、可以重用的设计单元。

# 7.1 "好的"软件设计

## 7.1.1 对象职责分配

在面向对象的设计过程中，首先需要进行适当的领域分析，并撰写设计描述，确定系统的开发任务。然后基于问题描述抽取需求，同时开发用户界面原型。在抽取需求的过程中，对象类的识别是面向对象设计的基础。此外，还需定义每个类的职责，确定类与类之间的交互关系，从而建立系统的设计模型。在这个过程中，最主要的一个步骤就是识别对象类及对象职责分配的过程。

需求分析解决了系统需要做什么的问题，设计决定了用户如何与系统交互来获取服务，以及系统内部的"工人"需要什么才能支持它们之间的交互。在某种程度上，分析是系统创建的获取阶段。与分析不同的是，设计处理的是组织以及管理的，如系统的元素是怎样工作和交互的。因此，分析主要处理的是抽象的概念；而设计与分析不同，涉及的是具体的软件对象。

在设计阶段，就是要放大系统的内部细节，如图 7-1 所示，描述软件对象之间是如何交互以产生用户所观察到的系统行为的。一种考虑设计问题的方式如图 7-2 所示。假设当前正在描绘一幅地图，用户和各个对象代表着每个用例场景执行过程中会访问到的"站点"。设计的目的就是以某种"最优的"方式，将这些"站点"连接起来。路径的绘制通常是由"发起者"这个站点开始的，因为设计系统的目的就是要帮助发起者完成某个目标。当系统返回计算结果后，路径的绘制在发起者站点处结束。在这起始站点之间，路径的绘制必须经过每个参与者站点。因此，我们可以知道所有的入口和出口站点，以及"工人"们的计算职责。每个对象需要被调用（即通过消息传递）以完成它的计算职责，而且我们需要决定如何将这些对象站点连接起来。也就是说，我们需要对消息传递进行职责分配。对于每个"worker"对象,谁来调用它;对于"thing"对象,谁来创建、使用和更新它们。软件设计师的主要活动就是对在领域分析阶段获取的软件对象进行职责分配。

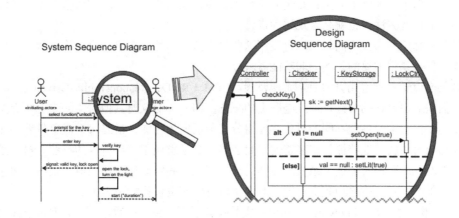

图 7-1　设计对象的交互

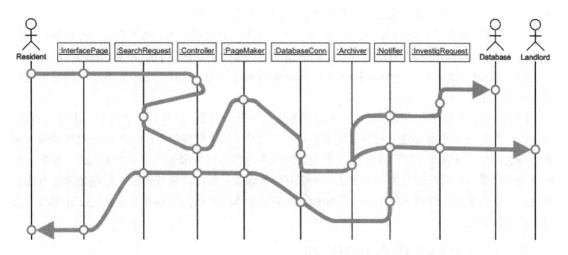

图 7-2　设计问题可以看作是在所有参与者对象"地图"上"将各个点连接起来"

首先,我们使用来自领域模型的概念设计对象之间的交互。随着设计的进一步细化,对于"什么可以实现以及如何实现",我们有了一个更好的理解。此时,需要用一个或多个实际的类来替换掉前面的一些概念。重要的就是,追踪抽象领域模型如何演变为一个个具体类的过程。

设计的目标就是获得一个"好"的设计,或者说,一个理论上最优的设计。但是,目前软件工程学科无法精确给出衡量设计好坏的量化标准。目前有一些标准被普遍接受,但是却缺少系统的框架。例如,通常认为良好的软件设计应具备以下特点。

(1)对象之间的通信链较短。

(2)对象的工作负载均衡。

(3)对象之间满足低耦合。

在确保消息以正确的顺序发送,并且其他一些重要的约束条件得到满足时,才能对以上参数加以优化。对于软件的设计是没有自动化的方法,软件工程师需要依靠启发式设计来实现最优。

启发式设计大致分为以下两类。

（1）自底向上（归纳）方法：就是局部于对象层面，应用软件设计原则和设计模式进行设计的方法，即微观层面设计。

（2）自顶向下（演绎）方法：是全局于系统层面，应用软件体系结构风格将整个系统分解为多个子系统的设计方法，也就是宏观层面设计。

软件工程师通常会在不同时机综合使用这两种方法。当然，在进行设计优化时，执行契约和一些约束条件也是很重要的，例如非功能需求。

微观层面设计一种常用方法是职责驱动设计方法（RDD，Responsibility-Driven Design）。我们知道，面向对象设计的关键特征就是职责的概念，即一个对象对其他对象的职责。面向对象方法将系统的职责分配给各个不同的对象，使得分工劳动成为可能，最终每个对象只需关注自身的特征，而面向对象的其他特征，如多态性、封装等，都是隶属于对象自身的特性。对象是共同协作的，所有对象的职责就描述了系统的总体设计。因此，确定对象应该知道（状态）和它应该做什么（行为）的过程，称之为职责分配。对象所具有的职责包括如下 3 类。

（1）"知道"型职责（knowing）：知道各类数据和引用变量，如数据值、数据集合或对其他对象的引用。即知道自己私有的、封装了的数据；知道与自己相关联的对象信息；知道自己派生出来或计算出来的事物。通常这部分职责作为类对象的属性加以描述。

（2）"做"型职责（doing）：执行计算完成某项任务，如数据处理、物理设备的控制等；发起其他对象执行动作；控制和协调其他对象内的活动。这部分职责通常表示为类对象的方法。

（3）"交流"型职责（communicating）：和其他对象进行交流。这部分通常表示为消息传递机制（方法调用）。

因此，职责分配就是需要决定什么属性和方法属于哪个对象，以及对象之间发送了什么消息。例如，一个 Sale 对象有知道它交易日期的责任，这就是"知道"型职责；一个 Sale 对象要能打印它自身的信息，这就是"做"型职责。"知道"型职责通常可以从概念模型中推断出来。职责可能转化为一个类，也可能转化为一个方法，关键就要看职责的粒度。而职责的履行则是通过方法来实现的。该方法可能单独起作用，也可能和其他方法协作完成任务。通常是在建立交互图时考虑对象职责的分配。

## 7.1.2　GRASP 职责分配原则

通用职责分配软件模式 GRASP（General Responsibility Assignment Software Patterns）是描述对象设计和职责分配的基本原则。GRASP 模式是一种学习工具，可以帮助设计人员理解基本对象设计，并且以一种系统的、合理的、可以解释的方式来运用设计推理。GRASP 一共包括 9 种模式，它们描述了对象设计和职责分配的基本原则。也就是说，如何把现实世界的业务功能抽象成对象，如何决定一个系统有多少对象，每个对象都包括什么职责，GRASP 模式给出了最基本的指导原则。

### 1. 信息专家（Information Expert）

信息专家模式是面向对象设计的最基本原则，是我们平时使用最多、应该与我们的思想融为一体的原则。也就是说，我们设计对象（类）的时候，如果某个类拥有完成某个职责所需要的所有信息，那么这个职责就应该分配给这个类来实现。这时，这个类就是相对于这个职责的信息专家。

例如，常见的网上商店里的购物车（ShopCar），需要让每种商品（SKU）只在购物车内出现一次，购买相同商品，只需要更新商品的数量即可。针对这个问题需要权衡的是，"比较商品是否相同"的方法需要放到哪个类里来实现呢？分析业务得知需要根据商品的编号（SKUID）来唯一区分商品，而商品编号是唯一存在于商品类里的，所以根据信息专家模式，应该把"比较商品是否相同"的方法放在商品类里。

### 2. 创造者（Creator）

实际应用中，符合下列任一条件的时候，都应该由类 A 来创建类 B，这时 A 是 B 的创建者。

（1）A 是 B 的聚合。

（2）A 是 B 的容器。

（3）A 持有初始化 B 的信息（数据）。

（4）A 记录 B 的实例。

（5）A 频繁使用 B。

如果一个类创建了另一个类，那么这两个类之间就有了耦合，也可以说产生了依赖关系。依赖或耦合本身是没有错误的，但是它们带来的问题就是在以后的维护中会产生连锁反应，而必要的耦合是不可避免的。因此，需要正确地创建耦合关系，不要随便建立类之间的依赖关系。具体来说，就是要遵守创建者模式规定的基本原则，凡是不符合以上条件的情况，都不能随便用 A 创建 B。

例如，因为订单（Order）是商品（SKU）的容器，所以应该由订单来创建商品。这里因为订单是商品的容器，也只有订单持有初始化商品的信息，所以这个耦合关系是正确的且没办法避免的，所以由订单来创建商品。

### 3. 低耦合（Low Coupling）

低耦合模式的意思就是要尽可能地减少类之间的连接。其作用非常重要。

（1）低耦合降低了因一个类的变化而影响其他类的范围。

（2）低耦合使类更容易理解，因为类会变得简单、更内聚。

下面这些情况会造成类 A、B 之间的耦合。

（1）A 是 B 的属性。

（2）A 调用 B 的实例的方法。

（3）A 的方法中引用了 B，例如 B 是 A 方法的返回值或参数。

（4）A 是 B 的子类，或者 A 实现了 B。

关于低耦合，还有下面一些基本原则。

（1）Don't Talk to Strangers 原则：就是不需要通信的两个对象之间，不要进行无谓的连接，连接了就有可能产生问题。

（2）如果 A 已经和 B 有连接，如果分配 A 的职责给 B 不合适的话（违反信息专家模式），那么就把 B 的职责分配给 A。

（3）两个不同模块的内部类之间不能直接连接。

例如，Creator 模式的例子里，实际业务中需要另一个出货人来清点订单（Order）上的商品（SKU），并计算出商品的总价，但是由于订单和商品之间的耦合已经存在了，那么把这个职责分配给订单更合适，这样可以降低耦合，以便降低系统的复杂性。这里我们在订单类里增加了一个 TotalPrice() 方法来执行计算总价的职责，没有增加不必要的耦合。

### 4. 高内聚（High Cohesion）

高内聚的意思是给类尽量分配内聚的职责，也可以说成是功能性内聚的职责。即功能性紧密相关的职责应该放在一个类里，并共同完成有限的功能，那么就是高内聚合。这样更有利于类的理解和重用，也便于类的维护。

高内聚也可以说是一种隔离，就像人体由很多独立的细胞组成，大厦由很多砖头、钢筋、混凝土组成，每一个部分（类）都有自己独立的职责和特性，每一个部分内部发生了问题，也不会影响其他部分，因为高内聚的对象之间是隔离开的。

例如，一个订单数据存取类（OrderDAO），订单既可以保存为 Excel 模式，也可以保存到数据库中。那么，不同的职责最好由不同的类来实现，这样才是高内聚的设计。这里我们把两种不同的数据存储功能分别放在了两个类里来实现，这样如果未来保存到 Excel 的功能发生错误，只需去检查 OrderDAOExcel 类就可以了，这样也使系统更模块化，方便划分任务，比如这两个类就可以分配给不同的人同时进行开发，这样也提高了团队协作和开发进度。

### 5. 控制器（Controller）

用来接收和处理系统事件的职责，一般应该分配给一个能够代表整个系统的类，这样的类通常被命名为"××处理器""××协调器"或者"××会话"。关于控制器类，有如下原则。

（1）系统事件的接收与处理通常由一个高级类来代替。

（2）一个子系统会有很多控制器类，分别处理不同的事务。

### 6. 多态（Polymorphism）

这里的多态与 OO 三大基本特征之一的"多态"是一个意思。例如，我们希望设计一个绘图程序，要支持可以画不同类型的图形，我们定义一个抽象类 Shape，矩形（Rectangle）、圆形（Round）分别继承这个抽象类，并重写（override）Shape 类里的 Draw() 方法，这样我们就可以使用同样的接口（Shape 抽象类）绘制出不同的图形。这样的设计更符合高内聚和低耦合原则。如果后来我们又希望增加一个菱形（Diamond）类，对整个系统结构也没有任何影响，只要增加一个继承 Shape 的类就行了。

### 7. 纯虚构（Pure Fabrication）

高内聚低耦合是系统设计的终极目标，但是内聚和耦合永远都是矛盾对立的。高内聚意味着拆分出更多数量的类，但是对象之间需要协作来完成任务，这又造成了高耦合，反之亦然。此时，如果由一个纯虚构的类来协调内聚和耦合，可以在一定程度上解决上述问题。例如，上面多态模式的例子，如果我们的绘图程序需要支持不同的系统，那么因为不同系统的 API 结构不同，绘图功能也需要不同的实现方式，那么该如何设计更合适呢？这里我们可以增加一个纯虚构类 AbstractShape，使得任何系统都可以通过 AbstractShape 类来绘制图形。这样做的好处就是既没有降低原来的内聚性，也没有增加过多的耦合，一举两得。

### 8. 间接（Indirection）

间接模式的好处就是本来直接会连接在一起的对象彼此隔离开了，一个对象的变动不会影响到另一个对象。就像前面的低耦合模式提到的一样，两个不同模块的内部类之间不能直接连接。但是我们可以通过中间类来间接连接两个不同的模块，这样对于这两个模块来说，它们之间仍然是没有耦合或依赖关系的。

### 9. 受保护变化（Protected Variations）

预先找出不稳定的变化点，使用统一的接口封装起来。如果未来发生变化时，可以通过接口扩展新的功能，而不需要去修改原来旧的实现。也可以把这个模式理解为 OCP（开闭原则）原则，就是说一个软件实体应当对扩展开放、对修改关闭。在设计一个模块的时候，要保证这个模块可以在不需要被修改的前提下可以得到扩展。这样做的好处就是通过扩展给系统提供了新的职责，以满足新的需求，同时又没有改变系统原来的功能。

实际上，设计原则之间并非总是相互一致的。将一个特定的设计原则使用到极致也只会获得荒谬的设计。设计人员经常需要面对相互矛盾的需求，因此他们必须根据自己的判断和经验来选择一个折中的解决方案，即在当前语境下，他们认为最优的解决方案。此外，对于内聚和耦合，只能给出定性的定义，即"每个类不应承担过多的职责"。

总体来说，软件设计缺乏精确定义的原则，并且过于依赖开发人员自身的判断，因此至关重要的是记录开发人员做出的所有决策以及决策背后的推理过程。必须对设计过程中想到的所有可选的解决方案进行文档化，识别所遇到的权衡策略，解释抛弃这些可选方案的原因。整个过程可以概括如下。

（1）职责的确定；领域模型提供了起点；起初会错过一些职责，但是在随后的迭代中这些职责可以得到进一步的识别。

（2）确定每个职责的可选分配策略；如果分配策略不唯一，则转向下一个职责。

（3）应用设计原则权衡每一个可选分配策略的优缺点，做出"最优的"抉择。

（4）记录每一个职责分配的过程。

一些职责的分配是显而易见的，只有极少数职责分配需要开发人员苦苦思索，通过开发人员以往的经验和判断来做出决定。

# 7.2 SOLID 设计原则

我们生活在一个充满规则的世界里，在复杂多变的外表下，万事万物都被永恒的真理支配并有规律地运行着。模式也是一样，不论哪种模式，背后都潜藏着一些"永恒的真理"，这个真理就是设计原则。可以说，设计原则是设计模式的灵魂。

面向对象对于设计出高扩展性、高复用性、高可维护性的软件起到很大的作用。人们常常提到的 SOLID 五大设计原则如下所示。

S = Single Responsibility Principle（单一职责原则）；

O = Opened Closed Principle （开放—封闭原则）；

L = Liskov Substitution Principle（Liskov 替换原则）；

I = Interface Segregation Principle（接口分离原则）；

D = Dependency Inversion Principle（依赖倒置原则）。

下面对这些设计原则进行简单的解释。

## 1. 单一职责原则（SRP）

"就一个类而言，应该仅有一个引起它变化的原因。"也就是说，不要把变化原因各不相同的职责放在一起，因为不同的变化会影响到不相干的职责。通俗地讲，不该你管的事情你不要管，管好自己的事情就可以了，多管闲事害了自己也害了别人。

例如，参考图 7-3 中的设计，计算几何应用只使用了 Rectangle 类的 Area()方法，永远不会使用 Draw()方法，而它却跟 Draw 方法关联了起来。这违反了单一原则，如果未来因为图形应用导致 Draw()方法产生了变化，那么就会影响到本来毫不关系的计算几何应用。

解决办法就是按职责将 Rectangle 类拆成计算几何应用使用 Rectangle 类和图形应用使用 RectangleUI 类两个类。

（1）Rectangle：这个类定义 Area() 方法。

（2）RectangleUI：这个把 Rectangle 类继承过来，定义 Draw() 方法。

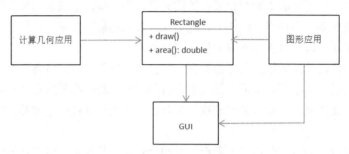

图 7-3　违反单一职责原则的设计

## 2. 开放—封闭原则（OCP）

开放—封闭原则是由 Bertrand Meyer 提出的，最能反映面向对象设计的目的的。"软件实体（类、模块、函数等）应该是可以扩展的，但是不可修改的。"即软件实体要在扩展性方面保持开放，而在更改性方面是封闭的。也就是说，要尽量使得模块是可扩展的。在扩展的时候，不需要对源代码进行修改。为了实现开放—封闭原则，开发人员需要尽可能多地使用接口进行封装，采用抽象机制，运用多态技术。

例如，图 7-4（a）所示的"设计 1"就是将输出设备直接定义为与具体的某种输出设备的接口关联的形式，图 7-4（b）所示的"设计 2"就是在输出设备和具体的设备之间定义了一个抽象接口 Printer。通过这样的一个抽象接口中间层次的引入，可以使得当出现新的设备类的时候，开发人员可以用它来实现这个抽象接口，不需要修改 Output 这个客户端的对象的源代码，从而实现在扩展性方面开放而不需更改源代码。因此，这里倡导的满足开放—封闭原则的代码，它的结构应该是比较类似"设计 2"的一个布局。

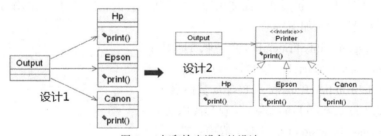

图 7-4　打印输出设备的设计

## 3. Liskov 替换原则（LSP）

"子类型必须能够替换掉它们的基类型。"在基本的面向对象原则里，继承通常是"is a"的关系。如果"Developer"是一个"SoftwareProfessional"，那么"Developer"类应当继承"SoftwareProfessional"类。在类设计中"is a"关系非常重要，但它容易冲昏头脑，结果是用错误的继承造成错误的设计。Liskov 替换原则正是保证继承能够被正确使用的方法。

下面给出了一个违反 Liskov 替换原则的例子。假设存在如下的长方形类：

```
pulic class Rectangle {
  private int topLeftX;
  private int topLeftY;
  int width;
```

```
    int height;

    public void setWidth(int width){
      this.width = width;
    }
  }
public void setHeight(int height){
    this.height = height;
}
public int getWidth(){
    return width;
  }
  public int getHeight(){
    return height;
  }
}
```

如果将正方形作为长方形的类的子类，那么我们定义正方形类时，设置边长这样的方法，应该如何去声明呢？

假设正方形的边长设置具体实现如下：先调用长方形类中定的 setWidth()方法为正方形的边长赋值，随后继续调用长方形类中定义的 setHeight()修改正方形边长的值。

```
public class Square extends Rectangle {
  public void setWidth(int width) {
    spuer.setWidth(width);
    super.setHeight(width);
  }
  public void setHeight(int height) {
    super.setHeight(height);
    spuer.setWidth(height);
  }
}
```

考虑下边的这段测试代码，在 Main 函数中，分别创建了一个新的长方形对象和一个正方形对象，然后计算图形的面积。

```
public class Test {
  public static void main(String[] args) {
    Test t = new Test();
    Rectangle r = new Rectangle();
    Square s = new Square();
    t.g(r);
// t.g(s)
  }

  private void g(Rectangle r) {
    r.setWidth(10);
    r.setHeight(20);
    assert(r.getWidth()*r.getHeight() = = 200);
```

在涉及长方形的对象时，长和宽分别为 20 和 10，那么可以确定长方形的面积是 200。但是对正方形还是这样的吗？

很明显，按照我们刚才定义的正方形的 setHight 和 setWidth 方法，正方形的边长定义成了 20，那么它的面积就会是 400。

因此，这两者的结果是不一样的。在这种情况下可以看出，将正方形建模为长方形的子类并不是一个好的设计。因为我们定义的继承关系是针对类的行为而言，而不是针对字面的理解。从测试类的角度来看，这一过程对正方形和长方形的行为是不同的，因此，如果按刚才的类的声明，得出的模型是会出错的。

因此，为了满足 Liskov 替换原则，设计时要求子类方法的前置条件不能强与父类方法中的前置条件，要求子类方法的后置条件不能弱于父类方法的后置条件。也就是说，要满足 Liskov 替换原则，子类的行为要求宽入严出。

### 4. 接口分离原则（ISP）

"不应该强迫客户依赖于它们不用的方法。接口属于客户，不属于它所在的类层次结构。"通俗地讲，就是不要强迫客户使用他们不会用到的方法，如果强迫用户使用他们不使用的方法，那么这些客户就会面临由于这些不使用的方法的改变所带来的改变。

接口分离原则是说在设计的时候，我们要建立比较小的接口，要采用多个和特定的客户类打交道的接口，这比采用一个通用的接口往往来的要好。例如，假设 ClientA、ClientB 和 ClientC 这三个类需要分别调用 ServiceImp 类中的三个不同的方法 methodA()、methodB()和 methodC()。那么，我们可以只定义一个通用的接口类 Service，让它同时包含 methodA()、methodB()和 methodC()这三个方法的定义，如图 7-5(a)所示。这样，ClientA、ClientB 和 ClientC 都需要通过接口 Service 才能获得 ServiceImp 类所提供的相应方法。此外，我们也可以如图 7-5(b)所示，设计三个不同的小接口类 ServiceA、ServiceB、ServiceC，分别包含 methodA()、methodB()和 methodC()的方法定义。这样，ClientA 只需对应接口 ServiceA，ClientB 对应接口 ServiceB，ClientC 对应接口 ServiceC，它们就可以分别获得 ServiceImp 类所提供的相应服务。

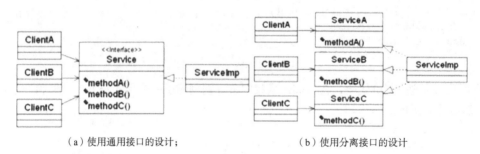

（a）使用通用接口的设计；　　　　　　　　　（b）使用分离接口的设计

图 7-5　不同接口设计之比较

总体来说，接口分离的原则只是一个相对的建议。使用通用接口的好处是，对于客户端来说，只需要知道一个接口的信息就好。但是采用了分离接口的话，就意味着每一个接口的修改，它的波及范围比较小，所以这是一个权衡利弊的过程。

### 5. 依赖倒置原则（DIP）

"抽象不应该依赖于细节。细节应该依赖于抽象。"也就是说，"高层不应该依赖于底层，两者都应该依赖于抽象。"方法是将类孤立在依赖于抽象形成的边界后面。这样，即使在那些抽象后面所有的细节发生了变化，我们的类仍然是安全的。这有助于保持低耦合，使设计更容易改变。

图 7-6 给出的是结构化设计中模块间的依赖关系。可以看出，主程序依赖更大的模块，大的模块又依赖更细粒度的模块。因此，这和依赖倒置原则所倡导的尽量依赖抽象的接口而不依赖具体的类是背道而驰的。

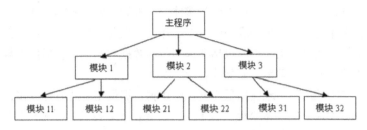

图 7-6　结构化设计中模块间的依赖关系

图 7-7 所示为面向对象中的依赖强调在顶层具体的客户类之间以及具体类之间，建立抽象的接口和抽象类定义，这样就能够确保无论是程序的应用场景发生变化，还是底层的具体实现发生变化，都能够保证其中间的程序的结构保持相对的稳定性，确保程序的整体的演化能够很好地进行。

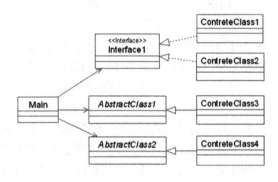

图 7-7　面向对象设计中模块间的依赖关系

总之，好的系统设计有着公共的特征。首先，它是用户友好的，易于开发人员理解的，可靠性强、易于扩展、容易移植、伸缩性好，又可以重用。简而概之，好的系统看起来简单，用起来简单，实现起来简单，理解、维护都简单。

不好的系统或者是已经逐渐老化的软件系统，其特征就是相反的。修改难、非常脆弱、难以移植、代码很难重用、设计的黏性和环境的黏性都非常强，各方面的效率都非常低。软件总有一个老化的过程，这是由需求的变更、技术的更迭导致的。如果是一个好的、良构的系统，它一定是可以让老化的周期变得更长，能够维持稳定，相对能够运行的时间要久一些。

# 7.3　类图建模

类、对象和它们之间的关系，是面向对象技术中最基本的元素。类图用于描述系统中所包含的类以及它们之间的相互关系，帮助人们简化对系统的理解。类图技术是面向方法的核心，它是系统分析和设计阶段的重要产物，也是系统编码和测试的重要模型依据。

## 7.3.1　类的定义

类封装了数据和行为，是面向对象的重要组成部分，它是具有相同属性、操作、关系的对象集合的总称。在系统中，每个类都具有一定的职责，职责指的是类要完成什么样的功能，要承担什么样的义务。一个类可以有多种职责，设计得好的类一般只有一种职责。在定义类的时候，将类的职责分解成为类的属性和操作（即方法）。类的属性即类的数据职责，类的操作即类的行为职责。设计类是面向对象设计中最重要的组成部分，也是最复杂和最耗时的部分。

在软件系统运行时，类将被实例化成对象，对象对应于某个具体的事物是类的实例。

类图（class diagram）使用出现在系统中的不同类来描述系统的静态结构，它用来描述不同的类以及它们之间的关系。与数据模型不同的是，它不仅显示了信息的结构，也包含了系统的行为。

在系统分析与设计阶段，类通常可以分为实体类、控制类和边界类三种。

（1）实体类：实体类对应系统需求中的每个实体，它们通常需要保存在永久存储体中，一般使用数据库表或文件来记录，实体类既包括存储和传递数据的类，也包括操作数据的类。实体类来源于需求说明中的名词，如学生、商品等。

（2）控制类：控制类用于体现应用程序的执行逻辑，提供相应的业务操作，将控制类抽象出来可以降低界面和数据库之间的耦合度。控制类一般是由动宾结构的短语（动词+名词）转化来的名词，如增加商品对应有一个商品增加类、注册对应有一个用户注册类等。

（3）边界类：边界类用于对外部用户与系统之间的交互对象进行抽象，主要包括界面类，如对话框、窗口、菜单等。

在面向对象分析和设计的初级阶段，通常首先识别出实体类，绘制初始类图，此时的类图也可称为领域模型，包括实体类及它们之间的相互关系。

例如，图 7-8 建模的就是雇员（employee）这样一个类的对象的行为。每一个雇员我们都关注他的姓名（name）、员工号（employee#）、所属的部门（department）。而关于雇员，可以提供的相关服务包括受雇 hire()、解雇 fire() 以及项目任务的分配 assignproject()。

所以通过这个模型，就可以知道在当前问题的上下文下，我们关注的是这个类对象的哪些方面的性质和行为，以及它将和其他的外部对象发生什么样的交互关系。

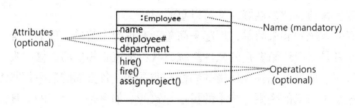

图 7-8　雇员（employee）类的设计

在 UML 类图中，类一般由三部分组成。

（1）第一部分是类名。每个类都必须有一个名字，类名是一个字符串。

（2）第二部分是类的属性（attributes）。属性是指类的性质，即类的成员变量。一个类可以有任意多个属性，也可以没有属性。在为类选取属性的时候，要考虑的是通过这些定义的属性，我们能够描述并区分该类对象。通常，我们只把系统感兴趣的那些特征放在类的属性定义中。UML 规定属性的表示方式为：

可见性 名称:类型 [ = 缺省值 ]

其中：

“可见性”表示该属性对于类外的元素而言是否可见，包括公有（public）、私有（private）和受保护（protected）三种，在类图中分别用符号+、-和#表示。

① 公有属性：就是所有对象都可以访问的属性。在建模过程中，我们应该尽量避免使用公有属性，因为它破坏了数据封装的原则，而应该尽量多地用私有属性。

② 私有属性：是那些只能自己访问的信息对象。

③ 受保护的属性：是指只有它的直接的子类对象可以访问的那些属性。

“名称”表示属性名，用一个字符串表示。

“类型”表示属性的数据类型，可以是基本数据类型，也可以是用户自定义类型。

“缺省值”是一个可选项，即属性的初始值。

（3）第三部分是类的操作（operations）。操作是类的任意一个实例对象都可以使用的行为，是类的成员方法。UML 规定操作的表示方式为：

可见性 名称(参数列表) 〔 : 返回类型〕

其中：

"可见性"的定义与属性的可见性定义相同。

"名称"即方法名，用一个字符串表示。

"参数列表"表示方法的参数，其语法与属性的定义相似，参数个数是任意的，多个参数之间用逗号","隔开。

"返回类型"是一个可选项，表示方法的返回值类型，依赖于具体的编程语言，可以是基本数据类型，也可以是用户自定义类型，还可以是空类型（void），如果是构造方法，则无返回类型。

例如，在图 7-9 所示的类图中，操作 method1 的可见性为 public(+)，带入了一个 Object 类型的参数 par，返回值为空（void）；操作 method2 的可见性为 protected(#)，无参数，返回值为 String 类型；操作 method3 的可见性为 private(-)，包含两个参数，其中一个参数为 int 类型，另一个为 int[]类型，返回值为 int 类型。

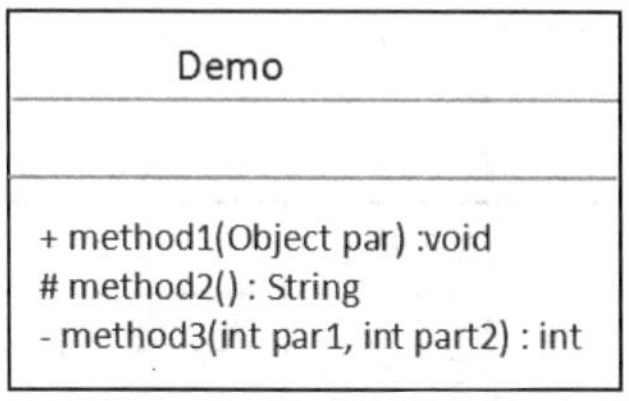

图 7-9　类图示意图

## 7.3.2　类关系

在应用系统中的对象并非孤立存在的，对象之间存在着千丝万缕的联系。我们就用类关系来建模对象之间的关系。在 UML 中，类与类之间主要有关联关系、泛化关系（也就是继承关系）、依赖关系和实现关系几种类型的关系。

### 1. 关联关系

关联（association）关系是类与类之间最常用的一种关系，它是一种结构化关系，用于表示一类对象与另一类对象之间有联系，如汽车和轮胎、师傅和徒弟、班级和学生等。在 UML 类图中，用实线连接有关联关系的对象所对应的类，在使用 Java、C#和 C++等编程语言实现关联关系时，通常将一个类的对象作为另一个类的成员变量。在使用类图表示关联关系时可以在关联线上标注角色名，一般使用一个表示两者之间关系的动词或者名词表示角色名（有时该名词为实例对象名），关系的两端代表两种不同的角色，因此在一个关联关系中可以包含两个角色名，角色名不是必需的，可以根据需要增加，其目的是使类之间的关系更加明确。

在一个登录界面类 LoginForm 中包含一个 JButton 类型的注册按钮 loginButton，它们之间可以表示为关联关系，如图 7-10 所示，代码实现时可以在 LoginForm 中定义一个名为 loginButton 的属性对象，其类型为 JButton。

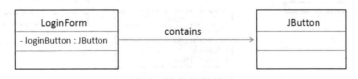

图 7-10　关联关系实例

按照关联关系所连接的类的数量，可以将类之间的关联分为自返关联、二元关联以及 N 元关联三类。

（1）自返关联（recursive association）：在系统中可能会存在一些类的属性对象类型为该类本身，这种特殊的关联关系称为自返关联。它虽然只有一个被关联的类，但是却有两个关联端，每个关联端在这个关系中所扮演的角色是不同的。一个节点类（node）的成员又是节点 Node 类型的对象，如图 7-11 所示。

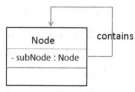

图 7-11　自返关联实例

（2）二元关联（binary association）：是我们最常见的类与类之间的关联关系，它表达的是在两个类之间发生的关联。

（3）N 元关联（n-array association）：N 元关联关系又称为重数性（multiplicity）关联关系，表示两个关联对象在数量上的对应关系。在 UML 中，对象之间的多重性可以直接在关联直线上用一个数字或数字范围表示。对象之间可以存在多种多重性关联关系，常见的多重性表示方式如表 7-1 所列。

表 7-1　　　　　　　　　对象之间的多重性关联关系的表示

| 表达方式 | 多重性说明 |
| --- | --- |
| 1..1 | 表示另一个类的一个对象只与该类的一个对象有关系 |
| 0..* | 表示另一个类的一个对象与该类的零个或者多个对象有关系 |
| 1..* | 表示另一个类的一个对象与该类的一个或者多个对象有关系 |
| 0..1 | 表示另一个类的一个对象没有或只与该类的一个对象有关系 |
| m..n | 表示另一个类的一个对象与该类最少 m，最多 n 个对象有关系(m≤n) |

关联是模型元素间的一种语义关系，是对具有共同的结构特征、行为特征、关系和语义链的描述。在类图中关联用一条把类连接在一起的实线来表示，关联至少有两个关联端，每个关联端连接到一个类。关联可以有方向，有方向的关联类称为单向关联，没方向的类称为双向关联。通过给关联加上关联名，我们可以描述关联的作用是什么。关联的名字通常是用动词来表示的，关联的命名原则是要看这个命名是否有助于我们理解该模型。还有关联的多样性的定义，以及类在这个关联关系中所处的角色的定义。

关联本身也有一些性质。我们通过关联类来进一步描述关联的属性、操作以及其他的信息。关联类通过一条虚线和关联的实线相联系，保存关联关系本身的信息。比如，在图 7-12 中，title 类对象存储的是在车主和车辆之间的所属关系有关的信息，包括是哪一年购买、购买时的里程数、当时所付的钱数以及新注册的号牌。

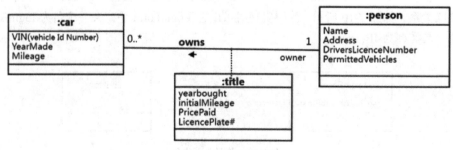

图 7-12　关联类实例

表达整体与部分关系的聚合和组合关系，是关联关系的一个特例。

（1）聚合（aggregation）：表达的是一个整体对象和它的成员对象之间的关系。聚合关系中，代表部分事物的对象是可以属于多个聚合对象的。也就是说，它可以在多个整体对象之间共享，还可以随时改变它所从属的那个整体对象。部分对象和整体对象的生存期是无关的。一旦删除了一个聚合对象，这个部分对象仍然是能够独立存在的。例如，汽车发动机（Engine）是汽车（Car）的组成部分，但是汽车发动机可以独立存在，因此，汽车和发动机是聚合关系。在 UML 中，聚合关系用带空心菱形的直线表示。

（2）组合（composition）：是聚合的一个特例，它所代表的是一个整体对象和部分组成之间的关系。两者之间的所属关系更强，当整体对象不存在的时候，部分类的对象也不存在。反之亦然。整体类对象撤销之前，要负责将它全部的部分类对象撤销。也就是说，代表整体事物的组合对象要负责创建和删除代表部分对象的那个成员，代表部分对象的事物只能从属于一个整体对象。一旦删除了整体，部分也随之消亡。例如，人的头（Head）与嘴巴（Mouth），嘴巴是头的组成部分之一，而且如果头没了，嘴巴也就没了，因此头和嘴巴是组合关系。在 UML 中，组合关系用带实心菱形的直线表示。

在确定了类的行为和属性以后，我们其实是很容易对这两种情况进行区分的。例如，一个窗口和它附属的按钮应该定义为组合关系。因为两者具有相同的生命周期，一个的破坏会导致另一个的消亡。反之，一个由同类元素组成的集合和其个体元素之间应该是聚合关系，因为元素的创建和消亡并不完全同步。

在生成代码的时候，我们需要为组合关系类考虑同步问题，而聚合关系则不需要。聚合关系的实例之间是有传递关系的，是一个偏序关系。那么聚合和关联关系的区别在于，聚合关系的实例是不能形成环的。运用聚合和组合，简化了对象的定义，更好地支持软件重用。

### 2. 泛化关系

在面向对象的设计中，我们希望通过子类继承父类的属性、关联和操作来实现重用，支持抽象。而子类在继承的过程中，当发现有特殊的情况要处理时，它也可以覆盖继承得来的那些属性和操作。

泛化（generalization）关系也就是继承关系，用于描述父类与子类之间的关系，父类又称作基类或超类，子类又称作派生类。在 UML 中，泛化关系用带空心三角形的直线来表示。在代码实现时，我们使用面向对象的继承机制来实现泛化关系，如在 Java 语言中使用 extends 关键字、在 C++/C#中使用冒号 "：" 来实现。例如，Student 类和 Teacher 类都是 Person 类的子类，Student 类和 Teacher 类继承了 Person 类的属性和方法，Person 类的属性包含姓名（name）和年龄（age），每一个 Student 和 Teacher 也都具有这两个属性，另外 Student 类增加了属性学号（studentNo），Teacher 类增加了属性教师编号（teacherNo），Person 类的方法包括行走 move()和说话 say()，Student 类和 Teacher 类继承了这两个方法，而且 Student 类还新增方法 study()，Teacher 类还新增方法 teach()。

继承关系的定义，主要通过学习当前领域的分类学知识以及常识上事物的分类方法来获得。继承关系建模的意义在于，当系统的环境发生变化的时候，我们可以为它增加新的子类来处理新发生的特殊情况。继承或者泛化关系建模可以有两种方式。

（1）自顶向下：将某个类分割为属性和操作具有特殊性的子类，或者发现关联关系定义的是分类关系 "kind of"。

（2）自底向上：为既有的多个具有公共属性和方法的类，定义抽象的父类。

这两者在现实中都会发生。因此，我们可以根据情况灵活掌握，最主要是要考察类的属性和操作，是否有特性或者共性，看两个类的对象之间是否存在父子关系。

### 3. 依赖关系

依赖关系是一种使用关系，特定事物的改变有可能会影响到使用该事物的其他事物，在需要表示一个事物使用另一个事物时使用依赖关系。大多数情况下，依赖关系体现在某个类的方法使用另一个类的对象作为参数。在 UML 中，依赖关系用虚箭线表示，由依赖的一方指向被依赖的一方。例如，驾驶员开车，在 Driver 类的 drive()方法中将 Car 类型的对象 car 作为一个参数传递，以便在 drive()方法中能够调用 car 的 move()方法，且驾驶员的 drive()方法依赖车的 move()方法，因此类 Driver 依赖类 Car。

### 4. 实现关系

在很多面向对象语言中引入了接口的概念，如 Java、C#等。在接口中通常没有属性，而且所有的操作都是抽象的，只有操作的声明，没有操作的实现。UML 中用与类的表示法类似的方式表示接口。

接口之间也可以有与类之间关系类似的继承关系和依赖关系，但是接口和类之间还存在一种实现（Realization）关系。在这种关系中，类实现了接口，类中的操作实现了接口中所声明的操作。在 UML 中，类与接口之间的实现关系用带空心三角形的虚线来表示。例如，定义了一个交通工具接口 Vehicle，包含一个抽象操作 move()，在类 Ship 和类 Car 中都实现了该 move()操作，不过具体的实现细节将会不一样。

## 7.3.3 类图建模

在类图建模的过程中，我们要识别类，定义类的名字，定义属性的名字，定义这个类的操作，并建立类和类之间的继承关系、组合关系和聚合关系，定义这些关联关系的多样性、方向和名字。这样就完成了一个基本的类图建模的过程。

在软件开发的不同阶段，都会使用到类图。但是类图的抽象层次是不一样的，主要分为早期的分析阶段的概念类、设计阶段的说明类和最后实现阶段的实现类这三种层次的类图。概念类、设计说明类和实现类的划分最先是由 Steve Cook 和 John Daniels 引入的，它们内部包含的信息的丰富程度以及变量定义的准确程度是不一样的。

由图 7-13 可以看出，在早期的概念类中，更多地是把类实体定义出来。在设计说明阶段，是要把类的属性和代表它行为的这些操作定义出来。而在实现类中，类图是和代码实现基本对应的。也就是这个时候，类型已经定义出来，参数的具体的类型要与程序设计语言相对应。

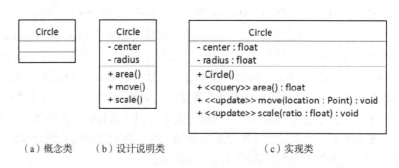

（a）概念类　（b）设计说明类　（c）实现类

图 7-13　不同抽象层次的类图

总的来说，建立类图的步骤如下。

（1）研究分析问题领域，确定系统的需求。

（2）发现对象和类，明确它们的含义和职责，确定类的属性和操作。

（3）发现类之间的关系，把类之间的关系用关联、泛化、聚集、组合、依赖等关系表达出来，并进一步细化。

（4）设计类和类之间的关系，解决类似命名冲突、功能重复等问题。

（5）绘制类图并增加相应的说明。

# 7.4　CRC 卡片分拣法

CRC（Class-Responsibility-Collaboration）卡片分拣法是从文档中提取类定义的最常用方法之一。通过 CRC 卡片分拣的过程，我们可以了解类的识别和类定义内容的最主要的方面。一般来说，可以在用例描述中找出相应的名词候选类，然后采用 CRC 卡片分拣法寻找和确定类。

CRC 实际上就是图 7-14 所示的一组表示类的索引卡片，每张卡片分成三个部分，它们分别描述了类名、类的职责、类的协作者。在 CRC 卡片分拣法中，首先需要提取的是类的定义，然后再为当前定义的这个类寻找它应该完成的职责以及和它有交互关系的其他的类。

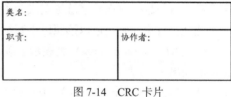

图 7-14　CRC 卡片

CRC 卡片分拣法提供识别和组织与产品相关的类。一旦系统的基本使用场景确定后，则要标识候选类，指明它们的职责和协作，即类—职责—协作者：

职责是与类相关的属性和操作，即职责是类知道要做的事情；

协作者是为某类提供完成责任所需要的信息的类，即协作类；

CRC 方法提供了一种简单标识和组织与系统或产品需求相关的类的手段。

CRC 卡片相当于把在问题描述中得到的相关的类都找出来，并且定义它们的职责以及类与类之间的交互关系。CRC 模型的建模大致包括以下 5 个步骤。

（1）标识潜在的对象类。通常陈述中的名词或名词短语是可能的潜在对象，它们以不同的形式展示出来，如下所示。

① 外部实体。如其他系统、设备、人员等，它们生产或消费计算机系统所使用的信息。

② 物件。是问题信息域的一部分，包括诸如报告、显示、信函、信号等。

③ 发生的事情或事件。它们通常出现在系统运行的环境中，如性能改变或完成一组机器人移动动作这样的事件。

④ 角色。与系统交互的人，如管理者、工程师、销售员。

⑤ 组织单位。与一个应用有关的部门、小组或团队。

⑥ 场所。建立问题和系统所有功能的环境的制造场所、装载码头等。

⑦ 构造物。计算机等定义一类对象或者定义对象的相关类。

通过回答下列问题可以识别潜在的对象。

① 是否有要储存、转换、分析或处理的信息。

② 是否有外部系统。

③ 是否有模式、类库和构件。

④ 是否有系统必须处理的设备。

⑤ 是否有组织部分（organizational parts）。

⑥ 业务中的执行者扮演什么角色。这些角色可以看作类，如客户、操作员等。

（2）筛选对象类，确定最终对象类。可以用以下选择特征来确定最终的对象。

① 保留的信息。仅当必须记住有关潜在对象的信息系统才能运作时，则该潜在对象在分析阶段是有用的。

② 需要的服务。潜在对象必须拥有一组可标识的操作，它们可以按某种方式修改对象属性的值。

③ 多个属性。在分析阶段，关注点应该是 较大的 信息。仅具有单个属性的对象在设计时可能有用，但在分析阶段，最好把它表示为另一个对象的属性。

④ 公共属性。可以为潜在的对象定义一组属性，这些属性适用于该类的所有实例。

⑤ 公共操作。可以为潜在的对象定义一组操作，这些操作适用于该类的所有实例。

⑥ 必要的需求。出现在问题空间中的外部实体以及对系统的任何解决方案的实施都是必要的生产或消费信息，它们几乎总是定义为需求模型中的类。

此外，对象和类还可以按照以下特征进行分类。

① 确切性（Tangibility）。类表示了确切的事物（如键盘或传感器）还是表示了抽象的信息（如预期的输出）。

② 包含性（Inclusiveness）。类是原子的还是聚合的，即类不包含任何其他类或至少包含一个嵌套的对象。

③ 顺序性（Sequentiality）。类是并发的还是顺序的，即拥有自己的控制线程还是被外部的资源控制。

④ 持久性（Persistence）。类是短暂的、临时的还是永久的，即类在程序运行期间被创建和撤销，还是在程序运行期间被创建，在程序终止时被撤销，抑或一直存放在数据库中。

⑤ 永久对象（Persistent Object）：其生存周期可以超越程序的执行时间而长期存在的对象。

⑥ 完整性（Integrity）：类是易被侵害的还是受保护的，即类完全不防卫其资源受外界的影响还是该类强制控制对其资源的访问。

（3）标识职责。职责是与类相关的属性和操作，简单地说，责任是类所知道或要做的任何事情。

① 标识属性。属性表示类的稳定特征，即为了完成客户规定的目标所必须保存的类的信息，一般可以从问题陈述中提取出或通过对类的理解而辨识出属性。分析员可以再次研究问题陈述，选择那些应属于该对象的内容，同时对每个对象回答下列问题："在当前问题范围内，什么数据项完整地定义了该对象？"

② 定义操作。操作定义了对象的行为并以某种方式修改对象的属性值。操作可以通过对系统的过程叙述的分析提取出来，通常叙述中的动词可作为候选的操作。类所选择的每个操作展示了类的某种行为。

操作大致可分为以下三类。

a. 以某种方式操作数据的操作，如增删、重新格式化或选择。

b. 完成某种计算的操作。

c. 为控制事件的发生而监控对象的操作。

（4）标识协作者。一个类可以用它自己的操作去操纵它自己的属性，从而完成某一特定的职责，一个类也可和其他类协作来完成某个职责。如果一个对象为了完成某个职责需要向其他对象发送消息，则我们说该对象和另一对象协作。协作实际上标识了类间的关系。

为了帮助标识协作者，可以检索类间的类属关系。如果两个类具有整体与部分关系，即一个对象是另一个对象的一部分，或者一个类必须从另一个类获取信息，或者一个类依赖于另一个类，则它们之间往往有协作关系。

（5）复审 CRC 卡片。在填写好所有 CRC 卡后，应对它进行复审。复审应由客户和软件分析员参加，复审方法如下。

① 参加复审的人，每人拿 CRC 卡片的一个子集。对于有协作关系的卡片要分开，即没有一个人持有两张有协作关系的卡片。

② 将所有用例/场景分类。

③ 复审负责人仔细阅读用例，当读到一个命名的对象时，将令牌传送给持有对应类的卡片的人员。

④ 收到令牌的类卡片持有者要描述卡片上记录的职责，复审小组将确定该类的一个或多个责任是否满足用例的需求。当某个职责需要协助时，将令牌传给协作者，重复此步骤。

⑤ 如果卡片上的职责和协作不能适应用例，则需对卡片进行修改，这可能导致定义新的类或在既有卡片上刻画新的或修正的职责和协作者。

重复以上步骤直至所有的用例都完成为止。

# 7.5 设计模式

人们常常在不同的软件里碰到相同的设计难题。于是就尝试着用一种面向对象的方式来开发软件，利用面向对象设计原则来让最终的代码更容易管理、重用和扩展。这么多年以来，遭遇同样问题的人们早已发现了许多很棒的解决方案，而且把它们标准化过了。这些标准化的方案就称为设计模式。

设计模式指的是一种多次出现的设计结构或解决方案。如果对它们进行系统的归类，即可被重用，可以构成不同设计之间通信的基础。设计模式由少量类组成，这些类通过授权和继承，向用户提供一种鲁棒性好且可做修改的解决方案。这些类在进行改造后能够适用于在建的具体系统。

第一本关于软件设计模式的著作是由 GOF——Erich Gamma、Richard Helm、Ralph Johnson 和 John Vlissides 撰写的，名为《设计模式：可重用面向对象软件的基本元素》。在这本书里他们归纳了 23 个最基本的设计模式，如图 7-15 所示。目前面向对象的设计模式很多，但一般认为这 23 个模式是其他模式的基础。

| | 创建型 | 结构型 | 行为型 |
|---|---|---|---|
| 类 | Factory Method | Adapter_Class | Interpreter<br>Template Method |
| 对象 | Abstract Factory<br>Builder<br>Prototype<br>Singleton | Adapter_Object<br>Bridge<br>Composite<br>Decorator<br>Facade<br>Flyweight<br>Proxy | Chain of Responsibility<br>Command<br>Iterator<br>Mediator<br>Memento<br>Observer<br>State<br>Strategy<br>Visitor |

图 7-15 GOF 的 23 个最基本的设计模式

设计模式不是基于理论发明的。相反，总是先有问题场景，再基于需求和情景不断演化设计方案，最终将一些方案标准化为"模式"。所以，我们在讨论每一个设计模式时，要尽量用生活中的真实问题来理解和分析。然后尝试一步步地阐述设计，并以一个能匹配某些模式的设计收尾。下面以桥梁模式为例，说明如何理解和使用设计模式。

## 7.5.1 桥梁模式

首先使用生活中的真实问题以帮助理解和分析桥梁模式。

### 1. 真实问题场景描述

我们的房间里总有诸如电灯或风扇等电器。这些电气设备按照某些方式布局，并由开关控制。任何时候你都能替换或排查一个电器而不用碰到其他东西。例如，你可以换一个电灯而不需要换开关。同样，你可以换一个开关或排查它而不需要碰到或替换相应的电灯或风扇；甚至你可以把电灯连接到风扇的开关上，把风扇连到电灯的开关上，而不需要碰到开关。

### 2. 解决方案

当不同东西联系在一起时，它们应该按照一定方式联系：修改或替换一个系统时不会影响到另一个，或者说即便有，也应该最小化。这能够让你的系统易于管理，且成本低。显然，是电线以及其他的电工手段把电灯/电风扇与开关连接起来的，因此，可以将电线概括为沟通不同系统的桥梁。该设计方案的基本思想是，一个事物不能直接连接另一个事物。当然，它们能够通过一些桥梁或接口连接起来。在软件世界里，这称为"松耦合"。

### 3. 软件设计

那么，在软件世界里，电灯/风扇和开关是如何设计并联系起来的呢？

假设存在几种开关，如普通的开关、漂亮的开关等，保证每种开关都能够打开和关闭。这样，就可以设计一个开关基类 Switch：

```
public class Switch {
public void On() {
//打开开关
}
public void Off() {
//关闭开关
}
}
```

接下来设计一些具体的开关类。例如，一个漂亮开关类 FancySwitch 和一个普通开关 NormalSwitchnd 类，它们都继承基类 Switch。显然，这两个具体类都有各自的属性和行为，这里，将它们简化如下：

```
public class NormalSwitch : Switch {
}
public class FancySwitch : Switch {
}
```

对于开关，我们能够使用一个开关基类 Switch 描述它们的共同特征。但是与开关不一样，风扇和电灯是两个不同的事物。因此，相比定义一个共同的基类，接口的定义可能更为合适。一般来说，电灯和电扇都是电器，这里，我们可以定义一个接口 IElectricalEquipment 作为对电灯和风扇的抽象。因为每种电器都有些相同的功能，都可以打开和关闭，所以接口可定义为：

```
public interface IElectricalEquipment {
void PowerOn(); //每种电器都能打开
void PowerOff(); //每种电器都能关闭
```

```
}
```

　　现在需要一座桥梁将开关和电器连起来。在现实生活中，电线是桥梁。在对象设计中，开关知道如何打开和关闭电器，电器可以以某种方式联系到开关上。这里没有电线，那么让电器连接到开关的唯一方式就是封装。但是开关并不能直接知道相连的电器是风扇还是电灯。开关只知道一个电器 IElectricalEquipment 能够打开或关闭。这意味着，ISwitch 应该有一个 IElectricalEquipment 类的实例。对风扇或电灯封装的实例就是一个桥梁，因此修改 Switch 类以便封装一个电器：

```
public class Switch {
public IElectricalEquipment equipment {
get;
set;
}
public void On() {
//开关打开
}
public void Off() {
//开关关闭
}
}
```

　　风扇和电灯都是电器，所以它们都简单实现了 IElectricalEquipment 接口。它们的定义如下所示：

```
public class Fan : IElectricalEquipment {
public void PowerOn() {
Console.WriteLine("风扇打开");
}
public void PowerOff() {
Console.WriteLine("风扇关闭");
}
}
public class Light : IElectricalEquipment {
public void PowerOn() {
Console.WriteLine("电灯打开");
}
public void PowerOff() {
Console.WriteLine("电灯关闭");
}
}
```

　　现在来看开关类如何工作。当开关打开/关闭的时候，它应当能够打开/关闭所连接的电器，关键就是：

　　（1）当开关按下开时，连接的电器也应该打开；

　　（2）当开关按下关时，连接的电器也应该关闭。

　　因此进一步完善开关类：

```
public class Switch {
public IElectricalEquipment equipment {
get;
set;
}
public void On() {
Console.WriteLine("开关打开");
equipment.PowerOn();
```

```
}
public void Off() {
Console.WriteLine("开关关闭");
equipment.PowerOff();
}
}
```

最终的实现代码大致如下:

```
static void Main(string[] args) {
//构造电气设备:风扇,开关
IElectricalEquipment fan = new Fan();
IElectricalEquipment light = new Light();

//构造开关
Switch fancySwitch = new FancySwitch();
Switch normalSwitch = new NormalSwitch();

//把风扇连接到开关
fancySwitch.equipment = fan;

//开关连接到电器,那么当开关打开或关闭时电器应该打开/关闭
fancySwitch.On();
fancySwitch.Off();

//把电灯连接到开关
fancySwitch.equipment = light;
fancySwitch.On();        //打开电灯
fancySwitch.Off();       //关闭电灯
}
```

从这个例子可以看到,连接一个抽象电器到一个开关(通过封装),能够使得开关或电器的改变不会对对方产生影响。这就是 GOF 所提出的一种设计模式——桥梁模式。

### 4. GOF 之桥梁模式(Bridge)

桥梁模式就是"将抽象部分与实现部分分离,使它们都可以独立地变化",如图 7-16 所示。桥梁模式接口是通过抽象类 Abstraction 实现的,其行为是通过选择的具体实现器类 ConcreteImplemetor 来实现的。这个设计模式通过实现新的求精抽象类 RefinedAbstraction 或具体实现器类 ConcreteImplementor 来进行扩展,是一个关于将定义继承和授权结合起来以达到重用和灵活性的经典例子。

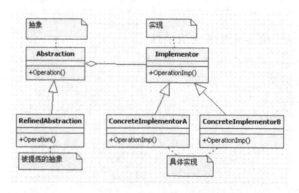

图 7-16　桥梁模式图

一方面，用于抽象实现器 Implementor 接口与具体实现器 ConcreteImplementor 之间使用规格说明继承。那么，每一个从抽象 Abstraction 转换到求精抽象 RefinedAbstraction 的具体类实现器 ConcreteImplementor 能在运行期间被透明地替换。这也同样确保了一旦需要新增一个具体类实现器 ConcreteImplementor 时，开发者将要确保提供和其他所有具体实现器 ConcreteImplementor 一样的行为。

另一方面，通过使用授权将抽象 Abstration 和实现器 Implementor 进行分离。这也确保了能够在 Bridge 的两边分配不同的行为。

很显然，上面关于开关控制电灯/电扇的实例完美遵循了桥梁模式的定义。在这里，Abstraction 是开关基类 Switch，RefinedAbstraction 是具体开关类 FancySwitch 和 NormalSwitch，Implementor 是电器接口 IElectricalEquipment，ConcreteImplementorA 和 ConcreteImplementorB 是电灯类 Light 和风扇类 Fan。

桥梁模式是所有面向对象设计模式的基础，原因如下。

（1）它能教你如何抽象地思维，这是面向对象设计模式的关键。

（2）它实现了基本的面向对象设计原则。

（3）它很好理解。如果你能正确地理解它，学习其他模式就易如反掌了。

一般来说，在以下情况下应当使用桥接模式。

（1）如果一个系统需要在构件的抽象化角色和具体化角色之间添加更多的灵活性，避免在两个层次之间建立静态的联系。

（2）设计要求实现化角色的任何改变不应当影响客户端，或者实现化角色的改变对客户端是完全透明的。

（3）需要跨越多个平台的图形和窗口系统上。

（4）一个类存在两个独立变化的维度，且两个维度都需要进行扩展。

## 7.5.2　其他常用 GOF 模式

### 1．适配器模式（Adapter）

原理：将一个类的接口转换成用户希望的另一个接口，使原本由于接口不兼容而不能一起工作的那些类可以一起工作。图 7-17 所示为适配器模式。

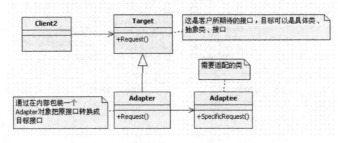

图 7-17　适配器模式

应用场合如下。

（1）你希望使用一个已经存在的类，但它的接口不符合你的要求。

（2）你希望创建一个可以复用的类，该类可以与其他不相关的类或不可预见的类（即那些接口可能不一定兼容的类）协同工作。

（3）（仅适用于对象 adapter），你希望使用一些已经存在的子类，但是不可能对每一个都进行子类化以匹配它们的接口。对象适配器可以适配它的父类接口。

## 2. 策略模式（Strategy）

原理：定义一组算法，并把其封装到一个对象中。然后在运行时，可以灵活地使用其中的一个算法。图 7-18 所示为策略模式。

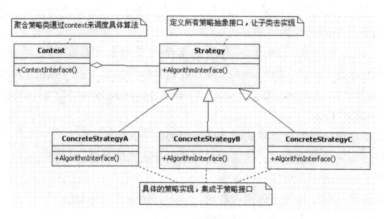

图 7-18　策略模式

应用场合如下。

（1）多个类只区别在表现行为不同，可以使用 Strategy 模式，在运行时动态选择具体要执行的行为。

（2）需要在不同情况下使用不同的策略，或者策略还可能在未来用其他方式实现。

（3）对客户隐藏具体策略（算法）的实现细节，彼此完全独立。

## 3. 抽象工厂模式（Abstract factory）

原理：抽象工厂模式的一个主要目的是把所生成的具体类相分离，这些类的实际名称被隐藏在工厂中，在客户级不必了解。图 7-19 所示为抽象工厂模式。

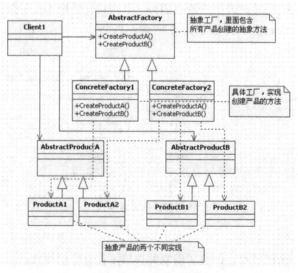

图 7-19　抽象工厂模式

应用场合如下。

（1）一个系统要独立于它的产品的创建、组合和表示时。

（2）一个系统要由多个产品系列中的一个来配置时。

（3）当你强调一系列相关的产品对象的设计以便进行联合使用时。

（4）当你提供一个产品类库，而只希望显示它们的接口而不是实现时。

### 4. 组合模式（Composite）

原理：将对象组合成树形结构以表示"部分—整体"的层次结构。"Composite"使得用户对单个对象和组合对象的使用具有一致性。图 7-20 所示为组合模式。

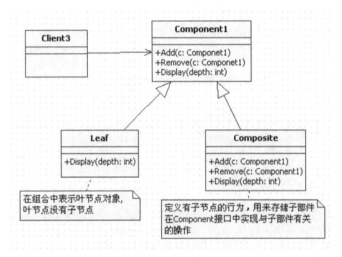

图 7-20　组合模式

应用场合如下。

（1）你希望用部分—整体结构层次。

（2）你希望用户忽略组合对象与单个对象的不同，用户将统一地使用组合结构中的所有对象。

# 习题七

1. 按如下要求画出类图：一本书由多章组成，各章又由数小节组成。其中，

（1）每本书，包括出版社、出版日期和 ISBN 这些属性。

（2）每一章有标题、章数以及摘要。

（3）每小节包括节标题和小节号。

画类图时，请注意区分类与类之间的关系。

2. 什么是设计模式？设计模式的目标是什么？

3. 面向对象的五大设计原则有什么？

4. GOF 设计模式常用的有几种？GOF 设计模式按照模式的目的可分为哪三类？

5. 试述针对接口编程，不针对实现编程的意义。

6. 考虑一个支持软件开发的工作流系统。这个系统使得管理人员可以对开发者在方法和工作成果应该遵守的过程建模。管理人员可以给每个开发者分配特定的任务，并对工作成果的完成设

置一个最后时限。这个系统支持很多类型的工作成果，包括规格化的文本、图片和 URL。开发者在编辑工作流时，能够动态地在运行时设置每一个工作的类型。假设你的一个设计目标是设计系统使得将来可以加入更多的工作成果类型，你将选用哪种设计模式来描述工作成果？

7. 将一个系统分解成多个子系统会降低复杂性，同时设计者是通过简化各模块、增加这些模块的一致性来处理这一复杂性的。但分解后常常会增加另一些不同的复杂性，如更小的模块意味着更多的模块及接口。如果内聚是让设计者将子系统分解成更小的指导性原则，那么让设计者保持各模块数量之和比较小的原则是什么呢？

# 第8章
# 编写高质量代码

软件开发的最终目的，是将软件的定义、描述和设计转换成计算机能理解和执行的程序，即进行程序编码。在软件项目的开发中，主要的困难是需求分析和设计工作，这些工作做好了，就为编码打下了良好的基础，编码只是将软件设计的结果转换成用某种程序设计语言编写的源程序。程序设计语言和开发工具的性能、编程风格与技巧，在相当大的程度上影响着软件的质量和软件的可维护性能。为了保证编码的质量，程序员必须深刻地理解、熟练地掌握并正确地运用程序语言的特性，且要求编写出的程序有良好的结构性和良好的程序设计风格。

## 8.1  程序设计语言

### 8.1.1  程序设计语言的发展及分类

程序设计语言是人与计算机交换信息的中间媒介和工具，是人工设计的语言。软件工程师用它来编写计算机程序，指挥计算机工作。自从数字计算机诞生以来，人们设计并实现了数千种程序设计语言，但是其中只有很少一部分得到了广泛的应用。

按发展历史进程的不同，程序设计语言一般分为低级语言和高级语言，大致经历了五代。第一代语言是指低级语言，后面各代均为高级语言。

低级语言面向机器，与具体机器的体系结构紧密联系，不同型号的计算机对应不同的低级语言。低级语言的指令系统随机器而异，难学难用，编写的程序缺乏通用性且冗长，编制、维护困难；但程序运行速度快，效率高，且易于系统接口。低级语言又分为机器语言和汇编语言。机器语言是数字电子计算机问世后最先使用的计算机编程语言，由0、1构成计算机使用的指令代码，直接被计算机接受。汇编语言采用助记符构成指令系统，汇编语言指令与机器语言指令基本上是一对一的关系。但采用汇编语言编写的程序，需经汇编程序翻译成机器语言程序，才能在相应的计算机上执行。

高级语言面向过程或面向对象，主要特征是不依赖于具体的计算机，程序的通用性强，可移植性好；且由于高级语言是自然语言和数学语言的结合，易学习，易使用。但程序的运行速度相对于低级语言程序较慢。一般按实现计算方式高级语言又分为解释型和编译型两种。

第二代语言是指在20世纪50年代末至20世纪60年代初先后出现的高级语言。其主要特征是脱离机器、面向算法过程，有变量、赋值、自程序、函数调用概念，有少量的基本数据类型、有限的循环嵌套和一般的函数调用等。它们应用广泛，为人们熟悉和接受，有大量成熟的程序库。这一代的主要语言有 FORTRAN、ALGOL、COBOL 和 BASIC 等。

FORTRAN 语言是世界上第一个被正式推广使用的计算机高级语言，它适合于科学计算，数据处理能力极强。长期的发展过程中，其在向量处理和循环优化方面的技术已相当成熟。ALGOL 语言是一种用于描述计算过程的算法语言，其中 ALGOL60 和 ALGOL68 都支持块结构的概念、动态存储分配、递归及其他属性。COBOL 语言是一种广泛应用于商业数据处理的语言，支持与事务数据处理有关的各种过程技术。BASIC 是 20 世纪 60 年代开发的一种初学者的通用符号指令码，其特点是简单易学。

第三代语言也称为结构化编程语言，出现于 60 年代中期。其特点是直接支持结构化构件，具有很强的过程和结构化的能力。这类语言又可分为通用高级语言、面向对象高级语言和专用语言。

通用高级语言的典型代表是 PASCAL、C 及 Ada 语言。PASCAL 是第一个体现结构化编程思想的现代高级语言，它的模块清晰、控制结构完备、有丰富的数据类型和数据结构，且语言表达力强，移植容易，在科学技术、数据处理以及系统软件开发中有较广泛应用。C 语言最初是用来描述 UNIX 和操作系统软件的语言，它提供完善的数据结构，具有较好的分类特性，大量地使用指针，丰富的运算符和数据处理等。它是编写系统软件、编译程序的重要语言之一。Ada 语言是在 PASCAL 的基础上开发出来的，适用于嵌入式计算机系统，是第一个充分体现软件工程思想的语言，既是编程语言又可用作设计表达工具。

面向对象高级语言直接支持类定义、继承、封装和消息传递等概念，使软件工程师能实现面向对象分析和面向对象设计所建立的分析和设计模型。现在使用较为广泛的面向对象高级语言有 Smalltalk、C++、Objective-C、Eiffel 及 Java 等。

Smalltalk 语言是 70 年代早期开发的面向对象的程序设计语言，现在使用这种语言开发软件的很少。现在面向对象语言已形成几大类别：一类是纯面向对象的语言，如 Smalltalk 和 Eiffel；另一类是混合型的面向对象语言，如 C++和 Objective C；还有一类是与人工智能语言结合形成的，如 LOOPS、Flavors 和 CLOS；适合网络应用的有 Java 语言。

专用语言一般应用面窄，语法形式独特，一般翻译过程简便、高效，应用范围较窄，可移植性较小。其中具有代表性的语言有 LISP、PROLOG、APL 及 FORTH 等。LISP 是一种函数型编程语言，PROLOG 是一种逻辑型编程语言，这两种语言广泛用于专家系统和专家系统编译程序的开发。APL 是一种具有专门处理数组和向量运算的编程语言。FORTH 是为微处理机软件开发而设计的编程语言。

第四代语言最早出现于 70 年代末期。其主要特征是用户界面极端友好，是声明式、交互式和非过程式的，有高效的程序代码，软件工程师可以直接使用许多已开发的功能，具备完善的数据库，且具备应用程序生成器。现在使用最广的是数据库查询语言，如 FOXPRO 和 ORACLE 等。随着计算机技术的发展，现在的第四代语言有加入了许多新技术，如事件驱动、分布式数据共享和多媒体技术等。用第四代语言开发的应用可适用于多种数据源，极大地提高了开发效率，降低了开发和维护费用。

第五代语言几乎是与第五代智能计算机同一时期提出的。但就目前而言，其研究工作只能说是刚刚起步，其研究和实现将是一个长期、艰巨的任务。

## 8.1.2　程序设计语言的选择

当开始编写程序时，程序员一般习惯于选择自己熟悉的语言，然而自己熟悉的语言并不一定就是最合适的语言。根据实际需要选择合适的程序设计语言，就会使编码过程中遇到的困难减少，测试工作量减少，且代码维护容易。

一般来说，语言的选择应遵循以下 9 条准则。

（1）软件的应用领域。程序设计语言并不是对所有应用领域都适用的，它们各自具有自己的特点和相对最为适合的应用领域。在实时系统中或很特殊的复杂算法、代码优化要求高的应用领域，如过程控制方面或缩写操作系统、编译系统等系统软件，可以优先考虑使用汇编语言编码、Ada 或 C 等语言；在科学与工程计算领域中，FORTRAN 语言是首选，也可以选择使用 C、PASCAL 等；在信息管理、数据库操作方面，可以选用 COBOL、SQL、FOXPRO、ORACLE、ACCESS 或 DELPHI 语言等；在大量使用逻辑推理和人工智能的专家系统领域，当首选 LISP 或 PROLOG 语言；在网络计算应用中，选择 JAVA 语言较为合适等。

（2）算法和数据结构的复杂性。科学计算、实时处理和人工智能领域中的问题算法较复杂，而数据处理、数据库应用、系统软件领域内的算法简单，数据结构比较复杂，因此选择语言时可考虑语言是否有完成复杂算法的能力，或者是否有构造复杂数据结构的能力。

（3）系统用户的要求。如果软件系统是由用户自己负责维护，通常应该在合适的语言中选用用户较为熟悉的语言。

（4）软件运行环境。软件运行的软件、硬件环境也影响着语言的选择，如只有在汉化操作系统的支持下，才能选用汉化的程序语言处理汉字信息。

（5）软件开发的方法。有时编程语言的选择依赖于开发的方法，如果要用快速原型模型来开发，要求能快速实现原型，宜采用第四代语言；如果是面向对象方法，宜采用面向对象的语言编程。

（6）可得到的软件工具。若有些语言有支持程序开发的软件工具，对于目标系统的实现和验证较为容易。良好的编程环境不但能提高软件生产率，同时能减少错误，提高软件质量。

（7）工程规模。如果软件开发的规模很庞大，已有的语言又不完全适用，那么就可能有必要设计并实现一种能够实现这个系统的程序设计语言。

（8）软件的可移植性要求。如果系统的预期使用寿命较长，或要在几种不同型号的计算机上运行，就应该选用标准化程度高、程序可移植性好的程序设计语言。

（9）程序员的知识水平。在选择编程语言时，还应该考虑到程序员对语言的熟练程度及实践经验。这就要求程序员必须不断学习新理论、新方法和新知识，及时更新知识结构和层次，应该客观地而不是主观地选用合适的语言。

实际上，在评价和选用具体语言时，通常要对上述各种因素加以综合考虑，权衡各方面的得失，然后作出合理的决定。

# 8.2　良好的编程风格

软件的质量不但与所选定语言的性能有关，而且与程序员的编程技巧、编程风格及编程的指导思想密切相关。编码风格即为程序设计风格或编程风格，其主要作用是使无论是程序员本人还是其他人，都能比较容易地阅读、理解及修改程序源代码。

写好一个程序，当然需要使它符合语法规则、修正其中的错误和使它运行得足够快，但是实际应该做得远比这多得多。程序不仅需要给计算机读，也需要给程序员读。一个写得好的程序比那些写得差的程序更容易读、更容易修改。

程序设计风格的原则不是随意的规则，而是源于由实际经验中得到的常识。代码应该是清楚的和简单的——具有直截了当的逻辑、自然的表达式、通行的语言使用方式、有意义的名字和有帮助作用的注释等，应该避免耍小聪明的花招，不使用非正规的结构。一致性是非常重要的东西，如果大家都坚持同样的风格，其他人就会发现你的代码很容易读，你也容易读懂其他人的。风格的细节可以通过一些局部规定，或管理性的公告，或者通过程序来处理。如果没有这类东西，那么最好就是遵循大众广泛采纳的规矩。

程序设计风格一般表现在源程序文档化、数据说明的方法、表达式和语句结构以及输入／输出方法四个方面。

## 8.2.1　源程序文档化

编码阶段主要是产生源程序，但为了提高源程序的可维护性，需要对源代码进行文档化。所谓文档化，就是在编写源程序中要注意标识符的命名、注释及源程序的布局等几个方面。

### 1. 标识符的命名

所谓标识符，就是源程序中用作变量名、常量名、数组名、类型名、函数名、程序名、过程名等用户定义的名字的总称。在满足程序设计语言的语法限制的前提下，一致的命名可以减少开发人员很多麻烦。恰如其分的命名，也可以大幅度地提高代码的可读性，降低维护成本。

由于代码在软件的生命周期里会不断地被修改、扩展和维护，相关的文档也就要随着代码的更改而不断地更新。但是现实中，经常发生只改代码不改文档的情况。这显然会对以后的维护产生误导，甚至出现危险的错误。因此，最好的方法是不要编写需要外部文档来说明的代码。这样的代码是脆弱的，要确保你的代码本身读起来就很清晰。换句话说，就是要编写自文档化的程序，让代码本身易于理解，而做到这一点的关键，在于清晰的代码结构和规范的命名。

### 2. 注释

几乎所有的语言都允许用自然语言在程序中进行注释，这使得程序员们可以通过注释比较容易阅读自己或他人编写的源程序，更重要的是注释对如何理解甚至修改源程序提供了明确的指导。

注释内容一定要正确，一般分为序言性注释和功能性注释。序言性注释通常在每个模块的开始，简要描述模块的功能、主要算法、接口特征、重要数据及开发简史，它对于理解程序本身具有引导的作用等。功能性注释插在源程序当中，它着重说明其后的语句或程序段的处理功能。

编写程序注释，并不是越多越好，而是要讲究实际的价值。不论使用哪种程序设计语言来编程，都应该学会只编写够用的注释，重视质量而不是数量。具体来说，需要把握以下方面。

（1）好的注释应该解释为什么，而不是怎么样。

（2）不要在注释里面重复地描述代码。

（3）当编写密密麻麻的注释来解释代码时，需要停下来看一看是否存在很大的问题。

（4）注释其实要写好并不容易，应该好好斟酌注释里面写什么。

（5）写完之后要在代码的上下文中审查一下，是否包含了正确的信息。

（6）在修改或维护代码时，也要做好注释的维护。

### 3. 源程序的布局

源程序的布局即源程序的正文编排格式。在源程序中，如说明部分和执行部分之间、完成不同功能的执行模块之间，都可以用空行显式地隔开，能显著地改善可读性；水平方向添加适当的空格也可以改善程序的可读性；等等。

## 8.2.2　数据说明的方法

一个需要用较长时间才能解决的问题，如果寻求到好的数据结构和算法，就可能在分秒之间得到解决。软件系统所涉及的数据结构的组织和复杂的程度是在设计阶段就已经确定了，但如何说明却是在编程时进行的。为了使数据说明便于理解和维护，必须注意下述 2 点。

（1）数据说明的次序应规范。例如，按常量说明、简单变量类型说明、数组说明、公用数据块说明、所有的文件说明的顺序说明；在类型说明中还可进一步要求，如可按整型量说明、实型量说明、字符量说明、逻辑量说明顺序排列；当用一个语句说明多个变量名时，应当对这些变量按字母的顺序排列。

（2）对于复杂数据结构，应利用注释说明实现这个数据结构的特点。

## 8.2.3　表达式和语句结构

在软件的设计阶段确定了软件的逻辑结构，但单个语句的构建则是在编码阶段完成的。程序员应该以尽可能一目了然的形式写好表达式和语句。表达式及语句的构造应力求简单、直接，不能为了片面追求效率而使表达式或语句复杂化。一般应从以下 7 个方面加以注意。

（1）编写程序时，首先应考虑程序的清晰性，不要刻意追求技巧性；若对效率没有特殊要求，在程序的清晰性和效率之间，同样要首先考虑程序的清晰性。

（2）在使用表达式时，尽量采用其自然形式，如尽量减少使用逻辑运算中的非运算；在混合使用互相无关的运算符时，用加括号的方式排除二义性；将复杂的表达式分解成简单的容易理解的形式；避免浮点数的相等的比较，等等。

（3）程序中经常有一些诸如各种常数、数组的大小、字符位置、变换因子以及程序中出现的其他以文字形式写出的数值，对于这些数值应命名合适的名字，有必要的话加以适当的注释，加强程序的可阅读性、理解性。因为在程序源代码里，如果没有对一个具有原本形式的数的重要性或作用提供任何指示性信息，也将导致程序难以理解和修改。

（4）在编程时，尽量一行只写一条语句，增强程序的可读性；尽量采用简单明了的语句，避免过多的循环嵌套或条件嵌套；同时注意，在条件结构或循环结构的嵌套中，里层结构语句往里缩排，即逻辑上属于同一个层次的互相对齐，逻辑上属于内部层次的推到下一个对齐位置，这样可以使程序的逻辑结构更清晰。

（5）虽然现在仍有很多高级语言允许使用无条件转移语句（GOTO 语句），但最好避免使用，因为它的使用可能使得对程序的执行流程理解起来较为困难。

（6）尽可能使用标准函数；同时，对于重复使用的、具有独立功能的代码段，尽量使用公共过程或子程序的形式；对于递归定义的数据结构使用递归过程。

（7）尽可能按照初始化或数据输入、数据处理、结果输出三部分安排层次结构。

## 8.2.4　输入/输出方面

软件最终是要交付给用户使用的，因此输入和输出的方式和风格应尽可能方便用户的使用。输入和输出的风格与人机交互级别有关。在批处理的输入/输出中，要能按数据的逻辑顺序组织输入以及合理的输出格式等。在交互式的输入/输出中，应有简单且带提示的输入方式，由用户指定输出格式，以及保证输入/输出格式的一致性。此外，这两种方式还都应考虑下列原则。

（1）要有完备的出错检查和出错恢复功能。对所有输入数据都进行检验，以确保每个数据的有效性；对多个相关输入项的组合进行检查，拒绝无效的输入值；应允许缺省值。

（2）采用简单的步骤和操作，并采用简单的输入格式；允许使用自由格式输入。

（3）使用交互界面时，明确地向用户给出提示信息，并说明允许的数据的选择范围和边界值。

（4）使用数据结束标志或文件结束标志来终止输入。

（5）给所有的输出加以必要的说明，并使所有的报表或报告具有良好的格式。

# 8.3　程序的复杂性及度量

## 8.3.1　程序的复杂性

程序的复杂性主要是指模块内程序的复杂性，它反映了软件的可理解性、模块性、简洁性等属性。软件开发规模相同、复杂性不同的软件，花费的时间和成本会有很大的区别。减少程序复杂性，就可提高软件的可理解性和简洁性，并使软件开发费用减少，开发周期缩短，软件内部潜藏错误减少。

定量度量程序的复杂性，就可以定量估算出软件的开发成本、软件中的故障数量、软件开发需要用的工作量，就可以定量比较一个软件产品的不同设计或不同算法的优劣，就可以作为模块规模的精确限度等。

目前，比较广泛采用的程序复杂性度量方法有代码行度量法、McCabe 度量法和 Halstead 方法。所谓代码行度量法，就是统计程序的源代码包括的代码和注释的行数，并以此行数作为程序复杂性的度量。这种方法计算简单，与所用的高级程序设计语言类型无关。然而，这种方法只是一个简单粗糙的算法，显然没有办法区分相同代码行长的不同复杂程度。McCabe 度量法是一种基于程序控制流的复杂性度量方法，又称环路复杂度。Halstead 方法根据程序中运算符和操作数的总数来度量程序的复杂程度。

## 8.3.2　McCabe 度量法

T．J．McCabe 于 1976 年提出了软件复杂性度量模型。他认为，程序的复杂性很大程度上取决于程序控制流的复杂性。单一的顺序结构最简单，选择和循环所构成的环路越多，程序也就越复杂。用 McCabe 度量法得到的程序复杂度称为环路复杂度。

McCabe 度量法实质上是对程序拓扑结构复杂性的度量。在这种度量方法中，把程序看成是有一个入口和一个出口的有向图，这种图被称为程序图。程序中每个语句或一个顺序流程的程序代码段，或流程图中每个处理符号，对应程序图中的一个节点；程序中的流程控制，或程序流程图中原来连接不同处理符号的带箭头的线段，对应程序图中连接不同点的有向弧。程序图仅描绘程序内部的控制流程。假设有向图中的每个节点都可以由入口节点到达，图中的环的个数就是环路复杂度。强连通图的环路数的计算公式为：

$$V(G)=e-n+p$$

其中，V(G)是有向图 G 中的环数，e 是有向图 G 中的弧数，n 是有向图 G 中的节点数，p 是有向图 G 中分离部分的数目（程序图中 p 为 1）。

图 8-1（a）是一个程序流程图，（b）为对应的程序图，如果从出口节点 E 加一条返回到入口节点 B 的边（图中虚线），则此图为强连通图。由上述计算公式可以算出此图的线性无关环路数

为 14（边数）－ 11（节点数）＋ 1 = 4 。

此外，V(G)还可以用其他两种方法求得：包括强连通域在内的环路数[图 8-1（b）中有 4 个线性无关的环路 $R_1$、$R_2$、$R_3$、$R_4$]；或判定节点数加 1[图 8-1（b）中为 3 + 1 = 4]。

一般来说，V(G)越大，标志程序越复杂，测试工作量越大；潜在的错误个数越多，维护工作越难。据经验推断，一般一个模块以 V(G)≤10 为宜。

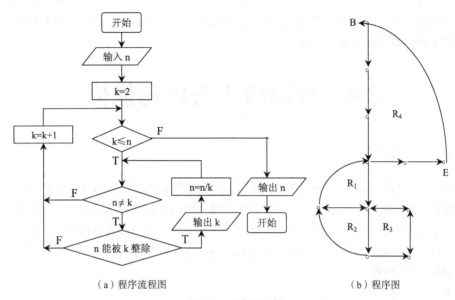

（a）程序流程图　　　　　　　　　　　　　（b）程序图

图 8-1　程序图示例

## 8.3.3　Halstead 方法

Halstead 方法也称为文本复杂度量。这种方法用程序中出现的操作符和操作数的总次数来估算程序总长度。操作符是由程序设计语言定义并在程序中出现的语法符号，如运算符、关键字等；操作数是操作对象，是由程序设计语言定义并引用的，如变量、常量等。如假设已估算或计算出几个参数：

$n_1$：程序中运算符出现的种类；

$n_2$：程序中运算对象出现的种类；

$N_1$：程序中运算符的总数；

$N_2$：程序中运算对象的总数。

根据这几个参数，可以根据下面的公式进行一系列的估算。

（1）程序的预测长度

$$N' = n_1 \log_2 n_1 + n_2 \log_2 n_2$$

（2）程序的实际长度

$$N = N_1 + N_2$$

（3）程序量

$$V = N \log_2 (n_1 + n_2)$$

（4）语言抽象级别

$$L = (2 \times n_2) / (n_1 \times n_2)$$

（5）程序工作量

$$E = V / L$$

（6）程序潜在的错误数

$$B = N' \log_2 (n_1 + n_2) / 3000$$

目前，Halstead 方法是一种较好的软件质量的度量方法，但由于 $n_1$、$n_2$、$N_1$、$N_2$ 相同的程序在控制结构和数据复杂性等方面能存在较大的差别，程序员使用程序设计语言描述算法的水平和熟练程度也有很大的区别，因此 Halstead 的估算方法有一定的局限性。许多人对其算式做了许多改进，出现了许多 Halstead 算式的变形。

# 8.4　代码审查与代码优化

## 8.4.1　代码审查

代码审查（code review）是一种用来确认方案设计和代码实现的质量保证机制，它通过阅读代码来检查源代码和编程规范符合性以及代码的质量。代码审查被公认为是一个提高代码质量的有效手段，它主要检查开发人员是否遵守开发规范中的规定，代码是否存在缺陷，检查表中所列出的错误，以及代码是否存在逻辑错误、性能低下或者安全问题。

### 1. 代码审查的内容

代码审查主要分为三个等级。

（1）基本规范：检查代码编写是否满足编码规范。通常，项目在立项时需要确定本项目所遵循的编码规范，如有特殊要求，可在通用编码规范的基础上进行适当修改。

（2）程序逻辑：检查基本的程序逻辑、性能、安全性等是否存在问题，用户交互流程是否满足正常的软件使用要求。具体来说，程序逻辑检查软件基本的程序逻辑是否合理，包括循环、递归、线程、事务等代码结构上的合理性。还包括异常处理、性能、重复代码、可优化代码、无效代码等的检查。在代码程序上检查用户界面操作逻辑是否正确、布局是否合理、用户提示是否简明扼要、是否存在重复或无用的功能等。

（3）软件设计：软件设计检查软件的层次结构划分是否合理，界面层、逻辑层、数据层、组件层等是否清晰，有无混淆；软件在性能设计、安全性设计、易维护性设计、健壮性设计方面是否合理。即检查软件的基础设计、模块之间的耦合关系以及第三方库或框架的使用是否合理。

### 2. 代码审查流程

代码审查流程可以根据项目的进展分为三个阶段，如图 8-2 所示。

（1）立项阶段：首先编写代码审查计划书，描述项目或产品在开发过程中进行代码审查活动的时间与周期，明确项目开发负责人以及代码审查负责人。然后在项目或产品开发开始前负责人按照部门代码审查缺陷库模板建立代码审查缺陷库，建立所有开发人员和审查人员的权限。最后开发负责人确定本项目或产品研制需遵循的编码规范，并上传至代码审查缺陷库中。

（2）项目开发阶段：到达项目/产品代码审查时间节点时，开发负责人确定代码基线，提交代码审查申请单给代码审查负责人。代码审查负责人检查代码库中的代码基线是否满足代码审查条件，如不满足，退回至开发负责人。审查负责人分配代码审查任务给审查人员，审查人员利用工具或手动按照编码规范与经验对代码进行审查。代码审查完成后，审查负责人编写代码审查报告至开发负责人。代码审查报告中如存在不符合项，开发负责人按照不符合分配代码整改任务，整改完成后还需重复以上审查过程。

（3）结项阶段：代码审查负责人编写代码审查总结报告，并向部门作总结报告，帮助部门整理该项目研制过程中出现的代码质量问题。其他项目组应以此为鉴，杜绝出现相同类型问题。

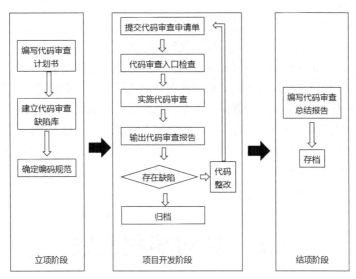

图 8-2　代码审查流程

代码审查可以提高代码质量，及早发现潜在缺陷，降低修改/弥补缺陷的成本。有助于以确认设计和实现是否合理，检查设计是否清楚简单。代码审查还可以促进团队内部知识共享，提高团队的整体水平。而整个评审过程对于评审人员来说，也是一种思路重构、理解系统的过程。代码审查是一种知识传递的手段，可以让其他不熟悉代码的人了解程序员的想法和意图，从而轻松维护代码。这种方式鼓励程序员之间相互学习，取长补短。

代码审查已经被广泛地公认为是一种非常好的工程实践。例如，在 Google 公司，任何产品、任何项目的程序代码，都要在经过有效的代码审查之后，才能提交到代码库中。也正是因为这种很彻底、很普遍的应用，使 Google 公司的程序变得非常优秀。

## 8.4.2　代码优化

效率是程序员之间永恒的话题，能够编写更快、更好的代码，是每一个程序员不懈的追求。但实际上，效率优化并不是一件很容易的事，它往往涉及多方面的因素。

代码优化是一门复杂的学问。优化是对代码进行等价交换，在不改变程序运行结果的情况下，使得程序的运行效率更高，即执行速度加快或存储开销减少。根据二八原则，实现程序的重构、优化、扩展以及文档相关的事情，通常需要消耗 80% 的工作量。

程序的性能一般涉及时间和空间两个方面，优化也就包括减少代码的体积和提高代码的运行效率这两项内容。提高程序的效率需要把握以下 5 点。

（1）在满足正确性、可靠性、健壮性、可读性这些质量因素的前提下进行，设法提高程序的效率。

（2）在优化的时候，要注意从程序的全局效率来考虑，不能单纯考虑局部效率，即以提高程序的全局效率为主，局部效率为辅。

（3）应先找出限制效率的瓶颈，然后对症下药。

（4）数据结构和算法对程序效率起到关键的作用，因此优化的首要点是数据结构和算法，其次才是执行代码。

（5）时间效率和空间效率往往是相互对立的。优化的时候，应当分析哪一个因素更重要，然后再作出适当的折中。

程序性能应该在编程一开始即考虑，不要期待通过开发结束后的调整来进行提升。正确的代码要比运行速度快的代码更重要，因此，任何代码优化都不能破坏其正确性。

一般来说，代码优化过程如下：首先要证明代码的性能确实需要提升。然后找出需要优化的关键部分，通过测试找出影响代码性能的瓶颈所在，对代码进行相应的优化。最后还要对优化后的代码再次进行测试，以确定优化的效果。需要注意的是，测试数据的选择必须能够代表实际的使用情况。永远不要在没有执行前后性能评估的情况下，就尝试对代码进行优化。

性能优化的关键是如何发现问题，寻找解决问题的方法。在这个过程中，有效的测试是不可缺少的，通过测试找出真正的瓶颈，并且分析优化的结果。一定要避免不必要的优化，避免不成熟的优化，因为不成熟的优化有可能引来错误。

# 8.5 结对编程实践

结对编程（pair programming）是敏捷开发方法中的"极限编程"所大力提倡的一种实践。简单地说，结对编程就是两名程序员并排坐在一台计算机前，面对同一个显示器，使用同一个键盘和鼠标一起工作。他们在一起完成需求分析、系统设计、编码、单元测试、整合测试（integration test）、写文档等工作。基本上所有的开发环节都一起肩并肩地、平等地、互补地进行工作。

通常在结对编程过程中，一个人输入代码，另一个人审查他输入的每一行代码。负责用键盘编写程序的人称作驾驶员；另一个审查代码的人称为领航员，领航员主要起到领航和提醒的作用。两个人定期互换角色。

（1）驾驶员的主要任务是对程序进行设计、编写代码，并进行单元测试。

（2）领航员的任务是检查驾驶员的工作，考虑单元测试的覆盖程度以及代码是否需要修改完善，同时帮助驾驶员解决具体的技术问题，比如查询 API 手册等。

结对编程不仅仅涉及编程活动，还包括分析、设计、测试等全程活动。在实际项目过程中，主要包括以下几个重要的实践活动。

## 1. 结对认领任务

项目启动后，开发人员两两结对，共同认领开发任务，相互协作，一起对所承担的开发任务负责。在需求理解、设计阶段双方一起设计和讨论，编码阶段独立实现。对过程中发现的问题，随时进行沟通和讨论，通过这种小范围、高效的沟通，解决项目中的绝大部分问题。从而，实现更高的开发效率和代码质量。

结对成员一般由一位能力强、经验相对丰富和一位相对欠缺的工程师配对，能在一定程度上形成互助、互补；结对小组认领的任务模块在不同迭代中进行交替轮换，让项目组成员对项目的所有模块功能、代码都比较熟悉。

通过结对认领任务的活动，结对成员在需求理解、设计思路上充分地沟通和讨论，尽早地发现和解决问题，避免因需求理解偏差、设计的问题造成返工。对于新员工或经验稍微不足的开发人员，通过经常性的沟通和讨论，能迅速地进入角色并积累经验，发挥传帮带的作用。此外，结对成员之间互为"备胎"，当一方因故资源不能保证时，另一方就能非常顺利地接手遗留下来的任务，减少项目风险。

### 2. 交叉单元测试

单元测试是众多敏捷实践的基石，无论是重构还是持续集成都离不开单元测试。因此，如何做好单元测试就显得尤为重要。在实际项目过程中，开发人员往往会更多关注功能实现的进度和质量，而忽略对单元测试完成情况及质量的跟进。

交叉单元测试活动指的是结对双方对共同认领的开发任务进行更进一步的分工，一方负责某些任务业务功能的实现，另一方负责完成对应功能的单元测试。每个人在项目中既会承担功能实现部分，也会承担单元测试部分，通过任务墙上的小卡片分别对这两部分任务进行进度跟踪。

相比传统的一个人同时负责功能实现和单元测试，交叉单元测试可以加强大家对单元测试的重视程度，提高单元测试的覆盖率，同时在编写单元测试过程中，必然会去了解对方的实现代码，这样也能尽早发现业务逻辑、代码设计上存在的问题。

### 3. 交叉代码审查

代码审查（code review），有助于提高代码质量和编码规范。交叉代码审查活动，是代码审查的一种组织形式。结对双方在完成或部分完成编码和单元测试后，相互交叉审查对方在本次迭代中所实现的所有代码，以发现代码中的编码规范及业务逻辑问题是否存在潜在隐患，并且确保提出的问题得到妥善解决。

其他常见代码审查形式有很多种：比如集体审查，组织项目成员一起到会议室，一人通过投影仪展示并讲解自己写的代码，其他成员一起寻找代码中可能存在的问题，并由专人记录所发现的问题，会后发出代码审查报告并安排修复解决。采用这种方式进行代码审查，所发现的问题多数是编码规范上的，很难发现深层次的业务逻辑问题。究其原因，主要是项目成员在审查过程中思路跟不上讲解代码的人，容易走神，所耗时间长而效果却不佳。还有项目组成员分头审查，审查本迭代中除自己提交以外的代码，这种审查形式工作量较大且没有重点，容易造成遗漏。

相比上述的代码审查形式，交叉代码审查由于结对双方在需求理解、设计编码阶段就有充分的沟通和讨论，对所需审查代码的业务逻辑较为熟悉，并且审查的代码和文件相对明确且数量适当。因而，交叉审查可以使审查更加充分和细致，更重要是可以根据自己的时间安排随时开展，表现出更灵活、高效的特点。

总的来说，结对编程实践具有如下主要的优点。

（1）有利于提升项目质量，减少 Bug。

（2）有利于知识传递，降低学习成本。

（3）多人熟悉同一段代码，减少项目风险。

（4）与别人一起工作会增加责任和纪律性等。

有效的结对编程，并不是一天就能做到的。它是一个相互学习、相互磨合的渐进过程。开发人员需要一定的时间来适应这种新的开发模式。刚开始的时候，结对编程有可能不如单独开发效率高，但是在度过了学习阶段之后，结对编程的开发质量和开发时间通常会比两个人单独开发有明显的改善。

但是并非所有人都适合进行结对编程，至少参与结对的开发人员应具备独立思考和解决问题的能力，并且具备较好的团队协作意识。否则，不仅不能带来结对的好处，反而可能引起一些新的问题。

此外，并不是所有的项目都适合结对编程。对于探索阶段的项目，一个人单独钻研更为有效。在后期维护阶段，如果维护的技术含量不高，只需要做有效的复审就可以，也无需采用结对编程。如果验证测试需要运行很长时间，那么两个人同时一起等结果，确实也是浪费时间。如果团队成员在多个项目中工作，难以保证足够的结对编程时间，这样另一成员就经常需要等待，反而影响效率。结对编程的关键是如何最大限度地发挥领航员的作用，如果领航的用处不大，也就没有必要实施结对编程。

# 习题八

1. 简述程序设计语言的发展及分类。
2. 选择一种语言的实用标准是什么？
3. 什么是编码风格？为什么要强调编码风格？
4. 程序的编码风格主要体现在哪几个方面？
5. 什么是程序复杂性？为什么要度量程序复杂性？
6. 用你所熟悉的语言编写对一组数进行排序的程序模块，然后用 McCabe 方法和 Halstead 方法计算其复杂性。

# 第9章
# 测试驱动的实现

测试通常被认为是执行程序以验证是否对于给定的输入可以得到正确的输出。那么，这意味着测试的是最终产品，即软件本身，并且测试活动被推迟到了生命周期的最后。这显然是错误的，因为经验表明，在软件生命周期的早期阶段产生的漏洞是很难发现的，且修复成本昂贵。通俗地讲，软件测试是在诸如 UML 图表或程序代码之类的软件制品中查找错误的过程。错误，也被称为"缺陷"或"漏洞"，是一个导致系统失败的硬件故障或软件元素，例如，不希望系统出现的或者对系统有害的表现形式。可以说，系统是由于内在的错误才导致失效的。

任何软件制品，包括需求规格说明书、领域模型以及设计规范等，都可以被测试。测试活动应该尽可能早地开始。这种观点的一个极端的形式就是测试驱动开发（Test-Driven-Development，TDD），它是极限编程（Extreme Programming，XP）的一种实践方法。在这种开发方法中，软件的开发是从编写测试开始。测试的方式以及测试的严格性随着被测试软件制品的性质而有所不同。显然，设计框架的测试将不同于程序代码的测试。

测试是很重要的，因为它能充分保证应用软件做它想做的事。有些测试的重点延伸到确保一个应用程序仅仅做它该做的事。软件的缺陷会造成时间、财产、客户甚至生命的流失，而测试在任何场合都能对防止软件出现错误做出重要贡献。

软件测试是软件工程过程的一个重要阶段，是在软件投入运行前，对软件需求分析、设计和编码各阶段产品的最终检查，是为了保证软件开发产品的正确性、完全性和一致性而检测软件错误、修正软件错误的过程。软件开发的目的是开发出实现用户需求的高质量、高性能的软件产品，软件测试以检查软件产品内容和功能特性为核心，是软件质量保证的关键步骤，也是成功实现软件开发目标的重要保障。

# 9.1 软件测试的目的与准则

## 9.1.1 软件测试的目标

测试的目的是说明程序能正确地执行应有的功能？还是表明程序没有错误？

基于不同的立场，存在着两种完全不同的测试目的。从用户的角度出发，普遍希望通过软件测试暴露软件中隐藏的错误和缺陷，以考虑是否可以接受该产品。而从软件开发者的角度出发，则希望测试成为表明软件产品中不存在错误的过程，验证该软件已正确地实现了用户的要求，确立人们对软件质量的信心。因此，他们会选择那些导致程序失效概率小的测试用例，回避那些易于暴露程序错误的测试用例。同时，也不会刻意去检测、排除程序中可能包含的副作用。显然，这样的测试对完善和提高软件质量毫无价值。因为在程序中往往存在着许多预料不到的问题，可能会被疏漏，许多隐藏的错误只有在特定的环境下才可能暴露出来。如果不把着眼点放在尽可能查找错误这样一个基础上，这些隐藏的错误和缺陷就查不出来，会遗留到运行阶段中去。如果站在用户的角度，替他们设想，就应当把测试活动的目标对准揭露程序中存在的错误。在选取测试用例时，考虑那些易于发现程序错误的数据。

G. J. Myers 对软件测试的目的提出了以下观点。

（1）软件测试是为了发现错误而执行程序的过程。

（2）一个好的测试用例能够发现至今尚未发现的错误。

（3）一个成功的测试是发现了至今尚未发现的错误。

这种观点的提出就排除了为了"证明程序正确"这个目标，无意识地选择一些不易暴露错误的例子的错误倾向。

测试的目标是希望以最少的时间和人力找出软件中潜在的各种错误和缺陷。如果成功地实施了测试，就能够发现软件中的错误。测试的附带收获是，它能够证明软件的功能和性能与需求说明相符。此外，实施测试收集到的测试结果数据为可靠性分析提供了依据。

软件测试阶段的基本任务应该是根据软件开发各阶段的文档资料和程序的内部结构，精心设计一组"高效"的测试用例，利用这些用例执行程序，找出软件中潜在的各种错误和缺陷。

## 9.1.2 软件测试的准则

（1）应当把"尽早地和不断地进行软件测试"作为软件开发者的座右铭。由于原始问题的复杂性、软件的复杂性和抽象性、软件开发各个阶段工作的多样性，以及参加开发各种层次人员之间工作的配合关系等因素，使得开发的每个环节都可能产生错误。所以不应把软件测试仅仅看成是软件开发的一个独立阶段，而应当把它贯穿到软件开发的各个阶段中。在需求分析阶段就应该制定测试计划，以保证每个需求、每个设计单元都是可测试的、便于测试的。坚持在软件开发的各个阶段的技术评审，这样才能在开发过程中尽早发现和预防错误，把出现的错误克服在早期，杜绝某些隐患，提高软件质量。

（2）测试用例应由测试输入数据和与之对应的预期输出结果两部分组成。测试以前应当根据测试的要求，选择在测试过程中使用的测试用例（test case）。测试用例主要用来检验程序员编制的程序，因此不但需要测试的输入数据，而且需要针对这些输入数据的预期输出结果。如果对测试输入数据没有给出预期的程序输出结果，那么就缺少了检验实测结果的基准，就有可能把一个似是而非的错误结果当成正确结果。

（3）程序员应避免检查自己的程序。测试工作需要严格的作风、客观的态度和冷静的情绪。自己测试自己的软件不容易发现错误，程序员应避免测试自己的程序。测试是一种"挑剔性"的行为，人们常常由于各种原因具有一种不愿否定自己工作的心理，认为揭露自己程序中的问题总不是一件愉快的事，这一心理状态就成为测试自己程序的障碍。心理状态和思维定式是测试自己程序的两大障碍，应由别人或另外的机构来测试程序员编写的程序。另外，程序员对软件规格说明理解错误而引入的错误则更难发现。如果由别人来测试程序员编写的程序，可能会更客观、更有效，并更容易取得成功。要注意的是，这点不能与程序的调试（debugging）互相混淆，调试由程序员自己来进行可能更有效。

（4）在设计测试用例时，应当包括合理的输入条件和不合理的输入条件。合理的输入条件是指能验证程序正确的输入条件，而不合理的输入条件是指异常的、临界的、可能引起问题变异的输入条件。在测试程序时，人们常常倾向于过多地考虑合法的和期望的输入条件，以检查程序是否做了它应该做的事情，而忽视了不合法的和预想不到的输入条件。事实上，软件在投入运行以后，用户的使用往往不遵循事先的约定，会使用一些意外的输入，如用户在键盘上按错了键或打入了非法的命令。如果开发的软件遇到这种情况时不能做出适当的反应，给出相应的信息，那么就容易产生故障，轻则给出错误的结果，重则导致软件失效。因此，软件系统处理非法命令的能力也必须在测试时受到检验。用不合理的输入条件测试程序时，往往比用合理的输入条件进行测试能发现更多的错误。

（5）充分注意测试中的群集现象。测试时不要以为找到了几个错误问题就已解决，不需继续测试了。经验表明，测试后程序中残存的错误数目与该程序中已发现的错误数目或检错率成正比。据估计，大系统中约 50% 的错误集中在 15% 的模块中。根据这个规律，应当对错误群集的程序段进行重点测试，以提高测试投资的效益。在测试时不仅要记录下出现了多少错误，而且应该记录下错误出现的模块。

对发现错误较多的程序段，应进行更深入的测试。因为发现错误多的程序段，其质量较差，同时在修改错误过程中又容易引入新的错误。在所测程序段中，若发现错误数目多，则残存错误数目也比较多。这种错误群集性现象，已为许多程序的测试实践所证实。

# 9.2　软件测试的类型

软件测试过程通常包括测试计划、测试准备、测试执行和测试报告四个部分。

（1）计划阶段：要识别测试需求，明确测试任务和方法，制定合理的测试方案和计划。

（2）准备阶段：根据任务需要组织测试团队，并且设计测试用例，还要开发测试工具或测试脚本，准备测试环境和测试数据。

（3）执行阶段：运行提交的系统，并对其进行测试，记录测试结果，跟踪和管理所发现的缺陷。

（4）报告阶段：对测试结果进行分析，评价产品的质量，提交最终的测试报告。

在软件测试的过程中，需要执行不同类型的测试，它们的侧重点各有不同。在执行系统测试之前，开发人员需要通过单元测试，来保证单元模块的质量；然后把各个单元模块集成在一起，通过集成测试，得到一个集成后的系统；系统测试需要先执行功能测试，来验证系统功能是否正常；功能测试之后，再进行性能测试，以保证系统能够满足规定的非功能需求，这时可以得到一个可以发布的系统；由于开发人员对软件的需求可能和客户的实际需求有所出入，因此，还需要通过验收测试来保证所构建的系统就是客户希望的；最后，还要在用户的实际环境中进行安装测试，以保证系统在用户运行环境下不出现问题。

因此，软件测试可以从不同的角度划分成不同的类型。

（1）从测试对象的角度来说，软件测试包括以下测试。

① 单元测试：单元测试是对软件系统的基本组成单元进行测试，以保证单元模块的功能是正确的。一般来说，单元测试是由编写代码的开发人员自己来执行。

② 集成测试：集成测试是在单元测试的基础上，将所有模块按照总体设计的要求，组装成为

一个子系统或者整个系统所进行的一种测试。一般来说，不同的模块单元是由多个开发人员并行进行开发的。虽然每个模块都通过了单元测试，但是并不能保证这些模块可以正确地组装在一起。集成测试对象是模块间的接口，其主要目的是找出不同单元模块之间接口（包括系统体系结构）在设计和实现上的问题。

③ 功能测试：在整个系统集成之后就可以开始执行系统测试。功能测试和性能测试是系统测试的主要内容。一般情况下，功能测试是软件测试中工作量最大的一项测试工作，它是从用户的角度对功能进行验证，以验证每一个功能是否能够正常使用。功能测试主要结合界面、数据、操作、逻辑和接口等方面，来检查系统的功能是否正确。

④ 性能测试：性能测试是在实际或者模拟实际的运行环境下，针对软件的非功能特性所进行的测试。常见的测试类型包括容量测试、压力测试、兼容性测试、安全性测试、负载测试等。

⑤ 验收测试：验收测试是在软件产品完成系统测试之后、产品发布之前所进行的测试活动，其目的是验证软件的功能和性能是否能够满足用户的期望。验收测试一般又包括 α 测试和 β 测试。α 测试是软件公司内部的人员来模拟各类用户，对 α 版本的产品进行测试；之后的 β 测试是公司组织一些典型的用户，在日常工作中实际使用 β 版本的产品，然后用户来报告异常的情况或提出批评的意见。

⑥ 安装测试：安装测试是验收测试之后，需要在目标环境中进行安装，其目的是保证应用程序能够被成功地安装。安装测试要考虑目标环境的配置信息，以及它对其他应用的影响等一系列的事项。

（2）从测试技术来讲，软件测试可以分成以下测试。

① 黑盒测试：将测试对象看作一个黑盒子，完全不考虑内部的逻辑结构和内部特性，只是依据程序的需求规格说明书，检查程序的功能是否符合它的功能说明。黑盒测试主要针对界面和功能进行，来检查这些功能是否可以正常使用。

② 白盒测试：把测试对象看作一个透明的盒子，允许测试人员利用程序内部的逻辑结以及有关信息，设计或选择测试用例，对程序所有逻辑路径进行测试。

（3）从是否运行程序的角度来说，软件测试可以分成以下测试。

① 静态测试：通过人工分析或程序正确性证明的方式来确认程序正确性。就是不实际运行被测软件，而只是对程序代码、界面或者文档进行静态的检查。这种检查可以是非正式的走查，也可以是正式的会议审查。实践证明，代码走查是一项非常有效的查找代码问题的方法。

② 动态测试：通过执行程序检查程序的执行状态进行程序测试，动态分析采用测试用例，依据软件设计的功能需求，设定输入条件和推断理论输出，比较测试输出和理论输出检测被测程序的正确性，包括内部程序结构的正确性和程序功能实现的正确性、完备性。

（4）从执行测试的方式来说，软件测试可以分成以下测试。

① 手工测试：在手工方式下，测试人员根据测试大纲中所描述的测试步骤和方法，手工地输入测试数据，并记录测试结果。一般来说，手工测试比较适合业务逻辑测试，特别是一些比较复杂的业务逻辑。

② 自动化测试：是使用软件测试工具或者测试脚本，按照测试人员预先设计好的思路自动地执行。自动化测试效率更高而且可重复性强，可以把测试人员从重复的劳动中解脱出来。还有一些手工没有办法执行的测试，比如说要模拟大量用户或需要大量数据的一些性能测试，都是要进行自动化来执行。

# 9.3　软件测试的方法

## 9.3.1　测试用例

#### 1.　测试用例的重要性

测试用例的设计，是测试活动的基础和关键，它可以指导人们系统地进行测试，对于测试的执行，起到事半功倍的作用。

测试不可能是完备的，它会受到时间的约束。测试用例可以帮助我们分清先后主次，以便更有效地组织测试的工作，从而提高测试效率，降低测试成本。

在测试的过程中，临时性的发挥也许会有灵感出现。但是大多数情况下，我们会感觉思维混乱，可能有一些功能没有测试到，而另一些功能已经重复测试过好几遍。测试用例可以帮助我们厘清头绪，避免重复和遗漏。

测试用例的通过率和软件缺陷的数量，是检验软件质量的量化标准。通过对测试用例的分析和改进，可以逐步地完善软件的质量。另外，测试用例也可以用于衡量测试人员的工作量、进度和效率，从而更有效地管理和规划测试的工作。

#### 2.　测试用例的定义

测试用例是为了一个特定的目标而设计的一组测试输入、执行条件和预期结果，它的目的是测试某个程序路径是否正确，或者何时程序是否满足某个特定的需求。测试用例一般包括以下部分。

测试用例值：是完成被测软件的某个执行所需的一些输入值。

期望结果：是程序满足其预期行为，执行测试时产生的结果。我们要验证一个程序是否正确，就要事先明确这个程序应该满足的期望行为。如果测试结果和期望结果相符，那么我们就认为它是正确的。

前缀值：测试的时候，需要预先设定软件处于测试输入的一个稳定状态。前缀值就是把软件置于合适的状态来接受测试用例值的任何必要条件。

后缀值：就是测试用例值输入以后，为了查看结果或者终止程序而需要的任何输入。后缀值又可以再细分为验证值和结束命令两种类型。验证值是查看测试用例值结果所要用到的值，结束命令则是终止程序或返回到稳定状态所要用到的值。

测试用例设计应该满足以下要求。

（1）测试数据的选择应具有代表性和典型性。因为穷举测试是不可行的，所以必须要选择少量有代表性的数据，使每一个测试用例都能覆盖一组范围或者特定情况。

（2）测试用例的设计要寻求系统设计和功能设计的弱点。测试用例要确切地反映系统设计中可能存在的问题，要根据需求规格说明，并且结合各种可能情况，来综合考虑测试用例。

（3）测试不能只考虑正确输入情况，还要考虑错误或异常输入，并且分析怎么才能产生这些错误和异常。

（4）测试用例要基于用户的实际使用情况，考虑用户诸多的实际使用场景，从用户的角度来模拟测试的输入。

软件测试用例是软件测试结果的生成器，即每执行一次测试用例都产生一组测试结果。若测试用例被有效地由描述性定义转换为计算机表示，则测试的执行和结果的比较都可以利用软件测试工具自动或半自动地执行，在需要大量回归测试的复杂软件系统中，这种转换和自动执行是降耗增质的关键策略之一。

**3. 软件测试用例的配置管理**

基于以下原因，对软件测试用例需要进行配置管理。

① 大型复杂软件系统的功能/性能要求将对应于大量的软件测试用例，它们需要标识规则和规范的存储结构。

② 软件测试用例也存在引用控制。

③ 软件测试用例也存在版本控制。

④ 软件测试用例也存在变更控制。

软件测试用例的配置管理类似于一般软件的配置管理，可以实现安全存储、追踪变化和并行开发，其特色在于区分测评人员和一般测试人员，前者独具生成和更新测试基准（预期结果的计算机表示）的权限。

**4. 软件测试用例的组织**

软件测试用例的设计和实现对应于被测对象的需求、设计和环境要求，因此同被测对象一样，软件测试用例也可以被组织成层次结构，即：依据某种原则（如被测对象的层次或测试类型）将测试用例划分为测试用例组，测试用例组又可以划分为更高层次的测试用例组。测试用例组反映多个测试用例/测试用例组之间的偏序关系，也标识了具有某种共性的测试用例的集合。测试实施时可以根据具体需要/环境，选择性地执行多个测试用例/测试用例组。

**5. 软件测试用例的复用**

测试用例的层次性还表现在低层被测对象的测试用例或其部分内容可以复用在对高层被测对象的测试中。

≠ 单元测试阶段的功能确认类测试用例组可以复用在部件集成测试阶段中。

≡ 部件确认测试阶段可以复用单元测试阶段的测试输入。

≈ 部件确认测试阶段的测试用例组可以复用在配置项组装测试阶段和配置项确认测试阶段中。

… 配置项确认测试阶段的测试用例组可以复用在系统综合测试阶段和系统验收测试中。

当然，每个测试阶段的对象和目标都不同，因此测试用例或其部分内容的复用通常是有选择的、有限的和需更改的。

## 9.3.2 测试通过率和测试覆盖率

我们知道，穷举测试是无法实现的。那么测试的一个关键问题就是我们需要知道什么时候完成了足够的测试。衡量测试质量的指标，一般有测试通过率和测试覆盖率。

测试通过率是衡量一个软件程序的规格说明书或代码通过测试的程度，即在测试过程中，测试用例的通过比例。

测试覆盖率是用来衡量测试的完整性，即衡量一个程序的源代码通过测试的程度。它可以告诉我们，测试是否充分以及测试的弱点在哪里。通常我们可以通过增加测试用例，来提高覆盖率，进而提升测试质量。当前有许多满足代码覆盖标准的测试方法，包括黑盒测试中的等价类测试、边界值测试等，以及白盒测试中的控制流测试以及基于状态图的测试。

## 9.3.3 黑盒测试方法

选择测试输入时，我们可以任意选择我们"认为"合适的输入数据。一个更好的方法就是通过使用随机数生成器随机地选择输入数据。当然还有一种选择，就是将大的数据集分割成几个具有代表性的小的数据集合，通过这种方式系统地选择输入数据。任意选择通常工作最糟糕的，随机选择效果在许多情况下很好，系统的选择是首选的方法。还有另一种方法是系统地选择输入，通过分割将较大的输入空间分割成几个具有代表性的。显然，任意选择输入数据的测试是效果最差的，随机选择输入数据的测试在很多场景下可以取得很好的效果，而系统地选择输入数据的测试则是最有效的方法。

### 1. 等价类测试

等价类划分是一种典型的黑盒测试方法。等价类划分的办法是把程序的输入域划分成若干部分，即等价类，然后从每个部分中选取少数代表性数据设计测试用例。每一类的代表性数据在测试中的作用等价于这一类中的其他值，也就是说，如果某一类中的一个输入值发现了错误，则这一等价类中的其他输入值也能发现同样的错误。

由于穷举测试的数量太大，以致于无法实际完成，促使我们在大量的可能数据中选取其中的一部分作为测试用例。例如，在不了解等价划分的前提下，测试了 1+1、1+2、1+3 和 1+4 之后，还有必要测试 1+5 和 1+6 吗？能否放心地认为它们正确呢？那么 1+999（可以输入的最大数值）呢？这个测试用例是否与其他用例不同？是否属于另外一种类别？另外一个等价区间？这是软件测试员必须考虑到的问题。

等价类别或者等价区间是指测试相同目标或者暴露相同软件缺陷的一组测试案例。1+999 和 1+13 有什么区别呢？至于 1+13，就像一个普通的加法，与 1+5 或者 1+392 没有什么两样，而 1+999 则属于邻界的极端情况。假如输入最大允许数值，然后加 1，就会出现问题——也许就是软件的缺陷。这个极端案例属于一个单独的区间，与常规数字的普通区间不同。

因此，我们的目标就是通过从每个等价类中选择一些具有代表性的输入值，来达到减少测试用例的数量。假设对于一个等价类中所有输入值，系统都执行同样的操作，那么只需选择这个等价类中的一个元素进行测试就足够了。使用这一方法设计测试用例，包括将输入参数的取值划分为多个等价类、选择测试输入数据两个步骤。

这种方法的问题在于，很难找出输入数据的等价类并验证其正确性。通常使用经验法是有效的，但不能保证其正确性。因此，我们使用启发式方法来选择一组测试用例。实际上，我们根据经验和领域知识进行猜测，期望至少有一个所选测试用例是属于某个真正的、未知的等价类的。

根据以下的启发式规则，我们可以将输入参数的值划分为各等价类。

（1）如果输入参数指定了取值范围，那么可以将输入参数的值空间划分为一个有效等价类和两个无效等价类。例如，允许的输入值为 0 到 100 之间的整数，那么有效的等价类为 0 到 100 之间的整数；一个无效等价类为小于 0 的整数，另一个无效等价类则是大于 100 的整数。

（2）对于输入参数为单一值的，可以将输入参数的值空间划分为为一个有效等价类和两个无效等价类。例如，允许的输入值是实数 1.4142，那么，一个有效等价类就只有一个元素{1.4142}；一个无效等价类为所有比 1.4142 小的实数，另一个无效等价类是所有比 1.4142 大的实数。

（3）如果输入参数指定为一组值的集合，那么可以将输入参数的值空间划分为一个有效等价类和一个无效等价类。例如，允许的输入值是集合{1，2，4，8，16}中的任一元素，那么，一个有效等价类就是集合{1，2，4，8，16}，一个无效等价类就是这个集合以外的所有其他元素。

（4）如果输入参数是一个布尔类型的值，那么可以将输入参数的值空间划分为一个有效等价类和一个无效等价类，即一个是取值为 TRUE 的有效等价类，另一个是取值为 FALSE 的无效等价类。

根据输入参数划分的各等价类必须满足以下标准。

（1）覆盖性：所有可能的输入值必须属于一个等价类。

（2）不相交性：同一输入值不能属于多个等价类。

（3）代表性：如果某个等价类中一个元素作为输入参数调用一个操作，返回特定的结果，那么使用此等价类中的其他元素作为输入参数时，必定返回相同的结果。

如果一个操作需要多个输入参数，那么应当将这些输入参数组合起来，为其定义新的等价类。

### 2. 边界值分析

边界值分析（Boundary Value Analysis，BVA）是一种补充等价类划分的测试用例设计技术，它不是选择等价类的任意元素，而是选择等价类边界的测试用例。实践证明，在设计测试用例时，对边界附近的处理必须给予足够的重视，为检验边界附近的处理专门设计测试用例，常常可以取得良好的测试效果。BVA 不仅重视输入条件的边界，而且可以从输出域导出测试用例。

边界值设计测试遵循的五条原则如下。

（1）如果输入条件规定了取值范围，应以该范围的边界内及刚刚超范围边界外的值作为测试用例。如以 a 和 b 为边界，测试用例应当包含 a 和 b 及略大于 a 和略小于 b 的值。

（2）若规定了值的个数，分别以最大、最小个数及稍小于最小、稍大于最大个数作为测试用例。

（3）针对每个输出条件使用上述第 1、2 条原则。

（4）如果程序规格说明中提到的输入或输出域是个有序的集合（如顺序文件、表格等），就应注意选取有序集的第一个和最后一个元素作为测试用例。

（5）分析规格说明，找出其他的可能边界条件。

### 3. 错误推测

错误推测法在很大程度上靠直觉和经验进行。它的基本思想是列举程序中可能有的错误和容易发生错误的特殊情况，并且根据它们选择测试方案。一般说来，即使是一个比较小的程序，可能的输入组合数也往往十分巨大，因此必须依靠测试人员的经验和直觉，从各种可能的测试方案中选出一些最可能引起程序出错的方案。软件缺陷具有空间聚集性，80%的缺陷常常存在于 20%的代码中。因此，应当常常光临代码的高危多发"地段"，这样发现缺陷和错误的可能性会大得多。错误推测法主要就是列举程序中所有可能的错误和容易发生错误的特殊情况，然后根据可能出现的错误情况选择测试用例。

### 4. 场景法

场景法也是一种常用的黑盒测试方法。主要是对系统的功能点或业务流程进行描述，生成一系列业务场景。再对应不同的业务场景设计出相应的测试用例，从而发现需求和实现过程中存在的问题。

下面用一个 ATM 取款的例子来说明如何使用场景法设计测试用例。对于 ATM 取款，正常情况下，用户将银行卡插入 ATM 机。如果银行卡是合法的，ATM 机就会提示用户输入银行卡的密码。如果密码正确而且取款金额符合要求，那么 ATM 机就点钞并且送出给用户，这样用户就可以成功取款。

设计测试用例的第一步，是根据需求说明描述出系统的基本流以及各项备选流。其中基本流代表正常的业务流程；备选流代表一些失败或者意外的情况。对于 ATM 取款来说，正常流程就是成功取款的过程，但是实际操作时还有可能出现一些意外情况。例如，ATM 机器里面没有现金或者现金不足、银行卡的密码输入有误以及银行账户的余额不足等，这些都是属于备选流。

第二步根据基本流和各项备选流生成不同的业务场景。ATM 取款的场景包括：成功取款；ATM 没有现金或者现金不足；银行卡的密码有误，一种是还没有达到最大的输入次数，一种是达到了最大的输入次数；账户不存在；账户余额不足。

第三步，对每一个场景生成相应的测试用例，最后对生成的所有测试用例进行检查，去除多余的测试用例。在测试用例确定之后，对每一个测试用例选取合适的测试数据。

## 9.3.4　白盒测试方法

### 1. 控制流测试

控制流图（Control Flow Graph，CFG）是一个过程或程序的抽象表示。它的节点是语句或语句的一部分，它的边表示语句的控制流。我们都知道程序流程图，控制流图其实是程序流程图的一个简化，它更突出了控制流的结构。在控制流图里面，我们把所有顺序执行的语句看成是一个节点。对于判断分支来说，判断条件是一个节点，这个节点根据判断的真和假，产生两个不同的分支。在判断分支执行结束之后，还会有一个合并的节点。

基于控制流的白盒测试方法，主要包括以下步骤。

首先，根据程序单元画出程序的流程图。然后，通过简化流程图得到控制流图。继而，根据路径选择标准选择合适的测试路径。对于所选择的路径，生成相应的测试数据。如果选择的路径可行，那么就得到测试的输入数据，否则继续选择其他路径。

有选择地执行程序中某些最有代表性的通路是对穷尽测试的唯一可行的替代办法。所谓逻辑覆盖，是对一系列测试过程的总称，这组测试过程逐渐进行越来越完整的通路测试。测试数据执行（或叫覆盖）程序逻辑的程度可以划分成哪些不同的等级呢？从覆盖源程序语句的详尽程度分析，大致以下一些不同的覆盖标准。

（1）语句覆盖

为了暴露程序中的错误，至少每个语句应该执行一次。语句覆盖的含义是，选择足够多的测试数据，使被测试程序中每个语句至少执行一次。

例如，图 9-1 是一个被测模块的流程图，它的源程序如下：

```
PROCEDURE EXAMPLE(A,B: REAL; VAR X: REAL);
BEGIN
IF(A>1)AND(B=0)
   THEN  X: =X/A;
   IF(A=2)OR(X>1)
              THEN X: =X+1;
   END;
```

为了使每个语句都执行一次，程序的执行路径应该是 sacbed。为此，只需要输入下面的测试数据（实际上 X 可以是任意实数）：

```
A=2, B=0,X=4
```

语句覆盖对程序的逻辑覆盖很少，在上面例子中两个判定条件都只测试了条件为真的情况，如果条件为假时处理有错误，显然不能接受。此外，语句覆盖只关心判定表达式的值，而没有分别测试判定表达式中每个条件取不同值时的情况。在上面的

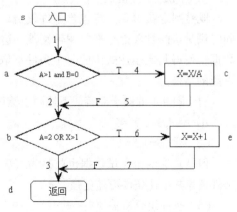

图 9-1　被测模块的流程图

例子中，为了执行 sacbed 路径以测试每个语句，只需（A>1）AND(B=0)和(A=2)OR(X>1) 两个判定表达式都取真值，因此使用上述一组测试数据就够了。

综上所述，可以看出语句覆盖是很弱的逻辑覆盖。为了更充分地测试程序，可以采用下述的逻辑覆盖标准。

（2）判定覆盖

判定覆盖又叫分支覆盖，它的含义是，不仅每个语句必须至少执行一次，而且每个判定的每种可能的结果都应该至少执行一次，也就是每个判定的每个分支都至少执行一次。

对于上述的例子，我们可以用下面两组测试数据就可做到判定覆盖：

① 　A=3,B=0,X=3 　　（覆盖 sacbd）

② 　A=2,B=1,X=1 　　（覆盖 sabed）

判定覆盖比语句覆盖强，但是对程序逻辑的覆盖程度仍然不高。例如，上面的测试数据只覆盖了程序全部路径的一半。

（3）条件覆盖

条件覆盖的含义是，不仅每个语句至少执行一次，而且使判定表达式的每个条件都取到各种可能的结果。图 9-1 的例子中共有两个判定表达式，每个表达式中有两个条件，为了做到条件覆盖，应该选取测试数据使得在 a 点有下述各种结果出现：

$A>1, A \leq 1, B=0, B \neq 0$

在 b 点有下述各种结果出现：

$A=2, A \neq 2, X>1, X \leq 1$

只需要使用下面两组测试数据就可以达到上述覆盖标准：

① A=2,B=0,X=4（满足 A>1,B=0,A=2 和 X>1 的条件，执行路径 sacbed）

② A=1,B=1,X=1（满足 $A \leq 1, B \neq 0, A \neq 2$ 和 $X \leq 1$ 的条件，执行路径 sabd）

条件覆盖通常比判定覆盖强，因为它使判定表达式中每个条件都取到了两个不同的结果，判定覆盖却只关心整个判定表达式的值。但是，也可能有相反的情况：虽然每个条件都取到了两个不同的结果，判定表达式却始终只取一个值。例如，如果使用下面两组测试数据，则只满足条件覆盖标准并不满足判定覆盖标准（第二个判定表达式的值总为真）：

① A=2,B=0,X=1（满足 A>1,B=0,A=2 和 $X \leq 1$ 的条件，执行路径 sacbed）

② A=1,B=1,X=2（满足 $A \leq 1, B \neq 0, A \neq 2$ 和 X>1 的条件，执行路径 sabed）

（4）判定/条件覆盖

既然判定覆盖不一定包含条件覆盖，条件覆盖也不一定包含判定覆盖，自然会提出一种能同时满足这两种覆盖标准的逻辑覆盖，这就是判定/条件覆盖。它的含义是，选取足够多的测试数据，使得判定表达式中的每个条件都取到各种可能的值，而且每个判定表达式也都取到各种可能的结果。

对于图 9-1 的例子而言，下述两组测试数据满足判定/条件覆盖标准：

① A=2,B=0,X=4

② A=1,B=1,X=1

但是，这两组测试数据也就是为了满足条件覆盖标准最初选取的两组数据，因此有时判定/条件覆盖并不比条件覆盖更强。

（5）条件组合覆盖

条件组合覆盖是更强的逻辑覆盖标准，它要求选取足够多的测试数据，使得每个判定表达式中条件的各种可能组合都至少出现一次。图 9-1 所示的例子，共有八种可能的条件组合，它们是：

① A>1,B=0

② A>1,B≠ 0

③ A≤1,B=0

④ A≤1,B≠ 0

⑤ A=2,X>1

⑥ A=2,X≤1

⑦ A≠2,X>1

⑧ A≠2,X≤1

和其他逻辑覆盖判定标准中的测试数据一样，条件组合（5）至（8）中的 X 值是指在程序流程图第二个判定框（b 点）的 X 值。

下面的四组测试数据可以使上面列出的八种条件组合每种至少出现一次：

① A=2,B=0,X=4（针对（1）和（5）两种组合，执行路径 sacbed）

② A=2,B=1,X=1（针对（2）和（6）两种组合，执行路径 sabed）

③ A=1,B=0,X=2（针对（3）和（7）两种组合，执行路径 sabed）

④ A=1,B=1,X=1（针对（4）和（8）两种组合，执行路径 sabd）

显然，满足条件组合覆盖标准的测试数据，也一定满足判定覆盖、条件覆盖和判定/条件覆盖标准。因此，条件组合覆盖是前述几种覆盖标准中最强的。但是，满足条件组合覆盖标准的测试数据并不一定能使程序中的每条路径都执行，例如上述四组测试数据都没有测试到路径 sacbd。

（6）点覆盖

图论中点覆盖的概念定义如下：如果连通图 G 的子图 G'是连通的，而且包含 G 的所有节点，则称 G'是 G 的点覆盖。在正常情况下程序图是连通的有向图，图中每个节点相当于流程图的一个框（一个或多个语句）。满足点覆盖标准要求选取足够多的测试数据，使得程序执行路径至少经过程序图中每节点一次。所以点覆盖标准和语句覆盖标准是相同的。

（7）边覆盖

图论中边覆盖的定义是：如果连通图 G 的子图 G'是连通的，而且包含 G 的所有边，则称 G″是 G 的边覆盖。

为了满足边覆盖的测试标准，要求选取足够多的测试数据，使得程序执行路径至少经过程序图中每条边一次。例如，以图 9-1 为例。为了使程序经过程序图的边覆盖（1，2，3，4，5，6，7），至少需要两组测试数据（分别执行路径 1 - 2 - 3 和 1 - 4 - 5 - 6 - 7；或者分别执行路径 1 - 4 - 5 - 3 和 1 - 2 - 6 - 7）。通常，边覆盖和判定覆盖是一致的。

（8）路径覆盖

路径覆盖的含义是，选取足够多的测试数据，使程序的每条可能路径都至少执行一次（如果程序图中有环，则要求每个环至少经过一次）。

在图 9-1 例子中共有四条可能的路径，它们是 1 - 2 - 3，1 - 2 - 6 - 7，1 - 4 - 5 - 3，1 - 4 - 5 - 6 - 7。因此对于这个例子而言，为了做到路径覆盖必须设计四组测试数据。例如，下面四组测试数据可以满足路径覆盖的要求：

A=1,B=1,X=1（执行路径 1 - 2 - 3）

A=1,B=1,X=2（执行路径 1 - 2 - 6 - 7）

A=3,B=0,X=1（执行路径 1 - 4 - 5 - 3）

A=2,B=0,X=4（执行路径 1－4－5－6－7）

路径覆盖是相当强的逻辑覆盖标准，它保证程序中每条可能的路径都至少执行了一次，因此这样的测试数据更具有代表性，暴露错误的能力也比较强。但是，为了做到路径覆盖只需考虑每个判定表达式的取值，并没有检验表达式中条件的各种可能组合情况。如果把路径覆盖和条件组合覆盖结合起来，可以设计出检错能力更强的测试数据。对于图 9-1 的例子，只要把路径覆盖的第三组测试数据和前面给出的条件组合覆盖的四组测试数据联合起来，共有五组数据，就可以既满足路径覆盖标准又满足条件组合覆盖标准。

#### 2. 基于状态的测试

基于状态的测试方法首先定义软件单元所具有的一组抽象状态，然后通过将被测单元的实际运行状态和预期状态进行比较，最终测试该软件单元的行为的正确性。这种测试方法在面向对象系统中较为常用。一个对象的状态指的就是对象的属性值的约束条件。因为在计算对象行为时，方法的运行会使用到对象的属性，即对象的行为依赖于对象的状态。使用基于状态的测试方法包括如下两个步骤。

第一步，导出被测试单元的状态图。首先，定义被测单元的状态。然后，定义状态之间可能存在的转换以及从一个状态转换到另一个状态的触发条件。对于一个类来说，一次状态转换通常是由该类的某个方法调用触发的。最后，为状态中每一个状态选择合适的测试数据。

第二步，初始化被测单元并运行测试。测试驱动模块调用被测单元内部的方法对其进行测试。假设到目前为止没有错误发生，则测试驱动模块结束对该单元的方法调用测试，进一步比较被测单元的实际转换状态与预期的状态。无论被测单元调用什么方法，只要它转换到了预期的状态，就认为被测单元的这个行为是正确的。

一般来说，状态图中所有可能的路径数量都是无限的，要对每一条可能的路径都进行测试是不切实际的。因此，基于状态的测试需确保满足以下的覆盖规则。

（1）所有确定的状态至少覆盖一次（每个状态都至少是一个测试案例的一部分）。

（2）所有有效的状态转换至少覆盖一次。

（3）所有无效的状态转换至少触发一次。

测试所有有效的状态转换意味着覆盖所有的事件、状态以及操作，这是对一个状态图进行测试时所能接受的最低的覆盖策略。需要注意的是，所有的状态转换测试都是不彻底的，因为穷举测试要求状态机中的每条路径至少运行一次，这通常是不可能的，或者说，至少是不切实际的。

### 9.3.5　测试方法的选择

以上简单介绍了设计测试方案的几种基本方法，使用每种方法都能设计出一组有用的测试方案，但是没有一种方法能设计出全部测试方案。此外，不同方法各有所长，用一种方法设计出的测试方案可能最容易发现某些类型的错误，但对另外一些类型的错误则可能不易发现。

因此，对软件系统进行实际测试时，应该联合使用各种设计测试方案的方法，形成一种综合策略。通常的做法是，用黑盒法设计基本的测试方案，再用白盒法补充一些必要的测试方案。具体地说，可以使用下述策略结合各种方法。

（1）在任何情况下都应该使用边界值分析的方法。经验表明，用这种方法设计出的测试方案暴露程序错误的能力最强。注意，应该既包括输入数据的边界情况，又包括输出数据的边界情况。

（2）有时用等价划分法补充测试方案。

（3）有时再用错误推测法补充测试方案。

（4）对照程序逻辑，检查程序逻辑，检查已经设计出的测试方案。可以根据对程序可靠性的要求采用不同的逻辑覆盖标准，如果既有测试方案的逻辑覆盖程度没有达到要求的覆盖标准，则应再补充一些测试方案。

应该强调指出，即使使用上述综合策略设计测试方案，仍然不能保证测试将发现一切程序错误；但是，这个策略确实是在测试成本和测试效果之间的一个合理的折中。

# 9.4　软件测试过程

软件测试可运用多种不同的测试策略来实现，最常用的方式是自底向上分阶段进行，对不同开发阶段的产品采用不同的测试方法进行检测。从独立程序模块开始，然后进行程序测试、设计测试到确认测试，最终进行系统测试，共分为四个阶段过程。

## 9.4.1　单元测试

单独检测各模块，验证程序模块和详细设计是否一致，消除程序模块内部逻辑和功能上的错误及缺陷。它集中检验软件设计的最小单元——模块。正式测试之前必须先通过编译程序检查并且改正所有语法错误，然后用详细设计描述作指南，对重要的执行通路进行测试，以便发现模块内部的错误。单元测试可以使用白盒测试法，而且对多个模块的测试可以并行进行。

单元测试的内容主要包括以下 5 个方面。

（1）模块接口：主要是检查参数表、调用子模块的参数、全程数据、文件 IO 等内容。

（2）局部数据结构：主要检查数据类型说明、初始化、缺省值等方面的问题，还要查清全程数据对模块的影响。

（3）边界条件：要特别注意数据流或者控制流中，刚好等于、大于或者小于边界值的情况，因为这些地方非常容易出错。

（4）独立路径：主要是对模块中重要的执行路径进行测试，通过对基本执行路径和循环进行测试，可以发现大量的路径错误。

（5）出错处理：这一部分是检查模块的错误处理功能，是否存在错误或者缺陷。如果对模块运行时间有要求的话，还要专门进行关键路径测试，以确定最坏情况下和平均意义下，影响模块运行时间的因素。

在单元测试过程中，需要遵循以下 5 大测试原则。

（1）快速：单元测试应能快速运行，而且必须要快，如果运行缓慢的话，就没有人愿意频繁地运行它。

（2）独立：单元测试也要相互独立，某个测试不应为下一个测试设定条件。当测试之间相互依赖时，一个测试没有通过就会导致一连串的失败，这样就很难定位错误发生的具体位置。

（3）可重复：单元测试应该是可以重复执行的，而且结果也是可以重现的。

（4）自我验证：单元测试应该有布尔输出，无论测试通过还是失败，不应该查看日志文件或手工对比不同的文本文件来确认测试是否通过。也就是说，测试执行结束之后，应该由布尔输出来显示是否通过，而不应该通过人工的方式来确认。

（5）及时：开发人员应该及时编写单元测试代码，最好是在开发实际单元代码之前即完成。

进行单元测试时，如图 9-2 所示，首先要找出程序中潜在的最大问题区，以确定哪些部分需要进行单元测试。然后针对要进行的测试，编写相应的测试用例。最后，根据测试用例的设计编写单元测试代码，执行单元测试，产生测试结果。如果测试结果满足了测试质量的要求，那么整个单元测试结束；否则还要根据结果和测试的要求，来修改和增加新的测试用例，进一步地进行测试。

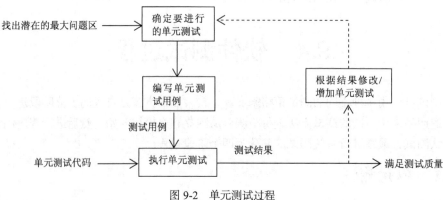

图 9-2　单元测试过程

对单个模块（单元）或是多个模块的一个组合进行测试时，要求被测试模块与系统其余部分必须隔离开来。否则，将很难定位通过测试发现的问题。但是，通常系统各部分之间是相互关联、相互调用的。比如说一个被测模块通常会被上层的模块来调用，同时它又调用多个下层的模块。因此在进行单元测试时，为了保证被测模块是独立的，并且能够构成一个可运行的程序，需要设计相应的测试驱动模块和桩模块，将被测模块进行隔离。其中驱动模块用于替代上层的调用模块，它去调用被测模块，并且判断被测模块的返回值是否与测试用例的预期结果相符；桩模块则用于替代下层的调用模块，它要模拟地返回所替代模块的各种可能的返回值，如图 9-3 所示。

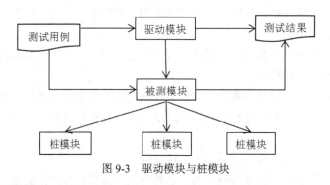

图 9-3　驱动模块与桩模块

桩模块就是为了执行单元测试，给出的一个接口的简单实现。例如，一个桩模块可以不包括任何计算过程，只简单地返回一个固定值。使用桩，可以无需编写任何有意义的程序代码就能实现对接口的测试。程序运行时确实也没有必要验证接口是否正常工作。驱动模块和桩模块也可以是 mock 对象，因为 mock 对象就是为了模拟那些不容易构造或者不容易获取的对象而创建的虚拟对象。

每个被测试的方法都循环执行以下步骤。

（1）创建对象：创建被测对象以及它所依赖的所有对象，即测试驱动模块和桩模块。

（2）测试被测对象：驱动模块调用被测对象的一个操作进行测试。

（3）结果验证：验证输出结果是否如预期所料。

　　假设我们需要测试，图 9-4（a）所示的顺序图中的 Checker 类的某个方法或操作，那么 Checker 类就是被测模块（Tested component），还需要设计一个测试驱动模块（Test driver）代替 Controller 类以及两个测试桩模块（Test stubs），分别用于模拟 KeyStorage 和 Key 这个两个类。

　　测试驱动模块负责将测试输入数据传递给被测模块，并显示测试结果，如图 9-4（b）所示。值得注意的是，测试驱动模块不一定非要是 Controller 类的实例，它可以是任何对象类型。而与此不同的是，测试桩模块必须与其所模拟或替换的组件是同一个类，因此，它们必须提供与所模拟组件相同的操作 API 以及相同的返回值类型。

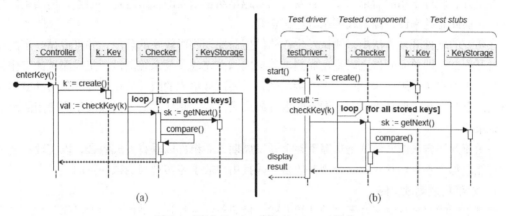

图 9-4　测试 Checker 类的 checkKey()操作

　　单元测试最大挑战就在于尽可能地隔离所有模块，使得每个模块都能够单独进行测试。对接口编程，而不是对具体的类进行编程的这项重要技术，有助于实现上述的模块隔离。

## 9.4.2　集成测试

　　将已测试的模块组装进行检测，对照软件设计检测和排除子系统或系统结构上的错误，一般采用黑盒测试法。

　　集成测试的重点是检测模块接口之间的连接，发现访问公共数据结构可能引起的模块间的干扰以及全局数据结构的不一致，测试软件系统或子系统输入输出处理、故障处理和容错等方面的能力。

　　由模块组装成程序时有两种方法。一种方法是先分别测试每个模块，再把所有模块按设计要求放在一起结合成所要的程序，这种方法称为非渐增式测试方法；另一种方法式是把下一个要测试的模块同已经测试好的那些模块结合起来进行测试，测试完以后再把下一个应该测试的模块结合起来进行测试，这种每次增加一个模块的方法称为渐增式测试方法，它实际上同时完成了单元测试和集成测试。这两种方法哪种更好一些呢？下面对比它们的主要优缺点。

　　（1）因为非渐增式测试方法分别测试每个模块，需要编写的测试软件通常比较多，所以需要的工作量比较大；渐增式测试方法利用已测试过的模块作为部分测试软件，因此开销比较小。

　　（2）渐增式测试可以较早发现模块间的接口错误；非渐增式测试最后才把模块组装在一起，因此接口错误发现得晚。

　　（3）非渐增式测试一下子把所有模块组合在一起，如果发现错误则较难诊断定位；反之，使用渐增式测试方法时，如果发生错误则往往和最近加进来的那个模块有关。

　　（4）渐增式测试方法把已经测试好的模块和新加进来的那个模块一起测试，已测试好的模块可以在新的条件下受到新的检验，因此这种方法对程序的测试更彻底。

（5）渐增式测试需要较多的机器时间，这是因为测试每个模块时所有已经测试完的模块也要跟着一起运行，当程序规模较大时增加的机器时间是相当明显的。当然，使用渐增式测试方法时需要开发的测试软件较少，因此也能节省一些用于开发测试软件的机器时间，但是总的来说，增加时间是主要的。

（6）使用非渐增式测试方法可以并行测试所有模块，因此能充分利用人力，加快工程进度。

上述前四条是渐增式测试方法的优点，后两条是它的缺点。考虑到硬件费用逐年下降人工费用却在上升、软件出错的后果严重而且发现错误越早纠正错误的代价越低等因素，前四条的重要性增大，因此总的来说，渐增式测试方法比较好。

在传统的软件开发方法中，测试发生在软件生命周期相对较晚的阶段，并且遵循一定的逻辑顺序展开测试。即单元测试之后是集成测试，集成测试完成后是系统测试。集成测试的工作主要是一步一步地将各个组件（"单元"）连接起来，以测试被集成的组件的正确性。各组件虽然以水平方式组合在一起，但是可以在不同方向上完成集成过程，具体集成方向取决于所使用的水平集成测试策略。

在敏捷开发方法中，测试是贯穿于整个开发周期的。组件以垂直方式组合，以实现一个端到端的功能。每个垂直切片对应一个用户故事，并且用户故事是实现与测试并行的。

**1. 水平集成测试策略**

被测单元的组合具有多种不同的开始方式。最简单的一种就是被称为"大爆炸"式的集成方法。这种集成测试策略的做法就是把所有通过单元测试的模块一次性集成到一起进行测试，不考虑组件之间的相互依赖性及可能存在的风险。

自顶向下集成测试是按照系统层次结构图，以主程序模块为中心，自上而下对各个模块一边组装一边测试，直至实现整个系统。在测试过程中，不需要设计测试驱动模块，但一直需要设计桩模块来模拟调用的各下层模块。

自底向上集成是从软件结构最低层的模块开始，按照层次结构图，逐层向上进行组装和集成测试的方式。因此，在测试过程中，没有必要设计桩模块，但是确实需要设计测试驱动模块，尽管驱动模块的设计可以相对简单一些。

三明治集成测试综合了自顶向下和自底向上两种集成方法。测试从两端开始，增量式地在两个方向上使用中间层的模块，这里，中间层被称为目标层。在三明治测试过程中，通常需要编写桩模块来测试顶层模块，因为目标层的各实际模块是可以使用的。同样地，当设计驱动模块测试下级模块时，真正的目标层的模块也是可以作为驱动模块使用的。

每种集成测试策略各有优缺点。当系统具有很多低层模块（例如工具库）时，适合使用自底向上的集成策略。这种逐步向上移动的层次结构更容易发现模块接口错误：如果一个较高层的模块违反了一个较低层模块的约束，这种集成策略很容易就能找到问题的所在。它的缺点是，最顶层的模块（通常也是最重要的模块，例如用户界面）最后才会进行测试，一旦检测到错误，就有可能会导致该系统进行重大的重构。

自顶向下集成测试的优势是测试是从最顶层的模块（通常是用户界面，这意味着最终用户有尽早参与测试的可能）开始。测试用例可以直接从需求中提取。这种集成方法的缺点是测试桩模块的开发是极其耗时，并且容易出错的。

三明治测试的优点有：不需要编写桩模块或驱动模块；可以尽早地测试用户界面，最终用户因此也能较早地参与到测试活动中。三明治测试的缺点是：不能在集成测试之前，对目标层（中间层）的模块进行彻底的测试。但是这个问题可以通过改进的三明治测试得到弥补。改进的三明治测试则可以在将各层中的模块增量组合与集成前，分别完成底层、中间层以及顶层的测试。

**2. 垂直集成测试策略**

敏捷开发方法倡导在开发用户故事的同时，使用垂直集成策略进行测试，如图 9-5 所示。在敏捷方法中，垂直集成测试将用户故事划分为多个并行的功能垂直切片。每个用户故事的开发都是以一个反馈环的形式循环进行的，开发人员在内反馈环路进行单元测试，客户在外反馈环路运行验收测试。

每次循环的开始都是由客户/用户对某一个特定用户故事进行验收测试的编写。然后开发人员依据验收测试来编写单元测试，只开发与通过单元测试相关的代码。代码编写完成后，每天都要运行单元测试，代码只有在通过单元测试后才能提交至代码库。每次循环（即一个用户故事的开发）的最后都需要运行验收测试，通常一次循环开发会持续数周或数月的时间。

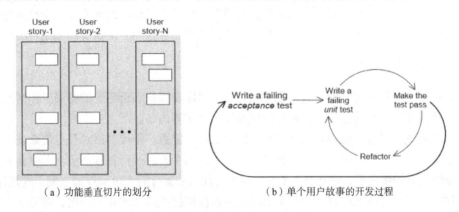

（a）功能垂直切片的划分　　　　　　　（b）单个用户故事的开发过程

图 9-5　敏捷开发中的垂直集成测试过程

垂直集成的优势在于它能很快地交付一个可运行的产品。一个潜在的缺点就是：每个子系统（即一个垂直切片—用户故事）都是独立开发的，最终交付的系统可能缺乏统一性和"整体的设计"。因此，在开发周期后期，系统可能需要进行一次较大的重构。

## 9.4.3　确认测试

我们从对所有确认测试适用的 8 条基本原理开始。

（1）测试可用于显示错误的存在而不是错误的不存在。

（2）测试最困难的问题之一是不知道何时终止。

（3）避免使用未经计划、不能重复使用且用后即扔的测试用例，除非该程序是真正的用后即扔程序。

（4）测试用例必不可少的一部分是给出预期输出或结果。仔细比较每一测试的实际结果和预期结果。

（5）测试用例必须考虑无效和预期之外、有效和预期之内的输入条件。"无效"定义为有效条件之外的条件，并且被测程序的诊断也是如此。

（6）测试用例必须能生成理想的输出条件。经验较少的测试人员倾向于只从输入的角度思考，经验丰富的测试人员能确定生成预先设计的输出所要求的输入。

（7）除单元和集成测试以外，程序不应由开发该程序的个人或组织测试。出于成本方面的考虑，往往要求开发人员进行单元和集成测试。

（8）没有发现的错误数与已经发现的错误数成正比例。

IEEE/ANSI 的定义如下：确认是在开发过程之中或结束时评估系统或组成部分的过程，目的是判断该系统是否满足规定的要求。八条基本原理非常有用，但在实践当中怎样判断一个程序是否确实符合要求呢？有两个办法可以解决问题。

（1）开发可以判断产品是否满足在需求规格说明中注明的用户需求的测试。

（2）开发可以判断产品的实际行为是否按照功能设计规格说明中描述的那样与预期行为相匹配的测试。

按规定需求，逐项进行有效性测试。检验软件的功能和性能及其他特性是否与用户的要求相一致，一般采用黑盒测试法。确认测试的基本事项有以下。

（1）功能确认：以用户需求规格说明为依据，检测系统需求规定功能的实现情况。

（2）配置确认：检查系统资源和设备的协调情况，确保开发软件的所有文档资料编写齐全，能够支持软件运行后的维护工作。文档资料包括设计文档、源程序、测试文档和用户文档等。

## 9.4.4 系统测试

检测软件系统运行时与其他相关要素（硬件、数据库及操作人员等）的协调工作情况是否满足要求，包括强度测试、性能测试、恢复测试和安全测试等内容。

（1）强度测试：强度测试检查程序对异常情况的抵抗能力。强度测试总是迫使系统在异常的资源配置下运行。例如，当中断的正常频率为每秒一至两个时，运行每秒产生十个中断的测试用例；定量地增长数据输入率，检查输入子功能的反应能力；运行需要最大存储空间（或其他资源）的测试用例；运行可能导致虚存操作系统崩溃或磁盘数据剧烈抖动的测试用例；等等。

（2）性能测试：检查程序的响应时间、处理速度、精确范围、存储要求以及负荷等性能的满足情况。对于那些实时和嵌入式系统，软件部分即使满足功能要求，也未必能够满足性能要求，虽然从单元测试起，每一测试步骤都包含性能测试，但只有当系统真正集成之后，在真实环境中才能全面、可靠地测试运行性能，系统性能测试是为了完成这一任务。性能测试有时与强度测试相结合，经常需要其他软硬件的配套支持。

（3）恢复测试：系统在软硬件故障后保存数据和控制并进行恢复的能力。它主要检查系统的容错能力。当系统出错时，能否在指定时间间隔内修正错误并重新启动系统。它首先要采用各种办法强迫系统失败，然后验证系统是否能尽快恢复。对于自动恢复，需验证重新初始化（Reinitialization）、检查点（Checkpointing Mechanisms）、数据恢复（Data recovery）和重新启动（restart）等机制的正确性；对于人工干预的恢复系统，还需估测平均修复时间，确定其是否在可接受的范围内。

（4）安全测试：功能测试是"正面测试"——也就是说，要测试所要求的功能和特性是否能够正确执行。然而，大多数的安全缺陷和漏洞，并不直接与安全性功能（如加密、权限管理等）的测试有关。相反，安全性问题往往是不可预料的，是通过攻击者找到系统漏洞，进而有意的误操作而导致的。因此，我们还需要进行"负面测试"，以确定系统在遭受攻击时做出怎样的行为。安全性测试通常是由已知的攻击模式驱动的。

安全测试检查系统对于用户使用权限进行管理、控制和监督以防非法进入、篡改、窃取和破坏等行为的能力。安全测试期间，测试人员假扮非法入侵者，采用各种办法试图突破防线。例如，想方设法截取或破译口令；专门定做软件破坏系统的保护机制；故意导致系统失败，企图趁恢复之机非法进入；试图通过浏览非保密数据，推导所需信息；等等。理论上讲，只要有足够的时间和资源，没有不可进入的系统。因此系统安全设计的准则是，使非法侵入的代价超过被保护信息的价值。此时，非法侵入者已无利可图。

上述四个阶段相互独立且顺序相接，单元测试在编码阶段即可进行，单元测试结束后进入独立测试阶段，从集成测试开始，依次进行。

# 9.5　回归测试

面向对象开发是一个迭代的过程。当有新的功能被实现或改进时，开发人员需要修改、集成和重新测试组件。在修改一个组件时，开发人员设计新的单元测试，并考虑新的特征，通过更新和重新运行先前的单元测试来重新测试组件。一旦被修改的组件通过单元测试，开发人员便能够标识此组件中的修改是基本正确的。但是开发人员并不能确保系统其他部分可以与被修改组件一起正常工作，即使这个系统之前已经被测试过了。修改先前隐藏在其他组件中的故障会带来副作用，对于没有进行更改的组件的不同状态的假设也会导致错误的引入。在系统中重新运行先前的测试用例，以确保排除故障的集成测试又称为回归测试。

最健壮、最直接的回归测试技术是，收集所有的集成测试，并在新组件集成到系统时重新运行这些组件的测试。这要求开发人员保存所有最新的测试，当子系统的接口发生改变时修改这些组件，并且在新的服务或新的子系统加入时增加新的集成测试。因为回归测试会消耗一定的时间，所以通常会选择特定的回归测试技术。这些技术包括以下 3 种。

（1）重新测试依赖组件。依赖于修改组件的组件是最容易在回归测试中出现故障的。重新运行所有的测试是不可取的，因此应该选择那些能最大限度地发现错误的测试。

（2）重新测试高风险用例。通常，标识高风险的故障比标识出最大数量的故障更为重要。通过关注最初出现的高风险用例，开发人员能够尽可能把灾难性的故障降到最低。

（3）重新测试频繁访问的用例。在用户面临同一系统的连续版本时，通常希望在新的版本中保留以前使用过的功能。为了尽可能最大限度地实现理解，回归测试时开发人员应该关注用户最常使用的用例。

# 9.6　本章小结

目前软件测试仍然是保证软件可靠性的主要手段。测试阶段的根本任务是发现并改正软件中的错误。软件测试是软件质量保证的重要手段。有研究数据显示，国外软件开发机构 40%的工作量花在软件测试上，软件测试费用占软件开发总费用的 30%~50%。对于一些要求高可靠、高安全的软件，测试费用可能相当于整个软件项目开发所有费用的 3~5 倍。由此可见，要成功开发出高质量的软件产品，必须重视并加强软件测试工作。

软件测试是软件开发过程中最艰巨最繁重的任务，大型软件的测试应该分阶段地进行，通常至少分为单元测试、集成测试和系统测试等几个阶段。

设计测试方案是测试阶段的关键技术问题，基本目标是选用最少量的高效测试数据，做到尽可能完善的测试，从而尽可能多地发现软件中的问题。设计测试方案的实用策略是，用黑盒法（边界值分析、等价划分和错误推测法等）设计基本的测试方案，再用白盒法补充一些必要的测试方案。

目前国内的软件测试一般有下列几种形式：一是软件公司内部进行的功能性测试，主要是验证设计的功能是否完成；二是用户进行的测试，大量的用户一起寻找使用中遇到错误；三是第三方测试，就是专业软件测试人员运用一定的测试工具对软件的质量进行检测。在软件业较发达的国家，绝大多数软件产品的认定，需要第三方测试的介入。而在国内，仅有软件公司的自测是很不完善的。

测试计划、测试方案和测试结果是软件配置的重要成分，它们对软件的可维护性影响很大，因此必须仔细记录和保存。

# 习题九

1. 请描述软件测试活动的生命周期。
2. 画出软件测试活动的流程图。
3. 简述静态测试和动态测试的区别。
4. 对下面给出的程序控制图，分别以各种不同的测试方法写出最少的测试用例。

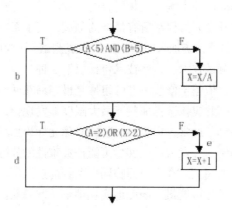

5. 在三角形计算中，要求三角形的三个边长 A、B 和 C。当三边不可能构成三角形时提示错误，可构成三角形时计算三角形周长。若是等腰三角形打印"等腰三角形"；若是等边三角形，则提示"等边三角形"。画出程序流程图、控制流程图，找出基本测试路径，对此设计一个测试用例。

# 第 10 章
# 团队开发管理

《西游记》的故事，可谓是家喻户晓。唐僧师徒的组合非常完美，性格各异的四个人，团结协作，各显其能，历经九九八十一难，终于到达西天取得了真经。

现代社会是一个知识经济的时代，单靠个人的能力，无法应对各种复杂的问题，很难做得又快又好。而依靠团队合作的力量，就可以创造出奇迹。

## 10.1　团队组织与管理

在软件企业，最重要的资产就是一批掌握技术、熟悉业务和懂得管理的人。一个软件项目的好坏，很大程度上就体现在软件团队的建设与管理。团队的组织与管理，主要包括四个方面。

（1）人力资源规划：是要识别项目团队中所需要的人员角色，确定他们的职责和所需要的技能，制定出人员需求计划。

（2）项目团队组建：根据人员需求计划，选择和获得项目需要的人员，组建项目的团队。

（3）项目团队建设：通过一系列活动，提高团队成员个人的技能，增强成员之间的信任感和凝聚力，从而保证更好的协作和更高的效率。

（4）项目团队管理：在项目进展过程中，跟踪团队成员的表现，解决问题和管理冲突，优化项目的绩效。

软件开发过程有需求分析、系统设计、系统实现、测试和维护等各种不同的活动，每一名开发人员可能只擅长软件开发的某一个特定方面，所以整个软件开发过程需要多种不同角色的分工协作。一般来说，随着软件开发进程的不断推进，不同角色的软件开发人员会参与其中，共同协作。

（1）系统分析员——主要任务是获取和定义用户的需求。

（2）系统架构师——在需求分析的基础上，与分析员一起工作，确定系统的整体结构。

（3）程序员——设计人员与编程人员一起完成代码编写工作。

（4）测试人员——开发工作进入测试阶段，程序员负责单元测试，测试人员负责集成测试和系统测试。

（5）培训人员——在系统交付时，培训人员负责用户培训工作。

系统交付使用后，就会进入维护阶段，各种角色的开发人员将参与系统的缺陷修复和新功能开发。

### 10.1.1 人力资源规划

人员是软件开发最重要的资源，人员的选择、分配和组织很大程度上影响软件项目的效率、进度、过程管理和产品质量。而且软件开发依赖于开发人员的认知能力和沟通技能。因此，在项目初期，首先要做的就是人力资源规划。表 10-1 显示的是某一个项目的人员需求计划，它包括了团队需要的开发角色和数量、进入和退出项目团队的时间、所需要的基本技能以及获取相关人员的方式等。

表 10-1　　　　　　　　　　　人员需求计划表

| 序号 | 人员类型 | 数量 | 到位时间要求 | 退出时间安排 | 技能要求 | |
|---|---|---|---|---|---|---|
| 1 | 需求分析 | 2 | 2009.1 | 2009.6 | 1. 熟悉 ERP 业务理念<br>2. 熟悉公司的研发业务流程 | 外部招聘1 人 |
| 2 | 架构设计 | 1 | 2009.1 | 2009.6 | 1. 熟悉架构设计<br>2. 熟悉权限模型和工作流原理 | |
| 3 | 设计人员 | 5 | 2009.1 | 2009.6 | 1. 熟悉 JAVA 技术<br>2. 熟悉 UML 设计工具 | 部门协调 |
| 4 | 编程人员 | 10 | 2009.3 | 2009.6 | 1. 须使用过 Oracle 数据库，熟练掌握常用的 PL/SQL 语法和语句，熟悉 Oracle 包和存储过程的使用<br>2. 熟悉 UML 基础知识，能够根据设计人员的设计模型进行编码<br>3. 掌握面向对象的基础知识，对面向对象设计有一定程度的理解 | 外协 3 人 |
| 5 | 测试人员 | 3 | 2009.3 | 2009.6 | 熟悉 ERP 业务理念，具备测试基础知识 | |

在制定了人员需求计划之后，就要开始选择和获得所需要的团队成员。建立一支优秀的项目团队，是从选择合适的人开始的。在选择人员的时候，需要考虑以下因素。

（1）教育背景：教育背景可以显示候选人应该掌握的基础知识和学习能力，但是开发人员的经验也可以在项目实践中学习和获得。所以，这个因素并不是关键性的。

（2）开发经验：对于项目来说，开发人员对于应用领域、开发平台和编程语言的知识和经验比较重要。

（3）解决问题能力：解决技术难题的能力至关重要，通常会被优先进行考虑。如果有较强的解决问题能力，或许可以弥补其他因素的不足。

（4）沟通能力：由于项目成员经常需要与其他人员、管理者和客户进行口头或书面的交流，所以沟通能力是一个必须要考察的因素。

（5）适应性：适应性可以通过候选人的各种经历进行判断，这个因素反映出一个人的学习能力。

（6）工作态度：项目成员应该有积极的工作态度，乐于学习新技术。

（7）个性：由于软件开发需要团队的协作，所以候选人必须与团队成员关系融洽。目前还没有关于软件工程方面的特定个性类型。

在平时的工作中，不同性格的人会表现出不同的工作风格。心理学家荣格提出了一个描述人的性格类型的模型。如图 10-1 所示，横轴表示交流风格，纵轴表示决策风格，一般人的工作风格，可以对应到图中的四个象限中。

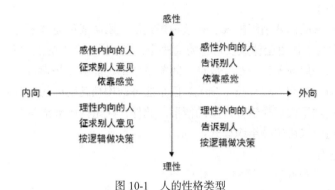

图 10-1 人的性格类型

（1）感性内向的人——他们比较内向敏感，在意周围人对自己的看法，通常是一个好的倾听者，但是自己做决策比较困难。《西游记》中的沙僧比较符合这种特质。

（2）感性外向的人——大部分的决策是建立在情感反映的基础上，喜欢把自己的想法直接告诉别人，凭直觉做决策，做事有时比较随意而且耐心不足。猪八戒就是一个典型的感性外向的人。

（3）理性内向的人——遇事深思熟虑、善于思考。注重长远的目标，做事细致，追求完美，但有时因过于谨慎而变得优柔寡断。唐僧则具备这种性格特点。

（4）理性外向的人——他们依靠逻辑推理进行决策，坚持自己的想法。注重实干，具有很强的执行力和突出的业绩。由于往往偏重关注工作结果，对他人的情感关心不够。显然，孙悟空是这类性格的人。

因此，在组建团队的时候，应该考虑以下因素。

（1）不同成员的技术、经验和个性是否在整体上可以取得平衡。

（2）选择性格互补的成员可能比单纯选择技术能力的团队更有活力和效率。例如，在《西游记》团队中，如果没有唐僧，这个团队可能就只是乌合之众，不会有什么远大的前程。如果没有孙悟空，很难想象这个团队是如何艰难前行的，唐僧的远大抱负，很可能会化为乌有。如果没有猪八戒，这个团队就会显得枯燥无趣。如果没有沙僧，许多事务性的工作就没人去做，团队的和谐和稳定，可能存在一定的问题。可以说这是一支战斗力和执行力都非常强的团队，团队成员之间互为补充、缺一不可，堪称是一个完美的组合。

（3）团队的领导力应来自于团队成员的尊重，而不是名义上的头衔。

## 10.1.2 开发团队

团队是由若干人组成的一个群体，他们具有互补的技能，对一个共同目的、绩效目标及方法，作出承诺并彼此负责。现实中也有很多团队，如足球队、篮球队、合唱团等，但是团队绝不只是简单地把一组人聚集在一起。一般来说，团队具有以下的共同特点。

（1）设定具有挑战性的、一致的团队目标。

（2）营造出一种互相交流和协作学习的工作环境。

（3）团队成员有自豪感。

（4）团队成员有各自的分工，互相依赖，共同协作完成任务。

（5）团队工作有正确的绩效评估。

软件开发团队有各种不同的组织形式，适合不同人员和项目的需要。常见的开发团队组织模式有以下几种。

#### 1. 民主式的结构

这是一种比较极端的团队组织模式。在这种模式里，团队成员完全平等，享有充分民主，组长只是名义上的。项目工作由全体成员讨论协商决定，并根据每个人的能力和经验进行适当分配。

这种结构的团队一般规模比较小，成员之间关系紧密、能够互相学习。同等的项目参与权可以激发大家的创造力，有利于攻克技术难关。但是这种结构缺乏明确的权威领导，很难处理意见分歧的情况，无法适用于大规模软件开发的情形。此外，在组内多数成员技术水平不高或者缺乏经验的情况下，不适合采用这种组织模式。

#### 2. 主程序式结构

考虑到多数开发人员是缺乏经验的，软件开发过程中，还有许多事务性的工作。Brooks 教授在《人月神话》一书中，借鉴外科手术队伍的组织结构，提出了一种主程序员的团队模式，如图 10-2 所示。

图 10-2　主程序式结构

主程序员就像是主刀医生，既是项目管理者也是技术负责人，他主要负责所有的开发决策并完成主要模块的设计和实现工作。后备程序员作为替补，在必要时替代主程序员，而其他程序员完成主程序员分配的编程任务。秘书负责维护项目文档，并进行初步的测试工作。

在这种模式中，所有成员都听从主程序员的安排，并且只与主程序员进行交流和沟通，降低了项目沟通的复杂性。但是在现实中，很难找到技术和管理才能兼备的主程序员。

#### 3. 矩阵式结构

在大型的软件企业中，还有一种层次化的矩阵式结构。在这种结构中，开发人员隶属于不同的职能部门。项目经理可以从不同部门选择合适的成员组成开发团队。项目经理负责整个项目的过程管理和绩效评价，另外还有专门的技术负责人负责软件开发的技术决策和方案设计，开发人员按照不同角色分工协作完成开发任务。

矩阵式结构的好处是将技术和管理工作进行分离，技术负责人负责技术上的决策，管理负责人负责非技术性事务的管理决策和绩效评价。这有效解决了技术和管理能力无法兼备的问题。但是由于团队成员受到双重的领导，因此明确地划分技术负责人和管理负责人的权限是十分重要的。

## 10.1.3　团队建设

一个团队从无到有再到形成一个高效的团队通常需要经历四个主要的阶段，团队初建（萌芽阶段）、团队磨合、团队凝聚（规范阶段），最后建立成为一个高效的团队。在不同的阶段，会有不同的表现形式，采用不同的管理风格。

#### 1. 萌芽阶段

萌芽（Forming）阶段，团队成员来自五湖四海，刚刚接触到团队的宗旨，项目还处于萌芽状态，每个人的能力及弱点还没有得到体现。因此本阶段具有如下特征。

（1）个人的角色和职责不清楚，做事的规程往往被忽略。

（2）团队成员之间会进行一般性交流，每个人都希望得到其他成员的接纳，试图避免冲突和容易引起挑战的观点。团队的成员会有意无意地探知同伴和领导的做事方式和容忍度。

（3）成员也在琢磨任务到底有多大以及如何去完成它。

（4）每个人都忙着适应环境、团队结构、角色、日常流程等。正是由于这些原因，严重的问题不一定能够及时地提出来讨论，重要的事情并不能够真正得到解决。

（5）开始各种各样的讨论。成员们对于组织结构有不少看法，对完成任务的困难也有不少讨论，但是还没有把注意力集中到解决问题上。

在这一时期，团队负责人需要回答很多问题：我们要做什么，怎么做，如何才是成功，和其他团队是什么样的关系，等等。由于百废待兴，没有太多时间进行详细讨论、得到一致认识，因此，要快刀斩乱麻地决定一些重要的问题。

这个阶段最重要的就是让成员明确地了解团队的目标。正确的目标设定应从整个团队的最终目标开始，然后在所有团队成员的参与下，将这一最终目标分解成为一系列相互关联、易于操作的短期目标。

### 2. 磨合阶段

磨合阶段（Storming），团队成员们开始逐步熟悉和适应团队工作的方式，并且确定各自的存在价值。在这个阶段，矛盾会层出不穷，主要包括团队成员之间的矛盾、项目远景和成员理解程度的差异、个人习惯和企业文化的矛盾、个人的价值取向和企业规则之间的矛盾等。

在该阶段，最好让矛盾和分歧充分地暴露，将各种冲突公开化。团队负责人主要是采用指导的方式，引导成员发现正确处理问题的方法。积极、公开的信息流动是消除谣言和误解的最好方式。

团队负责人在这个阶段会发现成员的一些特点，要区别对待。

（1）对于技术能力强，并且通过实际工作得到大家认可的成员，应鼓励他们发挥更多技术领导的作用。

（2）对一些经常有不同意见，特立独行，看似拖团队后腿的成员，这时不应该妄下判断，其实他们很可能是不错的员工，只是没有掌握表达意见的适当方式，不懂如何说服别人，应该鼓励他们找到与团队共存、共事的途径。

（3）有的成员虽然自己的工作能应付，但他们不爱讨论、分享经验，似乎没有更高的要求。对这种类型的人，应该让他们与更自信、积极的同事合作，给予他们要求更高的工作，让富有挑战性的工作激发他们的热情。

（4）有的成员在实际工作中显示出较差的技能，不怎么胜任工作。对这类成员，要考虑安排他们做得来的事，调整在团队中的位置，做到人尽其用。

在这一阶段，团队也会讨论到每个成员的投入和绩效评估的问题。在这个问题上能开诚布公地讨论并达成一致，是一个团队度过磨合阶段的重要标志。

### 3. 团队规范阶段

从磨合阶段毕业，进入规范（Norming）阶段的团队，成员们意识到只争吵是没有用的，大家还是要协同作战。这一时期的团队如下这样的特点。

（1）团队公开地讨论流程和工作的方式。团队的负责人得到广泛的尊重，其他的成员也分担了一定的职责。

（2）随着项目的发展和成员们的互动，一些成文或不成文的规则逐步建立起来了。

（3）作为一个整体，团队要做和不要做的事都更加明确。团队定下了更现实的目标和决心。

（4）通过聆听、讨论，成员互相之间更加了解，认识到并欣赏各自的能力和经验。

（5）在工作中互相支持，并且愿意摒弃自己固有的想法。

（6）成员之间的讨论更加友好，大家意识到并尊重各人的个性。

（7）集体意识更强，有共同的目标。

在这一阶段，负责人主要扮演促成者和鼓励者的角色，协调成员之间的矛盾和竞争关系，建立起流畅的合作模式。

要注意的是，并不是当团队进入到规范阶段，就万事大吉了。经验表明，很多情况下团队会由规范阶段退回到磨合阶段，或者在两个阶段间徘徊。团队成员们必须努力工作，才能使团队保持在这一阶段。他们同时还要抵御外界的压力，以免使团队分裂或者回到磨合阶段。

#### 4. 创造阶段

经历了萌芽、磨合、规范阶段，团队已经在很多的流程上达成了一致，有法有章可循了。团队的每一个人都有了自主性，知道自己要做什么。再有问题的出现，大家会按照一定的方法去分析问题，共同形成新的开发流程。这一阶段的现象如下。

（1）团队知道为何而战，有共同的远景。

（2）团队的注意力集中到如何创造、实现目标上。

（3）高度自治。不再需要领导的时时教诲与介入。

（4）不同意见仍会发生，但是成员都以一种积极的心态和方式来解决。团队成员互相支持，互相依赖，同时又保持各自的灵活性。

（5）所有人互相都比较了解，同时也互相信任，个人可以放手独立工作。

（6）角色和职责能够根据项目的要求自然地转换，没有人为此担心或发牢骚。在这样的情况下，所有人都能把大部分精力花在工作上。团队士气高涨。

（7）为了集体的利益而改进自己的行为——例如学习新技术，做更好的自我代码复审。

（8）能够避免冲突，并且在冲突发生时能够解决矛盾。

在创造阶段，团队减少了对上级领导的依赖。成员们相互鼓励，积极提出自己的意见和建议，也对别人提出的意见和建议给出积极评价和迅速反馈。

这时团队的效率达到了颠峰状态，这时最重要的已经不是解决成员之间的矛盾，也不是明确每个成员的职责和任务了，而是要建立团队业绩和个人绩效相结合的考评体系，最大限度地调动团队成员的积极性。

当然，这时也必须认识到危险所在。好的团队有时候会骄傲自满，这将导致他们的衰败。团队成员自我感觉太好，过分亲近也可能导致过度利己，造成产出下降以及傲慢自大的后果。

## 10.1.4 团队管理

团队建设的好坏，对软件项目的成败具有举足轻重的作用。因此，团队需要通过以下措施来保证最终实现项目的成功。

通过召开项目会议来明确团队成员的角色分工，形成共同的信念和一致的目标。

定期组织团队建设活动。团队建设活动有各种形式，并且贯穿整个开发过程。例如在项目启动时，要建立团队章程；针对开发任务组织兴趣小组和团队作战；在每个阶段组织、评审、验收和总结活动；对于项目工作要进行绩效沟通和有效激励；在项目结束时举行庆功活动；等等。

建立奖励机制，激发团队成员的激情，产生 1+1 大于 2 的合力。绩效评估是通过对团队成员工作绩效的考察和评价，反映成员的实际能力和业绩以及对某种工作职位的适应度，分别为物质奖励、人员调配和精神激励提供依据。那么应该如何来衡量团队成员的工作效率呢？

如果用个人工作量（比如说代码量）来衡量，显然是不合理的。代码写得多，并不代表这些代码写得好而且有价值，过分强调代码量反而会造成大量不必要的代码。

如果用个人工作时间（比如看谁加班多、走得晚）来衡量，同样也是没有效果的。因为时间并不能反映出工作成果和效率。磨洋工可能会更糟糕。

那么，不设置考评机制，团队实行平均主义，"大锅饭"结果就是使得优秀的人才流失，只剩下平庸的人在过平均主义的日子。应该说，并不存在完美的评价方法，但是完全不评价就会更糟糕。

通常来说，绩效评估应该是多维度的。表 10-2 给出的是一个二维评价体系，可以较客观地反映员工绩效的不同的因素。

个人完成任务维度：主要是由团队成员和直接经理商量工作目标，直接经理根据任务完成情况给出好、中、差三个级别的评价。例如大部分成员可以得到"好"这一评价。

团队贡献维度：严格根据人员百分比，采用团队内部互评的方式，评出团队中最好的 20%、中间的 70% 和最需要改进的 10%。

表 10-2　　　　　　　　　　　　　　　二维绩效评估体系

| 贡献<br>完成任务 | 10% | 70% | 20% |
|---|---|---|---|
| 好 | | | |
| 中 | | | |
| 差 | | | |

在理想条件下，任务完成得很好，当然贡献会在最上面的 20%；完成得最差的，贡献应该是最低的 10%。但是在实践中要复杂得多，有些人因为任务相对简单，完成得很好，但是对整个集体的贡献一般，这类人可以得到[好，70%]的位置。有些人敢于做很难的事情，结果未必令人满意，但是对团队很重要，那么，[中，20%] 应该是一个合适的评价。

显然，这个体系既反映了个人的工作情况，也反映了他对整个团队的贡献。

# 10.2　项目沟通管理

沟通在现代社会里是非常重要的，对人们的职业发展影响很大。人们通过沟通，可以拓展个人关系的网络，发展人际关系中的支持系统。

普林斯顿大学研究发现："智慧、专业技术、经验三者只占成功因素的 25%，其余 75% 决定于良好的人际沟通。"美国著名成功学专家卡耐基认为："一个成功的企业家只有 15% 是靠他的专业知识，而 85% 是靠他的人际关系和处事技巧。"由此可见，沟通能力是个人发展的关键因素，一个不善于沟通的人，很难创造佳绩。

### 1. 沟通的复杂性

沟通是为了达到一定的目的，将信息、思想、情感在个人或群体之间进行传递或交流的过程。人们通过沟通，交换有意义、有价值的各种信息，以便高效率地把事情办好。沟通的目的，是取得对方的理解和支持。所以，沟通是你被理解了什么而不是说了什么。

人们日常的很多工作需要通过团队协作来完成。成员之间的沟通复杂性会对任务的推进产生很大的影响。我们知道，一个农夫可以在 10 天内采摘完一块草莓地。那么，同样的草莓地可以雇佣 10 个农夫在 1 天之内采摘完。但是一头大象需要孕育 22 个月才能生下一头小象，增加大象的数量对于生产小象的过程却完全无济于事。现在假设开发某个模块需要一个程序员两个月的工作量，那么两个程序员在一个月内是否可以完成这个模块呢？

一般情况下，两个人开发一个模块的效率，不可能是各自开发效率的叠加。在协作过程中，每个人的工作效率都会有所降低。而产生这种情况的根本原因在于，人们需要对分解后的子任务进行更多的沟通和交流。

显然，对于摘草莓这种任务来说，可以完全分解给不同的参与人员，而且他们之间不需要相互交流，所以增加人手确实可以大大加快任务的进度。但对于生产小象这种任务，由于次序上的限制完全不能分解，因此增加人手对于进度没有任何帮助。

软件开发中也有这种可以分解的任务，只是各个子任务之间需要相互沟通和交流。所以在计划工作时，必须考虑沟通的工作量。虽然增加人手可以加快进度，但是每个人的效率会有所影响。而对于一些关系错综复杂的任务，沟通增加的工作量可能会完全抵消对原有任务分解所产生的作用。因此不难看出，软件开发是一项关系错综复杂的工作，随着人员的增加，沟通与交流的工作量也会极大地增加，这会很快消耗掉任务分解所节省下来的个人时间。

《人月神话》中有这样一条法则：向一个进度延迟的软件项目增加人员可能会使其进度更加推迟。所以追赶进度最好的方法，不是增加人手而是通过加班增加工作时间来实现。由于沟通的复杂性，一个软件开发团队的规模在 3 ~ 7 人之间比较合适，最多也不要超过 10 个人。

### 2. 常见沟通方式

沟通是一种实践的艺术。不同的环境适合采用不同的沟通形式，常见的沟通方式包括面对面的口头沟通、书面沟通、电话沟通、网络沟通等。

口头沟通是面对面的、以口头语言来实现信息交流的活动。它是日常生活中最常用的沟通形式，包括谈话、讨论、演讲、口头汇报、谈判和会议等。这种沟通方式，特别适合于复杂问题的沟通和交流。口头沟通的互动性比较强，可以迅速获得对方的反馈，但是这种方式对时间和地点的要求比较高，相对比较费时，不利于掩饰和控制情绪。

书面沟通是一种比较正式的以书面或电子为载体，利用文字和图形进行信息传递和交流的形式，例如合同、报告、会议纪要、报表、备忘录、便条等。书面沟通虽然不如口头形式使用频率高，但传播的信息量很大。相对于口头方式来说，书面内容严谨有条理，具有更强的规范性、准确性和权威性，适合于存档、查阅和引用。但是这种方式对于书写人的要求比较高，需要花费较多的时间和精力进行准备，互动和反馈比较差。

随着信息技术的发展，人们更加喜欢借助于电子媒介进行信息传递，主要包括电话和网络两种形式。

电话沟通是借助电话媒介来传递文字和声音信息，它不受距离的限制，但相比口头沟通，缺少了通过视觉和感觉来感知肢体语言信息。

网络沟通是通过计算机网络来实现信息的传送和接收，例如电子邮件、网上论坛、博客、即时通信工具以及其他团队协作工具等。这种形式跨越了时空限制，沟通的内容更加丰富广泛，信息交互能力强，信息的管理和查询也比较方便。

### 3. 项目沟通管理

项目沟通管理是为了确保项目信息及时而且恰当地收集和传递，对项目信息的内容、传递方式和传递过程等进行管理的活动。

项目经理很多时间和精力用在与人的沟通上。这些人员可能来自于组织内部如团队成员、高层管理者等，也可能来自于组织外部如客户、供应商等。有效的沟通是在他们之间架起一座桥梁。

对于项目团队内部的沟通来说，团队成员需要清楚地知道自己的分工和职责以及与其他部分的关系。所以在进行任务分配时，应该说明需要完成的工作成果、评价标准和完成期限。

在项目进展过程中，需要定期召开会议，实现信息共享和作出决策，例如项目启动会议、成员工作进度汇报以及项目阶段进展会议等。一次富有成效的项目工作会议可以及时通报项目的进展情况，发现潜在的问题或者讨论问题的解决方法，有利于增强团队的凝聚力和实现项目目标。

在所有与项目有关的利害关系人中，管理层和客户是最关键的。项目团队需要知道和谁进行沟通，为什么，对方需要什么类型的信息，详尽的程度和频率如何，沟通的目标是什么，采用什么方式比较好。

在项目遇到困难时，与管理层和客户沟通的最好方式就是将事实呈现给他们。因为在项目延期或者超出预算时，问题发现得越早就越容易解决。

# 10.3　项目估算

项目估算是对完成项目交付物的时间和成本进行预算和估计的全过程。对于软件项目来说，估算最大的挑战是项目的复杂性和不确定性。软件规模越大复杂性越高，不确定性就越大。需求的不确定性，也会对项目估算产生很大影响。此外，缺少可靠的历史数据为估算提供参考。

现实中，许多开发人员不愿做计划，对估算缺乏信心。其实项目成员不应该被估算所困扰，要勇于面对软件项目估算的挑战，克服其中的困难，做出一个相对有价值的估算。而且随着经验的积累，估算是会越来越准确的。

## 10.3.1　项目计划

软件项目计划是对软件开发过程中的活动、资源、任务、进度等进行规划。软件项目的最大挑战就是能否按时交付软件产品，所以合理地安排进度是软件项目计划的关键内容。

一般来说，项目计划需要由团队成员共同讨论制定，明确项目要做什么、如何做、谁去做、什么时候做、成本是多少以及应该达到什么质量等一系列问题。

软件项目计划的制定一般需要经过以下过程。

（1）开发问题描述：明确系统应该解决的问题、目标环境和交付验收标准。

问题描述是由项目团队和客户共同讨论形成的，双方需要对系统所要解决的问题达成共识，说明问题提出的背景、需要开发的功能和性能以及系统运行的目标环境。

（2）定义顶层设计：确定系统的总体结构和模块划分。

在需求分析的基础上，要给出系统的顶层设计。顶层设计定义了软件系统的体系结构，把整个系统划分成若干独立的子系统。具体划分过程如下。

第一步，明确设计目标。此时需要考虑性能、可扩展性等一些设计质量。

第二步，初始的子系统分解。需要比较不同的设计方案以及可以采用的标准的体系结构风格。

第三步，不断分解和求精。初始分解也许不能满足所有设计目标，需要进一步地分解和求精。需要强调的是，子系统分解应该是高层的，专注于功能并且要保持不变。

第四步，任务组织和分配。每一个子系统，可以分配给一个团队或个人，让他们协商定义子系统之间的接口，由他们来负责进行详细设计和实现。

（3）定义工作分解结构：对整个项目进行任务分解，并把任务分配给团队成员。

项目工作分解是将项目整体分解成一些更小的、易于管理和控制的子项目或工作单元，分解项目工作可以有不同的方法，最常用的是基于要实现的功能进行分解。此外，还可以根据系统的产品结构来定义项目工作。

（4）建立初始时间表：估计可能完成的时间，建立项目的初始计划。

在项目工作分解的基础上，进一步估算活动所需要的时间和资源，并按照一定的顺序把这些活动进行组织和调度，从而创建项目的进度计划表。

在这个过程中，首先要识别任务以及任务之间的依赖关系，然后由开发人员估算所承担任务的完成时间，最终创建项目的进度表。需要说明的是，制定进度计划需要在资源、时间和实现功能之间进行平衡，并且需要定期进行更新。

## 10.3.2　项目估算方法

软件项目管理是为了产出和结果，而不是为了活动，所以估算主要是针对结果进行估算，是在预测未来。不管用什么方法，所有的估计从定义上来说都只是概率。虽然估计存在不确定性，但是项目成员做出的估计在很多时候会变成一种承诺。所以项目组成员在估计时，要基于事实，考虑风险，做出合理的调整，确保对完成时间有信心。

目前流行的软件项目估算方法主要有以下 2 种。

### 1. 专家判断法

专家判断法，又称为德尔菲（Delphi）法，是一种常见的估算方法，主要是依赖专家的经验和类似项目的历史信息，对具体任务做出时间或者成本的估算。这种方法，主要依据系统的程序，采用匿名发表意见的方式，通过多轮次调查专家的看法，经过反复征询、归纳、修改，最后汇总成专家基本一致的看法，作为预测的结果。在没有历史数据的情况下，这种方式适用于评定过去与将来、新技术与特定程序之间的差别。它主要是依赖专家的能力和经验来判断哪些项目是相似的，在哪些方面相似，是一种鼓励参加估算的人员之间就相关问题进行讨论的方法。

但是大部分专家判断，技术过于简单化，很多可能影响工作量的因素并没有考虑进去，所以这种估算存在很大的不准确。

### 2. 参数估算法

参数估算法：通过对大量的项目历史数据进行统计分析，使用项目特性参数建立经验模型。再根据模型，估算诸如成本、预算和持续时间等活动参数。参数估算一般有功能点方法、COCOMO模型、用例点方法和机器学习方法等。

（1）功能点方法

功能点分析方法（function points analysis，FPA法）是一种基于软件需求特性对软件项目的规模进行估测的方法。1979 年 IBM 公司的 Alan Albrech 首先开发了计算功能点的方法。这种方法是通过评估和计量软件产品所需的内部基本功能和外部基本功能数量，再根据技术复杂度因子（权重）对这些软件功能计数进行量化，得到软件研发项目规模的最终结果。

功能点方法是根据软件信息域的基本特征和软件复杂性，估算出软件的规模。这种方法适合于在开发初期进行估算，并以功能点为单位度量软件规模。这种方法使用如下五种信息域来刻划软件的基本特性。

① 外部输入。主要是指通过界面的一些输入。像插入、更新这样的操作，都是典型的外部输入。

② 外部输出。像导出报表、打印都属于输出。

③ 外部查询。查询操作一般是要先输入数据，再根据输入的数据计算得到输出。

④ 内部逻辑文件。可以理解为业务对象，有可能对应多个数据表。

⑤ 外部接口文件。是指其他应用提供的接口数据。

使用功能点方法进行项目估算，其过程如下。

① 确定功能点计算的范围和应用程序边界，估计出所有数据功能及其复杂性，也就是内部逻辑文件和外部接口文件。

② 估计出所有事务功能及其复杂性，也就是外部输入、外部输出和外部查询，根据信息域的加权因子（见表 10-3），计算得出未调整功能点 UFC。

表 10-3　　　　　　　　　　　　　　　　信息域加权因子

| 信息域参数 | 加权因子 | | | 合计 |
| --- | --- | --- | --- | --- |
| | 简单 | 中等 | 复杂 | |
| 外部输入 | 3 | 4 | 6 | $\Sigma$ |
| 外部输出 | 4 | 5 | 7 | $\Sigma$ |
| 外部查询 | 3 | 4 | 6 | $\Sigma$ |
| 内部逻辑文件 | 7 | 10 | 15 | $\Sigma$ |
| 外部逻辑文件 | 5 | 7 | 10 | $\Sigma$ |
| 未调整功能点 UFC | | | | $\Sigma$ |

③ 根据所开发系统的特点，得到表 10-4 所列的 14 项调整因子值。

表 10-4　　　　　　　　　　　　　　系统复杂度调整值 $F_i$：取值 0.5

| $F_1$ | 可靠的备份和恢复 | $F_8$ | 在线升级 |
| --- | --- | --- | --- |
| $F_2$ | 数据通信 | $F_9$ | 复杂的界面 |
| $F_3$ | 分布式处理 | $F_{10}$ | 复杂的数据处理 |
| $F_4$ | 性能 | $F_{11}$ | 代码复用性 |
| $F_5$ | 大量使用的配置 | $F_{12}$ | 安装简易性 |
| $F_6$ | 联机数据输入 | $F_{13}$ | 多重站点 |
| $F_7$ | 操作简单性 | $F_{14}$ | 易于修改 |

④ 通过下面的公式，计算得出已调整的功能点 FP：

$$FP = UFC \times [0.65 + 0.01 \times \sum F_i]$$

这里功能点代表了软件规模的度量单位。开发人员也可以根据以往项目的历史数据，统计出不同编程语言对应一个功能点的代码行，进而把功能点转化为代码行。

（2）COCOMO 模型

结构化成本模型 COCOMO（COnstructive COst MOdel）是一种利用经验模型进行工作量和成本估算的方法。这种模型分为基本、中间、详细三个层次，分别用于软件开发的三个不同阶段，即系统开发初期、各子系统的设计以及子系统内部各个模块的设计。

这里给出的是一个基本 COCOMO 的经验公式：

$$PM_{nominal} = A * (Size)^B$$

其中：PM 代表以人月为单位的工作量；

A 是工作量调整因子；

B 是规模调整因子；

Size 代表软件规模，单位是千行代码或功能点数。

如表 10-5 所列，COCOMO 模型把软件分为组织型、嵌入型和半独立型三种类型，不同的软件可以对应这三类软件的适用范围选取相应的参数。

表 10-5         COCOMO 模型的软件分类

| 类型 | A | B | 说　明 |
|---|---|---|---|
| 组织型 | 2.4 | 1.05 | 相对小的团队在一个高度熟悉的内部环境中开发规模较小、接口需求较灵活的系统 |
| 嵌入型 | 3.6 | 1.2 | 开发的产品在高度约束的条件下进行，对系统改变的成本很高 |
| 半独立型 | 3.0 | 1.12 | 介于上述两者中间 |

由于这种模型是根据以前的和局部的数据得出的，不可能完全适用于当前所有的软件项目和开发环境，所以它的计算结果只能是一个大概的参考。

（3）用例点估算

用例点估算主要是对面向对象软件的开发规模和工作量进行估计。它和功能点方法比较类似，但是比功能点要简单一些。用例点估算，首先需要建立用例模型，然后通过以下步骤进行估算。

① 计算角色复杂度。角色可以分成简单、一般和复杂三种类型。简单角色是通过 API 或者接口和系统进行交互的其他系统；一般角色是通过协议，比如说 TCP/IP 和系统进行交互的其他系统；复杂角色是通过界面和系统进行交互的人。它们的权重分别是 1、2 和 3。通过加权求和，可以得到角色复杂度 UAW。

② 计算用例复杂度。用例复杂度也是分成简单、一般和复杂三种类型，可以根据涉及的数据库实体数、操作步骤数和实现所用类的个数来区分。权重分别是 5、10 和 15。同样，可以通过加权求和的方式得到用例复杂度 UUCW。

③ 计算未平衡点。把角色复杂度 UAW 和用例复杂度 UUCW 相加，得到未平衡的用例点 UUCP，即 UUCP=UAW+UUCW。

④ 计算用例点。用环境复杂度因子 ECF 和技术复杂度因子 TCF 进行调整，可以得到最终的用例点 UCP，即 UCP=TCF × ECF × UUCP。其中，环境复杂度调整因子有 8 项，表 10-6 给出的公式是计算环境复杂度的经验公式；技术复杂度一共有 13 项调整因子，可以按照表 10-7 给出的经验公式进行计算。

表 10-6         环境复杂度调整因子 $EF_i$：取值 0.5

| EFC | 说　明 | 权　重 | TFC | 说　明 | 权　重 |
|---|---|---|---|---|---|
| $EF_1$ | UML 精通程度 | 1.5 | $EF_5$ | 团队士气 | 1 |
| $EF_2$ | 开发应用系统经验 | 0.5 | $EF_6$ | 需求稳定性 | 2 |
| $EF_3$ | 面向对象经验 | 1 | $EF_7$ | 兼职人员比例 | -1 |
| $EF_4$ | 系统分析员能力 | 0.5 | $EF_8$ | 编辑语言难易程度 | 2 |
| EFC=1.4+（-0.03 × $\sum EF_i$） | | | | | |

表 10-7　　　　　　　　　　　　　　技术复杂度因子 $TF_i$：取值 0.5

| TFC | 说　明 | 权　重 | TFC | 说　明 | 权重 |
|---|---|---|---|---|---|
| $TF_1$ | 分布式系统 | 2 | $TF_8$ | 可移植性 | 2 |
| $TF_2$ | 系统性能要求 | 1 | $TF_9$ | 可修改性 | 1 |
| $TF_3$ | 终端用户使用效率要求 | 1 | $TF_{10}$ | 并发性 | 1 |
| $TF_4$ | 内部处理复杂度 | 1 | $TF_{11}$ | 特殊的安全性 | 1 |
| $TF_5$ | 可重用性 | 1 | $TF_{12}$ | 提供给第三方接口 | 1 |
| $TF_6$ | 易安装性 | 0.5 | $TF_{13}$ | 需要特别的用户培训 | 1 |
| $TF_7$ | 易用性 | 0.5 | | | |
| $TFC=0.6+0.01\times\sum TF_i$ ||||||

⑤ 估算项目开发工作量。根据历史数据得知完成每个用例点的平均时间，进一步可以计算出项目开发的工作量。关于生产率，用例点方法发明者建议，完成每个用例点一般会使用 16～30 人时，因此可以取平均值 20 人时。

（4）机器学习方法

机器学习方法是使用历史项目数据，通过机器学习算法来找出数据中的规律，并以此估算新的项目。

神经网络就是一种机器学习方法，它采用一种学习方法导出一种预测模型，这种方法使用历史项目数据训练网络，通过不断学习找出数据中的规律，再用其估算新项目的工作量。图 10-3 说明了如何使用神经网络对工作量进行估算。它把影响工作量的四个因素（即问题复杂性、应用新颖性、使用设计工具和团队规模）作为输入，通过三层网络计算出工作量。使用过去项目的历史数据作为训练集，再用训练好的网络来估算新的项目。

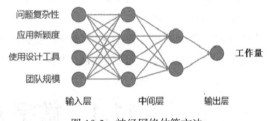

图 10-3　神经网络估算方法

# 习题十

1. 某大型化工产品公司计划开发一个新的计算机应用，用以跟踪原材料的使用情况。这个应用由公司内部组成的开发团队进行开发，该团队已有多年开发类似应用的经验。假设初始估计的程序规模是 32000 行源代码，请使用基本 COCOMO 模型进行估算，该项目的开发工作量大约是多少人·月。

2. 软件开发团队的组织形式有哪些？各有什么特点？

3. 软件项目估算是一件非常困难的事情，其最大的挑战是项目的复杂性和不确定性。谈谈你对软件项目估算的看法。

4. 一个团队从无到有一般会经历哪些阶段？试述各阶段的特点。

# 第 **11** 章
# 敏捷开发与配置管理

当前的业务都是处于全球性、快速变化的大环境，需要应对各种变化，包括新的机遇和市场、不断变化的经济条件、出现的竞争产品和服务。为了抓住新的机遇，应对竞争压力，软件作为业务运行中的一部分，快速的软件开发和交付已成为软件系统的最为关键性的需求。此外，业务运行在一个变化的环境中，需求的变更已是常态。

敏捷软件开发（agile software development），又称敏捷开发，是一种从 20 世纪 90 年代开始逐渐引起广泛关注的一些新型软件开发方法，它是一类轻量级的软件开发方法，提供了一组思想和策略来指导软件系统的快速开发并响应应用用户需求的变化。

敏捷开发是一种以人为核心、迭代、循序渐进的开发方法。在敏捷开发中，软件项目的构建被切分成多个子项目，各个子项目的成果都经过测试，具备集成和可运行的特征。敏捷开发方法有很多，包括 Scrum、极限编程、功能驱动开发以及统一过程（RUP）等。

# 11.1　敏捷开发之 Scrum

Scrum 方法是 1995 年由 Ken Schwaber 和 Jeff Sutherland 博士共同提出的，已被众多软件企业，如 Yahoo、Microsoft、Google、SAP、IBM 等广泛使用。Scrum 是一种应用很广泛的敏捷开发方法，这个英文单词的含义是橄榄球运动中的一个专业术语，表示争球的动作。把一个开发过程命名为 Scrum，就是形容开发团队在开发一个项目的时候，所有的团队成员能够像打橄榄球一样迅速而富有战斗激情，你争我抢完成进攻，通过逐步逼近的方式取得最后的胜利。

Scrum 是一种兼具计划性与灵活性的敏捷开发过程。它把整个开发过程划分为若干个更小的迭代，每一个迭代周期称为一个冲刺（Sprint），每个 Sprint 的建议长度 2 ~ 4 周。在 Scrum 中，使用产品订单（backlog）来管理产品或项目的需求，产品订单是一个按照商业价值进行排序的客户需求列表，通常以用户故事形式描述列表条目。Scrum 开发团队从产品订单中挑选出一些优先级最高的需求，Sprint 中挑选出的需求经过计划会议上的分析、讨论和估算形成一个迭代的冲刺任务列表（Sprint backlog）。在每个迭代结束时，Scrum 团队将产生一个潜在的、可运行的交付版本。最后由项目的多方人员参加这个版本的演示和回顾的会议，最终决定这个版本是否达到了发布的要求。

Scrum 框架包括开发团队角色、开发制品和开发活动三个部分。

## 11.1.1　Scrum 框架之角色

开发团队角色主要包括三种类型。

（1）产品负责人（Product Owner）：Scrum 中对产品负有全部责任的唯一人。产品负责人需要创建和维护产品 Backlog，并需要参加必需的 Scrum 会议，如 Sprint 计划会、Sprint 评审会等。产品负责人的主要职责包括以下方面。

① 确定产品的功能，负责维护产品的需求列表。

② 决定产品的发布日期和发布内容。

③ 为产品的投资回报（ROI）负责。

④ 根据市场价值确定需求的优先级。

⑤ 在每个迭代开始前调整功能和功能优先级。

⑥ 在迭代结束的时候验收开发团的工作成果。

（2）Scrum 主管（Scrum Master）：这个角色是 Scrum 框架提出的新角色。他需要对整个 Scrum 框架非常熟悉，而且需要是一个变革大师。Scrum 主管作为团队领导与产品负责人密切合作，及时为团队成员提供帮助。他主要职责包括以下方面。

① 需要知道什么任务已经完成，哪些任务已经开始，哪些新的任务被发现以及哪些估算可能已经发生变化。

② 仔细考虑同时在进行开发的任务数，同时进行的工作量需要做到最小化，以实现精益生产率的收益。

③ 要保证开发过程按照计划进行，组织每日站立会议、迭代计划会议、迭代评审会议和迭代回顾会议。

④ 要引导团队正确地应用敏捷实践。保证团队资源完全使用和高效运作；要促进团队成员之间的良好合作；解决团队开发中的障碍；作为团队和外部的接口，屏蔽外界对团队成员的干扰。

（3）Scrum 团队：指的是跨职能的自组织团队。开发团队中可能包含开发人员、测试人员、用户体验工程师、数据库专家等。开发团队负责完成端到端的工作，从而在 Sprint 结束的时候可以完成产品增量。开发团队的一些特点如下。

① 团队的规模控制在 5 ~ 9 人。如果小于 5 人，团队的生产力会下降，有可能会受到技能的限制从而导致无法交付可发布的产品模块。如果成员多于 9 人，那么成员之间就需要太多的协调和沟通。对于大型项目来说，可以采用多个小的 Scrum 团队，每个团队派出代表进行团队之间的协调和沟通。

② Scrum 团队是跨职能的团队。团队成员必须具备交付产品增量所需要的各种技能，比如说编程、质量控制、业务分析、架构、用户界面设计或数据库设计等。在 Scrum 团队中没有头衔的概念，每一个人都必须尽心尽力完成迭代目标，团队成员要全职工作。

③ Scrum 团队是自我组织和管理的。成员之间协调配合，提高整个开发效率，最终保证每一个迭代的成功。

## 11.1.2　Scrum 框架之制品

Scrum 制品主要包括产品订单（Product Backlog）、迭代订单（Sprint Backlog）和燃尽图（Sprint Burndown Chart）。

（1）产品订单。是一个从客户价值角度理解的有优先级顺序的产品功能列表。产品订单中包含开发和交付成功产品所需要的所有条件和因素。产品订单的条目可以是功能需求，也可以是非功能需求，还可以是主要的技术改进目标。

通常由产品负责人负责产品订单的内容、可用性和优先级。产品订单永远都不会是完整的。

最初它只是列出一些最基本的和非常明确的需求，这些需求至少要足够一个迭代的开发。随着开发团队对产品和用户的了解，产品订单在不断演进，所以产品订单是动态的。它经常发生变化，以保证产品更加合理、更具有竞争性和更有用。

此外，产品订单条目是按照优先级进行排序，优先级主要由商业价值、风险和必要性来决定。优先级高的条目需要优先进行开发。优先级越高条目就越详细，越低就越概括。

Scrum 中需求存放的清单，常见的格式为用户故事，也可以包含其他类型的内容，如缺陷、用例、史诗故事等。

（2）迭代订单。是团队承诺的在当前迭代要完成的任务列表，这些任务是通过选取产品订单项并进一步细化和分解形成的，其目的是将产品订单项转化为潜在的可交付的产品增量。

① 简单环境：可以直接把订单项作为任务分配到迭代中。

② 复杂环境：就需要进一步把订单项分解成一系列更细致的开发任务。

如何选择产品订单项取决于它的优先级以及开发团队完成开发所需要花费的时间，选择哪些订单项以及多少项是由开发团队自己来决定的。在 Sprint 过程中，团队每天都会更新迭代订单，在每日例会上讨论并同步有关迭代的信息。

（3）产品增量。是迭代开发的产出结果，它是每个迭代结束时，团队可以交付的一个产品增量。可交付的标准是在迭代初期提前设定的，每一次迭代都应该是一个可运行的版本。

（4）燃尽图（Sprint Burndown Chart）：是以图形方式显示迭代过程中累计剩余的工作量，它是一个反映工作量完成状况的趋势图（见图 11-1）。其中 Y 轴代表的是剩余工作量，X 轴代表的是迭代的工作日。

Ideal Line 这条直线标明的是工作量完成情况的理想状态，如图 11-1 所示。Line 1 曲线没有触到零点，表明该团队的计划并不好，计划与自我管理方面亟需改进。Line 2 曲线表明该团队已经达成了目标，但并没有主动去更新数字。Line 3 曲线接近于理想情况，表明了一个计划良好的成熟团队工作量的燃尽情况，该团队是自我管理并且在整个 Sprint 中拥有足够的故事要去实现。

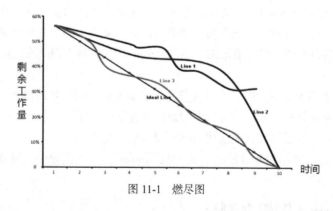

图 11-1　燃尽图

在迭代开始的时候，Scrum 团队会标识和估计这一个迭代需要完成的详细任务。所有这一个迭代中需要完成但是没有完成的任务工作量就是累计的工作量，Scrum 主管会根据进展的情况，每天更新累计工作量。如果在迭代结束时，累计工作量降低到 0，迭代就成功地结束。产品订单功能点被放到 Sprint 的固定周期中，迭代订单会因为如下原因发生变化。

① 随着时间的变化，Scrum 团队对于需求有了更好的理解，有可能发现需要增加一些新的任务到迭代订单中。

② 程序缺陷作为新的任务加进来，作为承诺提交任务中未完成的工作，可以分开进行跟踪。

由于在迭代刚开始时，增加的任务工作量可能大于完成的任务工作量，所以燃尽图有可能呈上升趋势。

### 11.1.3　Scrum 框架之活动

Scrum 是通过以下开发活动来管理整个项目开发过程的。

（1）迭代计划会议（Sprint Planning）：是在每次迭代开始时召开，它的目的是选择和估算本次迭代的工作项。整个会议分成两个部分。

① 做什么：是以需求分析为主，确定到底要做什么，也就是从产品订单中选择和排序本次迭代需要实现的订单条目。

② 如何做：是以设计为主，确定要怎么做，由开发团队决定系统的设计方案和工作内容。

迭代计划会议需要整个团队参加。在计划会议过程中，产品负责人的重要职责之一是解释澄清模糊的需求。产品负责人逐条讲解最重要的产品功能，Scrum 团队共同估算故事所需要的工作量，直到本次迭代的工作量达到饱和为止。产品负责人参与讨论，并回答与需求相关的问题，但是并不干涉估算的结果。最后的产出为迭代目标和迭代订单。

（2）每日站立会议（Daily Scrum Meeting）：在迭代开发过程中，Scrum 团队通过每日站立会议来确认他们的工作进展情况，评估是否可以实现迭代的目标。这个会议每天在同样的时间和同样的地点召开。每个团队成员都需要回答三个问题。

① 从上一次例会到现在我 完成 了什么（重点在于是否完成承诺以及暴露风险）。

② 从现在到下一次例会我计划完成什么（重点在于承诺）。

③ 有什么风险或障碍（尽早暴露问题风险）。

每日站立会议中，可能有简要的问题澄清和回答，但是不应该有任何话题的讨论。这个会议并不是向任何人做汇报，而是 Scrum 团队内部的一个沟通会议，来帮助大家快速地发现问题，促进团队的自组织和自管理。每日站立会议要求简短，通常不超过 15 分钟。

（3）迭代评审会议（Sprint Review）：是在迭代结束的时候召开，Scrum 团队和相关人员一起来评审迭代产出的结果。一般情况下，Scrum 团队会演示产品的增量，让用户代表尝试使用这些新功能，听取用户对产品功能的反馈。整个小组也会讨论他们在迭代中观察到了什么，有哪些新的产品想法，产品负责人会对未来做出一个最终的决定，并适当地调整产品订单条目。

（4）迭代回顾会议（Sprint Retrospective）：Scrum 团队一起检视和调整他们的工作方法，以达到成熟高效的自组织团队。每次迭代完成之后，Scrum 团队还要举行一个迭代总结会，会上所有团队成员都要反思这个迭代过程。要识别出哪些做得好，哪些做得不好，找出潜在的可以改进的事项，为将来的改进制定计划。

回顾会议旨在对前一个迭代周期中的人、关系、过程和工具进行检验。检验应当确定并重点发展那些进展顺利的和那些采用不同方法可以取得更好效果的条目。在 Sprint 回顾会议的最后，Scrum 团队应该确定将要在下个迭代中实现的有效改进方法，这些变化更适应于经验检验。

# 11.2　用户故事与估算

在敏捷项目中，用户故事是描述产品需求的一种常见方法。使用用户故事来描述产品订单条目，是一个非常有效的实践。

## 11.2.1　用户故事

所谓用户故事，是从用户的角度来描述它所需要的功能。用户故事的描述没有固定的语法格式，这里给出一种常见的故事表达格式：

As a <Role>, I want to <Activity>, so that <Business Value>.

作为一个<角色>，我想要<活动>，以便于<商业价值>

角色（user-role）：谁要使用这个功能。

活动（Activity）：需要完成什么样的功能。注意区分用户操作和产品功能之间的关系，因为产品功能可能也提供了用户所需的价值，但却极可能不便于操作。

价值（business-value）：为什么需要这个功能，这个功能可以给用户带来什么价值或者好处。

用户故事一般写在小的记事卡片上。在卡片的正面，写上故事的内容；在卡片的反面，可以列出对这个故事的一些测试项。用户故事主要是用来描述产品功能的。下面给出了三个用户故事的例子。

（1）作为一名维基用户，我希望上传一个文件到维基网站，以便和同事进行分享。

（2）作为一名客服代表，我希望为客户创建一个记录卡，以便记录和管理客户支持请求。

（3）作为一名网站管理员，我希望统计每天访问网站的人数，以便赞助商了解这个网站会给他们带来什么利益。

以上故事都采用了前面的格式进行描述，而且明确地给出了具体的用户角色。需要特别说明的是，不要总是把故事的角色写成"作为一个用户"之类的含糊的说法，而是要把用户区别对待。这样才能更好地理解他们使用什么功能、如何使用、为何使用。

除了用于描述功能之外，用户故事有时候也用于描述非功能需求、技术增强和缺陷修复等。

（1）非功能需求故事：系统必须支持 IE9、Safari5、Firefox7 和 Chrome15 浏览器。

（2）技术增强的故事：作为开发人员，我希望为新的过滤引擎做两个参考原型，以便知道哪个更合适。

（3）缺陷修改的故事：修复缺陷跟踪系统的缺陷#256，这样可以使客户在搜索项中输入特殊字符时不会出现异常。

## 11.2.2　构造好的用户故事

故事应该很清晰地体现对用户或客户的价值，最好的做法是让客户团队来编写故事。客户团队应包括能确定软件最终用户需求的人，可能包括测试者、产品管理者、真实用户和交互设计师。因为他们处于描述需求的最佳位置，也因为随后他们需要和开发者一同设计出故事细节并确定故事优先级。一个好的用户故事应该具备以下六大特征。

（1）独立的（Independent）：要尽量避免故事间的相互依赖。在对故事排列优先级或者使用故事做计划时，故事间的相互依赖会导致工作量估算变得更加困难。通常可以通过以下两种方法来减少故事间的依赖性。

①　将相互依赖的故事合并成一个大的、独立的故事。

②　用一个不同的方式去分割故事。

（2）可讨论的（Negotiable）：故事卡是功能的简短描述，细节将在客户团队和开发团队的讨论中产生。故事卡的作用是提醒开发人员和客户进行关于需求的对话，它并不是具体的需求本身。一个用户故事卡带有了太多的细节，实际上限制了与用户的沟通。

（3）对用户或客户有价值的（Valuable）：用户故事应该很清晰地体现对用户或客户的价值，最好的做法是让客户编写故事。一旦一个客户意识到这是一个用户故事并不是一个契约而且可以进行协商的时候，他们将非常乐意写下故事。

（4）可估算的（Estimable）：开发团队需要去估计一个用户故事以便确定优先级、工作量、安排计划。由于开发人员缺少领域知识、技术知识或者由于用户故事太大，都会导致开发者难以估计的问题。

（5）小的（Small）：一个好的故事在工作量上要尽量小，最好不要超过 10 个理想人/天的工作量，至少要确保的是在一个迭代或 Sprint 中能够完成。用户故事越大，在安排计划、工作量估算等方面的风险就会越大。

（6）可测试的（Testable）：故事必须是可测试的。成功通过测试可以证明开发人员正确地实现了故事。如果一个用户故事不能够测试，那么你就无法知道它什么时候可以完成。一个不可测试的用户故事例子是：用户必须觉得软件很好用。

## 11.2.3　用户故事的划分

当用户故事非常大时，将很难对它进行估计。如果故事预计在 N 次迭代后才进行，那么大的故事很正常。但如果估计预计在接下来的迭代中进行，那么就可以对大的故事进行拆分。很大的故事基本上都能进行拆分，只要确定每个小故事都可以交付一定的业务价值就行。但是不要把故事拆分到任务。因为故事是可以交付的东西，是产品负责人所关心的；而任务是不可交付的东西，产品负责人对它并不关心，任务是在迭代计划会议上拆分的。划分用户故事可以考虑以下因素。

（1）按照用户故事所支持数据的边界来进行划分，例如导入 GBQ 文件、Excel 等。

（2）从主用户故事中除去对例外或错误条件的处理，相当于用户使用场景的基本路径和扩展路径，从而把一个大型用户故事变小许多。

（3）按照操作边界，把大型用户故事分割成独立的建立、读取、更新和删除操作。

（4）去除横切考虑（例如安全处理、日志记录、错误处理等），为用户故事建立两个版本，一个具备对横切考虑的支持，另一个不具备这种支持。

（5）考虑将功能性需求和非功能性需求隔离到不同的用户故事。

随着用户故事粒度的增大，不定性（由于缺陷、人为因素、外部依赖等因素）会急剧提高。所以在对用户故事进行划分时，要做到以下两点。

（1）缩短完成用户故事的时间。很多人认为用户故事的大小与完成时间是成正比的。但是研究表明，随着用户故事规模的增长，完成它所需要的时间会呈非线性增长。两倍大小的用户故事需要花五倍的时间来完成。

（2）减少用户故事大小的差异性。在开发过程中，很多时候团队成员都在等待。开发人员等待需求，开发人员等待架构和代码审查，测试人员在等开发人员完成开发工作，等等。在稀缺资源面前会有一个长长的任务队列。如果能够消除由于资源竞争产生的队列，团队开发的效率就会大大提高。

之所以将大的用户故事分割成小块，其好处主要有以下几个方面。

（1）减少等待：下游的成员不必要等待过长的时间，小用户故事在系统内的流传会很快，从宏观来说变成了一个并行模式而不是串行模式。

（2）加快反馈：每个小功能的完成都是一个反馈点，可以及时沟通信息。大块需求导致很多需求的缺陷往往在最终测试的时候才被发现，如果不能及早完成、尽快测试，缺陷会越来越难以解决。软件很少一次就做好，多次反馈以及不断演进才是一个真正能把功能做好的策略。

（3）减少缺陷：沟通更加及时，有问题可以及时发现，立刻解决，而不需要过长时间的等待。

（4）更好地衡量进度：可以工作的软件能够更好、更真实地反映项目进度状况。人天生只能关注很小的部分——精力和智力所限。

（5）较少的投入获得较早的回报：这样可以尽早地达到成本与收入的平衡点。

（6）风险小：小的功能投入的资源较少。

（7）更容易分优先级：大块用户故事中难免还有优先级较低的小用户故事，通过细分，可以真正关注高优先级的用户故事。

（8）让每个人接触不同的用户故事：用户故事变小，也会更简单，一次很容易让不同人同时去完成。

## 11.2.4　故事点估算

在几乎所有的项目中，都需要或者要求估算项目所需时间。在对用户故事有了大体的理解后，接下来应将注意力转到如何使用用户故事进行估算和计划。对于一个故事的估算方法应该具有如下特点。

（1）运行改变估算结果。

（2）适用于所有的故事。

（3）很容易很简单地进行估算，不需要花费太多时间。

（4）提供进度和剩余工作的主要信息。

（5）计算不准确也不会有大问题。

（6）估算的结果可以用来指定发布计划。

故事点（Story point）估算就是一种满足以上所有目标的估算方法。故事点有个很好的特性，是团队可以定义自己认为合适的故事点。一个团队可能决定定义一个故事点为一天的工作，另一个团队可能定义一个故事点为一周的工作，还有团队可能把一个故事点作为故事复杂度的测量。因为故事点有很多意义，所以故事点只是代表时间的模糊单位。

故事点应该由整个团队进行估算，团队中的大部分成员都要参与故事的故事点估算，每个人都把自己的估算结果说出来，最后大家再定一个所有人都认可的故事点。产品负责人和 Scrum 主管并不参与实际的估算。产品负责人只是负责阐述和澄清用户故事，Scrum 主管是指导和引导整个估算的过程。

故事点的基本做法是先找出一些标准的故事，设定一个标准点数，形成比较基线。其他故事和标准故事进行比较，出一个相对的比例，从而得到这个故事的一个估计值。这种方法的难点在于故事点的产品特征很明显，没有办法在不同团队之间进行比较。而且如果没有历史数据，很难设定标准故事。例如，表 11-1 是网上购物订单的用户故事列表。假设首先选择一个简单的标准故事"注册账户"，把它的规模设定为 1。然后其他故事通过与标准故事进行比较，可以得到相应的故事点数。

表 11-1　　　　　　　　　　　　　　　　网上购物订单的用户故事

| 优先级 | 名　　称 | 用户故事描述 | |
| --- | --- | --- | --- |
| 1 | 浏览商品 | 作为一名顾客希望购买商品而不确定幸好时，我希望能浏览网站在售的商品，按照商品类型和价格范围进行过滤 | 2 |

续表

| 优先级 | 名　　称 | 用户故事描述 | |
| --- | --- | --- | --- |
| 2 | 搜索商品 | 作为一名顾客在查找某种商品时，我希望能进行不限格式的文本搜索，例如按照短语或关键字 | 5 |
| 3 | 注册账户 | 作为一名新顾客，我希望注册并设置一个账户，包括用户名、密码、信用卡和送货信息等 | 1 |
| 4 | 维护购物车 | 作为一名顾客，我希望能将指定商品放入购物车（稍后购买）、查看我的购物车内的商品以及移出我不想要的物品 | 3 |
| 5 | 结账 | 作为一名顾客，我希望能够完成我购物车内所有商品的购买过程 | 8 |
| 6 | 编辑商品规格 | 作为一名工作人员，我希望能够添加和编辑在售商品的详细信息（包括介绍、规格说明、价格等） | 3 |
| 7 | 查看订单 | 作为一名工作人员，我希望能登录并查看一段时间内应该完成或已经完成的所有订单 | 2 |

估算不是承诺，不应因其他因素而人工放大。估算应该准确，但不必过于精确。应该投入刚好够用的工作量得到一个大致正确、足够好的估算即可，过于精确的估算也是浪费。由于人们更擅长相对的估算，所以应该使用相对大小，而不是绝对大小进行估算。比如，人们通常对于一个玻璃杯到底能放入多少饮料，是没有什么概念的。但是要是指出一个玻璃杯相对于另一个玻璃杯的大小就比较容易了。故事点只是一个相对度量单位，点值本身并不重要，重要的是点值的相对大小。

在估算完故事点后，可以凭经验估算一个故事点的开发工作量，从而得到所有的用户故事的工作量。也可以进行试验，试着开发一个用户故事，度量花费的工作量，得到开发效率，即在本项目中一个故事点需要花费多少工时，再去估算所有故事的工作量。例如，一个团队在一个为期 2 周的迭代中完成了 30 个故事点。那么他们很可能在下轮迭代中也完成 30 个故事点。一个团队在一轮迭代中完成的故事点数，称为速率（velocity）。

接下来通过一个例子来简单说明如何使用速率以及故事点。假如一个团队开始一个新的项目，估算项目的所有故事，一共是 200 个故事点。在开始第一轮迭代开发前，计划一周完成 20 个，那么意味着完成整个项目需要 10 次迭代周期，即 10 周。

第一轮迭代开发结束时，开发团队将已完成的故事点数加起来，一共是 40 个，而不是 20 个。如果他们能够保持每次迭代完成 40 个故事点的速率，那么意味着 5 次迭代即 5 周就能完成整个项目。因此，接下来团队就可以按照 40 个的速率进行后面的开发。当然，之所以可以使用这个速率来完成后续的开发，主要基于以下 3 个条件。

（1）第一轮迭代中没有发生任何类似于加班或增加人手这样的异常事件。因此生产力没有受到影响。显然，加班或其他生产力因素对速率的影响是显著的。例如，一轮迭代的速率是基于开发团队一周工作 60 小时获得的，那么当下一轮迭代退回到一周工作 40 小时时，速率是会下降很多的。

（2）必须采用前后一致的方式进行估算，这一点非常重要。因为这样能尽量减少从一轮迭代到下一轮迭代速率的起伏。而保持估算一致性的最好办法就是前面提到的团队估算。

（3）第一轮迭代的故事必须是独立的。

在使用故事点估算时，开发团队有时会觉得比较困惑，这主要是因为对于故事点太过思前想后或者想让故事点发挥更多的作用所致。那么，要正确使用故事点估算，需要了解以下 3 点。

（1）不同团队故事的故事点是不一样的。例如，对同一个故事，一个开发团队估算有 6 个故事点，而另一个团队估算则可能只有 4 个故事点。

（2）一个大的故事分解成一些小故事后，这些小故事估算值的总和不需要与开始那个大故事的估算相等。

（3）类似地，一个故事分解成一些任务。这些任务估算的总和不需要与这个故事的估算相等。

## 11.2.5 策划扑克估算

策划扑克估算是以故事点为单位估算软件规模的一种敏捷方法。开发团队使用估算扑克来进行软件规模的估算。估算扑克是一种基于共识的估算工作量的技术。估算扑克本质上是扑克牌，它基于 Delphi 估算原理，可以快速地估算出需要的数字。

在扑克牌上印有一些估算值，一般是由三种形式给出。

（1）有些牌是自然序列。

（2）有些牌是斐波纳契数列。

（3）还有些牌是不连续的自然数，比如说 2 的幂等。

选用哪一种形式作为估算扑克牌的数值范围，是由开发团队来决定的。

使用敏捷估算扑克进行估算主要包括以下步骤。

（1）分牌：敏捷扑克和普通游戏扑克一样，都有 54 张牌、4 种花色，每种花色 13 张。每名参与估算的开发人员发放一组同花色的估算扑克，以斐波那契数列为例，扑克牌上的数字可以标为 1，2，3，5，8，13，20，40。其中，1，2 和 3 代表小的故事；5，8 和 13 代表中等大小的故事；20 和 40 代表大的故事；100 代表非常大的故事；"？"号代表估算成员对故事不理解或者不知道怎么来进行估算。

（2）选择一个比较小的用户故事，确定其故事点（例如，3~4 人天的工作量），将该故事作为基准故事。

（3）产品负责人从产品订单中选择一个用户故事，为大家进行详细讲解。团队成员讨论并且提问，产品负责人解答大家的问题。

（4）当团队成员确认已经对故事完全了解而且没有重大问题之后，大家开始进行估算。每名估算者将该用户故事与基准故事进行比较，选择一个代表其估算故事点的牌。在产品负责人发号令出牌前，每个人的牌面不能被其他人看到。然后大家同时出牌，每个人都可以看到其他人打出的牌。

（5）产品负责人判断估算结果是否比较接近，如果接近则接受估算结果，转向（3）选择下一个故事，直至所有的用户故事都估算完毕。否则转向（6）。

（6）如果结果差异比较大，请估算值最高及最小的估算者进行解释，大家讨论，时间限定为不超过 2 分钟。如果大家同意，也可以对该用户故事进行更细的拆分。

（7）转向（4），一般很少有超过 3 轮才收敛的现象。

在做了几个估算以后，要对估算结果做三角测量。具体做法就是，在估算一个故事时，根据这个故事与其他一个或多个故事的关系来估算。假定第一个故事估算为 4 个故事点，第二个故事为 2 个故事点。把这 2 个故事放在一起考虑的时候，程序员都应该认可 4 个故事点的故事是 2 个故事点的故事的 2 倍。而其他 3 个故事点的故事的大小应该介于 4 个故事点的故事和 2 个故事点的故事之间。如果上面的三角测量的结果不对，开发团队就应该重新估算。

在策划扑克估算方法中，参与的人员对于被估算的需求进行了充分的沟通，并综合了程序员、测试人员等各个角色的专家观点，融专家法、类比法、分解法为一体，可以快速、可信、有趣地进行估算。

# 11.3　软件配置管理

软件开发过程中，经常需要修改代码。相信大家都遇到过下面的问题。

（1）找不到某个文件的历史版本。比如，代码改乱了，希望返回到之前的某个版本，但是却没有保存。

（2）开发人员使用错误的版本修改程序。开发人员有时调试了半天代码，最后发现问题的原因居然是代码的版本不对。

（3）在没有经过允许的情况下，开发人员擅自修改了代码，结果造成系统出现新的问题。

（4）由于代码管理比较混乱，在人员流动时，发现有的代码并没有进行交接。

（5）在维护过程中，可能需要重新编译某个历史版本，但是因为缺少原有的开发工具或运行环境，造成无法重新编译。

（6）在协同工作过程中，代码修改混乱。比如说，自己新改好的代码，又被别人覆盖为旧的版本。

软件项目开发过程面临的一个主要问题，就是持续不断地变化，变化可以导致开发的混乱。软件配置管理就是用于管理和控制变化的有效手段。

软件配置管理，简称 SCM（Software Configuration Management），是一种标识、组织和控制修改的技术，它作用于整个软件生命周期，目的是使错误达到最小，并且能够有效地提高开发效率。由于软件工程项目中的变更和修改总是不可避免的，因此 SCM 活动被设计用于在团队开发中标记变更、控制变更、确保变更的正确实现、落实变更的相互报告等面向变更的一种管理。它通过一系列技术、方法和手段来维护产品的历史，鉴别和定位产品独有的版本，并在产品的开发和发布阶段控制变化，通过有序管理来减少重复性工作。配置管理保证了软件开发的质量和效率，其作用主要如下所示。

（1）记录软件产品的演化过程。

（2）确保开发人员在软件生命周期的每个阶段都可以获得精确地产品配置。

（3）保证软件产品的完整性、一致性和可追溯性。

现代的软件项目开发是一种多人参加、多头并行、多方合作的庞大而复杂的过程，所涉及的各个方面人员、各个渠道的信息不仅只是在研发小组的成员之间交流沟通，而且要在各个研发小组之间通信反馈，甚至还会存在客户与研发者之间的互访。所有这些交流信息、反馈意见都有可能导致对软件的修改，小到只是对某个源文件中的某个变量的定义改动，大到重新设计程序模块甚至是整个需求分析的修改变动。由于软件开发所固有的特征，从这样一些变动中就会形成众多的软件版本，而版本的管理就是软件配置项管理的主要内容。

软件配置管理提供了结构化的、有序化的、产品化的软件工程的方法，涵盖了软件生命周期的所有领域并影响所有文件和过程。

软件配置管理的主要目标是使软件的变更和修改可以更容易地被适应，并减少当变更必须发生时所需花费的工作量。

软件配置是指软件生命周期中各阶段所提交的各种文档和可执行代码的集合，而软件配置项 SCI（Software Configuration Item）就是软件配置管理的对象，主要包括以下文件：

- 系统规格说明书
- 软件项目开发计划
- 软件需求规格说明书
- 可供使用的原型

- 用户手册初稿
- 详细设计规格说明书
- 测试计划
- 操作手册
- 软件问题报告
- 维护请求
- 软件工程标准

- 总体设计规格说明书
- 源程序清单
- 测试报告
- 用户手册正式稿
- 可直接运行的目标码程序
- 工程变更通知
- 项目开发总结

IEEE 标准 729—1983 就配置管理的内容进行了规范的定义。在国际标准化组织 ISO9000.3 标准中，对配置管理系统的功能也作了如下规定。

（1）唯一地标识每个软件项的版本。

（2）标识共同构成一完整产品的特定版本的每一软件项的版本。

（3）控制由两个或多个独立工作的人员同时对一给定软件项的更新。

（4）按要求在一个或多个位置对复杂产品的更新进行协调。

（5）标识并跟踪所有的措施和更改。

（6）这些措施和更改是在从开始直到放行期间，由于更改请求或问题引起的。

软件工程过程中某一阶段的变更，均要引起软件配置的变更，这种变更必须严格加以控制和管理，保持修改信息，并把精确、清晰的信息传递到软件工程过程的下一步骤。

变更控制包括建立控制点和建立报告与审查制度。其中"检出"和"登入"处理实现了两个重要的变更控制要素，即存取控制和同步控制。存取控制管理各个用户存取和修改一个特定软件配置对象的权限。同步控制可用来确保由不同用户所执行的并发变更。

在实际开发中是否进行配置管理也与软件的规模有关，软件的规模越大，配置管理就越显得重要，也就愈发需要。因此，配置管理的使用取决于项目规模和复杂性以及风险水平。

根据工作范围，软件配置管理可分为版本管理、问题跟踪和建立管理三个部分。其中版本管理是基础，主要完成以下任务。

（1）建立一个项目。

（2）重构任何修订版的某一项或某一文件。

（3）利用加锁技术防止覆盖性重写。

（4）当增加一个修订版时要求输入变更描述。

（5）提供比较任意两个修订版的使用工具。

（6）采用增量存储方式保存修订版。

（7）提供对修订版历史和锁定状态的报告功能。

（8）提供归并功能。

（9）允许在任何时候重构任何版本。

（10）权限的设置。

（11）晋升模型的建立。

（12）提供各种报告。

在对文件和项目的版本实施管理时，严格进行变更跟踪是非常重要的，否则主观与客观不一、文档与现实不同都会引起混乱而导致软件质量无据可依。跟踪主要抓住 3 个要点。

（1）版本号：由配置管理维护的内部数码，用户对它没有控制权。每个文件和项目的每个版本都有一个版本号，这些版本号总是定义成唯一且是递增的。

（2）标签：这些是用户赋给某个项目或文件的某个版本的一个字符串标识。

（3）日期/时间戳：它给出了一个文件最后被修改的时间信息。

在进入软件配置管理的过程时还需要考虑下面一些问题。

（1）标识配置对象——采用什么样的方式标识和管理众多已存在的文档的各种版本，使其变更能够有效地实现又便于管理。

（2）修改控制——在软件交付用户之前和之后，如何控制变更。

（3）配置审计——谁有权批准变更和对变更安排优先级。

（4）版本控制——如何保证变更得以正确地实施而不会造成混乱。

（5）配置状况报告——利用什么办法估计变更可能引起的其他问题。

实际上，软件配置管理通过以下方法强化软件的可靠性和质量。

（1）提供用于识别和控制文档、代码、接口、数据库的结构框架，适用于软件开发生命周期的所有阶段。

（2）全面支撑某一特定开发及维护工作方法，能够适应各种类型的需求、标准、政策、组织机构以及相关的管理策略。

（3）针对特定的基线状态、变更控制、测试、发布版本或审查活动，生成相应的管理信息和产品信息。

基线（baseline）是软件生存期中各个开发阶段末尾的特定点，又称里程碑。由正式的技术评审和批准而得到的 SCI 协议和软件配置的正式文本才能成为基线。它的作用是使各阶段工作的划分更加明确化，使本来连续的工作在这些点上断开，以便于检验和肯定阶段成果，例如明确规定不允许跨越里程碑修改另一阶段的文档。

基线是软件开发的里程碑，标志是有一个或多软件配置项的交付，并且这些配置项已经经过正式技术复审而获得认可。软件生存期基线如图 11-2 所示。

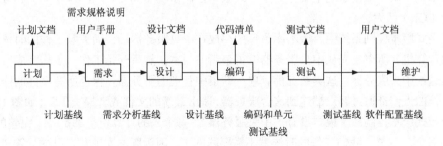

图 11-2　软件生存期基线

SCM 使软件产品和过程的变更成为受控的和可预见的，它要求并在适当的工具软件支持下能够控制谁做的变更、软件有什么变更、什么时间做的变更、为何要变更这样几点。例如，微软的 Visual SourceSafe（简称 VSS）工具软件。

# 11.4　配置管理工具 Git

同生活中的许多伟大事件一样，Git 诞生于一个极富纷争、大举创新的年代。1991 年，Linus 创建了开源的 Linux，并且有着为数众多的参与者。虽然有世界各地的志愿者为 Linux 编写代码，但是绝大多数的 Linux 内核维护工作花在了提交补丁和保存归档的繁琐事务上（1991－2002 年间）。在这期间，所有的源代码都是由 Linus 手工合并。因为 Linus 坚定地反对 CVS 和 SVN，这些集中式的版本控制系统（集中式和分布式我们将在接下来的内容讲解）不但速度慢，而且必须联网才能使用。虽然有一些商用的版本控制系统比 CVS、SVN 好用，但那是付费的，与 Linux 的开源精神不符。

不过，到了 2002 年，Linux 系统已经发展了十年，代码库之大让 Linus 很难继续通过手工方式进行管理，社区的弟兄们也对这种方式表达了强烈不满，于是整个项目组启用了一个商业版本的分布式版本控制系统 BitKeeper 来管理和维护代码。BitKeeper 的东家 BitMover 公司出于人道主义精神，授权 Linux 社区免费使用这个版本控制系统。安定团结的大好局面在 2005 年被打破，开发 BitKeeper 的商业公司同 Linux 内核开源社区的合作关系结束，原因是 Linux 社区牛人聚集，开发 Samba 的 Andrew 试图破解 BitKeeper 的协议，这么干的其实也不只他一个，但是被 BitMover 公司发现了，于是 BitMover 公司收回了 Linux 社区的免费使用权。这就迫使 Linux 开源社区（ 特别是 Linux 的缔造者 Linus Torvalds ）不得不吸取教训，只有开发一套属于自己的版本控制系统才不至于重蹈覆辙。

他们对新的系统制定了若干目标：速度、简单的设计、对非线性开发模式的强力支持（允许上千个并行开发的分支）、完全分布式、有能力高效管理类似 Linux 内核一样的超大规模项目（速度和数据量）。自诞生于 2005 年以来，Git 日臻成熟完善，迅速成为最流行的分布式版本控制系统，在高度易用的同时，仍然保留着初期设定的目标。它的速度飞快，极其适合管理大项目，它还有着令人难以置信的非线性分支管理系统，可以应付各种复杂的项目开发需求。2008 年，GitHub 网站上线，它为开源项目免费提供 Git 存储，无数开源项目开始迁移至 GitHub，包括 jQuery、PHP、Ruby 等。

### 11.4.1 版本控制系统

目前来说，版本控制系统主要分为集中式版本控制系统（如 CVS 和 SVN 等）和分布式版本控制系统（Git）两大类。

在集中式版本控制系统中，版本库是集中存放在中央服务器的，而大家工作的时候，用的都是自己的计算机，所以要先从中央服务器取得最新的版本，然后开始工作，工作完成后再把自己的修订推送给中央服务器。这类系统都有单一的集中管理的服务器，保存所有文件的修订版本，而协同工作的人们都通过客户端连到这台服务器，取出最新的文件或者提交更新，如图 11-3 所示。

而分布式版本控制系统根本没有"中央服务器"，每个人的计算机上都是一个完整的版本库，如图 11-4 所示。这样，我们工作的时候就不需要联网了，因为版本库就在自己的计算机上。既然每个人的计算机上都有一个完整的版本库，那多个人如何协作呢？比方说我们在自己的计算机上修改了文件 A，其他同事也在他的计算机上修改了文件 A，这时，我们俩之间只需把各自的修改推送给对方，就可以互相看到对方的修改了。

此外，分布式版本控制系统的安全性要高很多，因为每个人的计算机里都有完整的版本库，某一个人的计算机坏掉了不要紧，随便从其他人那里复制一个就可以了。而集中式版本控制系统的中央服务器要是出了问题，所有人都没法干活了。

许多这类系统可以指定和若干不同的远端代码仓库进行交互。这样，我们就可以在同一个项目中，分别和不同工作小组的成员相互协作。我们可以根据需要设定不同的协作流程，比如层次模型式的工作流，而这在以前的集中式系统中是无法实现的。

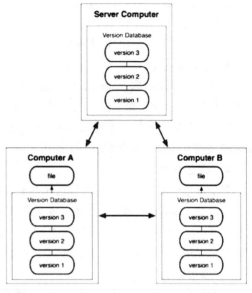

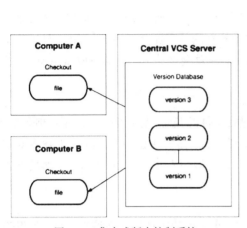

图 11-3　集中式版本控制系统　　　　图 11-4　分布式版本控制系统

## 11.4.2　版本库操作

Git 作为版本控制系统，控制单位就是版本库。而作为分布式版本控制系统，其版本库包括远端版本库和本地版本库。远端版本库存储在服务器上，或者放在第三方托管主机上；而本地版本库是存储在本机上的，如果是多人合作完成，则每个人都可以有自己的本地版本库。

所谓版本库，其实可以看作是一个在本机磁盘中或服务器上，有着特殊结构的文件夹。Git 版本库的操作主要通过使用 Git 命令行来完成，一般在 Unix 系列的操作系统中都自带 Git 的命令行。主要操作包括以下几种。

### 1．版本库的创建与提交

（1）在希望创建版本库的地方打开命令行，创建一个空的文件夹。

（2）进入这个空的文件夹，用 git init 命令可以把这个空的文件夹创建为一个空的版本库。

（3）假设在这个版本库的文件夹里创建了一个文件 file.txt，那么通过命令 git status 就可列出当前版本库中尚未提交的文件改动，称为未跟踪的文件。

（4）使用 git add file.txt 命令标记该文件，file.txt 文件就被 git 版本库获知，或者说它已经被跟踪了。这时，版本库就知道这个文件是需要提交的。

（5）使用 git commit 命令带上-m 参数，写一条提交的消息。这样，就会把版本库中已经被跟踪的所有文件一同提交到版本库中。

整个过程就完成了一次提交，所有文件的改动都会被版本库记录下来。使用同样的方式，就可以在服务器上创建一个 git 版本库，即远端版本库。

为了更好进行协作，开发团队通常采用一个远端版本库以及若干个分布在不同机器上的本地版本库这样的模式来进行配置管理。任何本地版本库如有提交，都将提交同步到远端版本库中，这样，所有的本地版本库就可以进行同步更新。

### 2．克隆到本地

创建好一个远端版本库，完成远端版本库到本地版本库的克隆。使用 git clone 命令：

```
git clone username@domain:path
```

其中，path 指的是版本库的地址。如果在 Github 上，一般使用如下格式：

```
git@github.com：用户名/版本库名
```

### 3. 从远端拉取

从远端版本库拉取 commit 到本地，也就是将文件的变动从远端版本库同步到本地版本库。具体使用命令 git pull 来实现。比如说，远端版本库上最新的一个提交，将 file4.txt 文件进行了变动。那么，只需要在每个本地版本库运行 git pull 命令，它就会自动地从远端拉取 commit，这样变动的文件就同步到各个本地版本库中。

### 4. 提交到远端

对于远端版本库的变动，通常是在本地版本库进行文件的变动，然后提交变动至本地版本库，最后通过使用 git push 命令，自动将本地版本库同步到远端。需要注意的是，git push 命令要求本地版本库中已经拥有了远端版本库的所有 commit。所以一般会先使用 git pull 命令，然后再进行文件变动。提交后再进行 git push 同步到远端。

### 5. 撤销变动

假设现在对 file4.txt 进行了改动，让版本库标记这个文件的改动是已经跟踪了的。如果希望撤销此改动，可以通过 git reset 命令将 file4.txt 的改动恢复成未跟踪的状态，但是它的改动是仍然存在的。

如果希望彻底抛弃这个文件改动，让其恢复成上次 commit 之前的状态，就需要通过 git checkout 命令指定该文件。值得注意的是，使用此命令会丢失 file4.txt 自上次 commit 之后的所有改动。要慎用此命令，因为它会丢失对文件的修改。

### 6. 修改提交

在对一些文件进行修改后希望提交，可以使用以下命令：

```
git commit -a -m "消息名"
```

自动地把修改的文件先加入，然后再进行提交。在将其 push 到远端之前，突然发现该文件需要修改，这时可以打开 file4 来进行改动，将该改动标记为已跟踪，然后可以增加一次新的 commit。或者直接将其加到上一次 commit 中去，具体做法就是直接使用如下命令完成：

```
git commit --amend
```

## 11.4.3 分支管理

上一节中讲述的 Git 版本库的操作，都是在同一个分支（master）进行文件的变动和提交的。在远端版本库和本地版本库中都存在分支，它们之间可以互相同步。为了部署的需要，开发人员常常会在远端版本库创建一个 release 分支，并保持这个分支随时处于可部署的状态，这样部署服务器上始终从这个分支去同步文件就可以了。此外，还可以通过 Git 的命令行方便地创建新的分支。

例如，开发的迭代周期为一周。第一周的迭代可以通过命令行"git checkout-b week1"创建一个新的 week1 分支，同时当前的工作分支也自动切换到 week1 分支。这样，在第一周迭代中新增加的功能都可以在 week1 分支上进行开发。如果在第一周迭代的过程中，发现已经发布的系统存在致命的 bug，就可以很方便地切换回 master 分支进行 bug 的修复，这样就相当于给开发主线创建了一个支线。当然这个支线开发完成之后，将其合并回主线即可。这样，不仅不会影响新功能的开发，而且不会耽误既有系统 bug 的修复。

那么如果在刚刚创建的 week1 分支上进行一些新的提交，就可以把这个分支同步到远端版本库。如果远端版本库不存在这个分支，可通过如下命令进行同步：

```
git push -u origin week1
```

### 1. 合并分支

切换到 week1 分支，对 file4.txt 文件进行改动并提交。假设现在希望把 week1 分支的
最新的提交合并到 master 分支上去，那么需要切换到 master 分支，通过如下命令实现分支合
并操作：

```
git merge week1
```

这样，刚才在 week1 分支上对 file4 的改动就被合并到 master 分支去了。

### 2. 冲突处理

合并的时候还有一种特殊的情况，就是可能会出现冲突。例如在 master 分支上，file4.txt 文
件有一些 week1 分支上没有的改动，分支合并会导致冲突的产生。假设分支合并时，改动了文件
的同一个位置。这样在合并之后，Git 工具就会提示文件 file4.txt 发生了冲突。

```
<<<<<<< HEAD
Content of current branch
=======
Content of branch week1
<<<<<< week1
```

在文件 file4 中，如上所示标明了其中的部分哪些来自当前的分支，哪些来自 week1 的分支。
这样就需要手工将它们合并为期望的结果并保存。然后通过 git add 命令告知版本库，这个冲突已
经解决。接着就是常规的 git commit 来提交已经对 week1 分支完成的开发工作，并且已经将其合
并到主分支。

### 3. 删除分支

首先要确认当前的工作分支不是要删除的分支。例如，要删除 week1 分支，就需要先切换到
另一个分支（比如主分支），然后通过使用如下命令删除分支：

```
git branch -d week1
```

同样，也可以把删除分支这个操作同步到远端版本库上去：

```
git push origin --delete week1
```

以上介绍了很多 Git 操作命令，其实大家也可以借助一些带图形界面的 git 管理工具对软件进
行配置管理。Git 管理工具的更多使用可参考本书 13.3 节 Git 开发实践的相关内容。

# 习题十一

1. 敏捷开发的流程是什么？什么是 Sprint？
2. Scrum Master 的主要职责有哪些？
3. 燃尽图应该包含哪些元素？
4. 什么是 Scrum 扑克或者策划扑克？
5. 敏捷模式中的用户故事与需求之间是什么关系？Scrum 中的故事点是什么意思？
6. 如何进行软件配置管理？
7. 软件标准化的意义是什么？软件文档标准化的重要性有哪些？

# 第 *12* 章
# 数字传播工程

随着现代科学技术的迅猛发展，科学技术对社会的物质生产、思想文化和社会变革产生了巨大的作用力，出版产业也毫无例外地受到了这股力量的冲击。新技术已经渗透到出版的每一个领域、每一个环节，推动着传统出版业的变革，深刻地影响着出版业的发展。

数字媒体的快速发展，对我国培养与之相关的人才提出了新的挑战。随着网络与计算机技术的发展，将数字媒体技术与软件工程相结合，可以培养既有艺术修养又有计算机知识的复合型人才。这虽然是一个新兴的专业，但前景却是十分的广阔，市场的需求也十分巨大。

## 12.1　数字出版概述

### 12.1.1　数字出版及特征

数字出版从本质上讲是一种"出版"行为，应当具备"出版"的本质特征。出版是数字出版的上位概念，对"出版"这个概念的认识有助于我们加深对"数字出版"概念的理解。

"出版"一词在日常生活中得到了广泛使用，较之版权法意义上的"复制""发行"为更多的人所熟知和应用。图书报刊的出版是人们对出版概念最为传统和直观的应用和认识。经学者考证，"出版"并非来源于中文原词，而是借自日本语，"是日本人用了汉语中的'出'和'版'组成'出版'一词来翻译了英文中的　'publish'，然后中国人又借用过来。"

"publish"在释义中往往具有"印刷""向公众发行或出售"的含义，因此"出版"应当至少包含两层含义：一是出版物的印刷，二是出版物的流通。出版界对于"出版"有很多不同的认识，目前较为普遍的是"编辑—复制—发行"说。"编辑""复制"和"发行"这是出版最基本的三种方式，任何新兴的出版形式都是源于对上述三个环节的创新。因此，"数字出版"可以认为是将数字化手段应用于出版的"编辑""复制""发行"等环节的一种新型出版形式。

在我国的《著作权法》中，"出版"是指"作品的复制、发行"这种复合行为，具体应包括"以印刷、复印、拓印、录音、录像、翻录、翻拍等方式将作品制作一份或者多份"的复制行为与"以出售或者赠与方式向公众提供作品的原件或者复制件"的发行行为的结合。因此，"出版"可以被认为是一种将作品制作成为一定数量的复制品，并提供给公众的行为。其所形成的权利应当是一项复合型财产权，包括"复制权"和"发行权"这两种财产权。

近几年来，数字技术手段和技术环境的迅猛发展催生了"数字出版"这个全新的概念。随着数字技术的不断完善，数字出版概念本身的内涵和外延也在不断地调整。由于数字出版行业尚处于初创和发展阶段，理论界和实务界尚未给出精确的概念，尚存不同的看法。大体而言有如下几种观点。

（1）数字介质说。该学说从强调数字出版所需要凭借的载体和介质出发来定义数字出版的概念，强调数字出版必须由数字化设备作为载体，出版物以二进制代码的形式存在。如，"数字出版，是指在出版的整个过程中，从编辑、制作到发行，所有信息都以统一的二进制代码的数字化形式存储于光、磁等介质中，信息的处理与传递必须借助计算机或类似设备来进行的一种出版形式。"

（2）数字传播说。该学说从强调数字出版传播所借助的通道或途径出发来定义数字出版的概念，强调数字出版物的传播需要通过网络环境或其他数字化的通道实现。如，"数字出版是指以互联网为流通渠道，以数字内容为流通介质，以网上支付为主要交易手段的出版和发行方式。"

（3）综合过程说。该学说将数字出版定位为一个过程性的概念，而非单纯以出版介质或出版手段来定义数字出版，认为数字出版是一个综合运用数字手段实现出版目的的过程，包括数字化的内容、数字化的传播、数字化的应用等全过程。如，"数字出版从广义上说，只要是用二进制这种技术手段对出版的任何环节进行的操作，都是数字出版的一部分。它包括原创作品的数字化、编辑加工的数字化、印刷复制的数字化、发行销售的数字化和阅读消费的数字化。数字出版在这里强调的不只是介质，还包括出版流程。"

新闻出版总署在《关于加快我国数字出版产业发展的若干意见》的文件中指出，"数字出版是指利用数字技术进行内容编辑加工，并通过网络传播数字内容产品的一种新型出版方式，其主要特征为内容生产数字化、管理过程数字化、产品形态数字化和传播渠道网络化。"这是到目前为止官方对"数字出版"概念最为全面和完整的阐述。可以看出，国家对于数字出版的界定主要采纳了"综合过程说"的观点，该定义不仅涉及了对技术、内容、传播渠道的限定，而且突出了出版物的主要形态和特征，为数字出版划定了较为清晰的范围，较好地统一了国内对数字出版的认知。

数字出版的特征集中在于其数字化的表现形式、实现方式和应用方法。概括而言，其主要特征表现如下。

（1）内容生产数字化。内容生产数字化，是指数字出版物借助二进制代码等数字化手段，将出版内容存储于相应的介质中，即采用数字化手段存储内容。

数字出版内容生成过程的数字化，使得内容个性化定制成为的可能。数字出版物的使用者可以借助数字化的内容生成机制，获取自身需要的数字化出版产品，从而扩大了数字内容的吸引力，也丰富了数字出版的内容。

（2）产品形态数字化。数字出版的最大优势在于其产品形态的数字化，以及由此带来的产品传播、使用的便捷。产品形态数字化是内容生产数字化所带来的必然结果，也是传播方式数字化的前提。目前来看，数字出版物主要以"电子图书、数字报纸、数字期刊、网络原创文学、网络教育出版物、网络地图、数字音乐、网络动漫、网络游戏、数据库出版物、手机出版物（彩信、彩铃、手机报纸、手机期刊、手机小说、手机游戏）"等形态出现，这些多样化的出版物形式本质上都是数字化产品的不同表现样态。

（3）传播方式数字化。通过计算机网络、手机网络、有线电视网络以及将来可能出现的其他数字信息传播方式，将极大地推进数字出版行业的发展。传播方式数字化是数字出版一个突出的特点，与传统出版相比，数字化的传播通道具有更为丰富的传播途径、更为完善的实现方式、更为快速的传播速度、更为优质的内容体验，从而必将对整个出版行业以及大众使用出版物的习惯造成巨大的冲击。

（4）管理过程数字化。管理过程数字化，是指数字出版物的版权管理以及流程管理需要借助较为先进的数字化技术实现，尤其是数字化的出版内容需要获得数字版权管理（DRM）系统的支持，才能保证数字出版产业的持续发展。与此同时，法律上对技术措施的保护以及防止垄断，成为数字条件下版权保护亟需解决的一个难题。

（5）使用作品数字化。数字作品的读取、显示和阅读往往需借助特殊的终端来实现。在数字出版时代，作品内容以数字形态表现，这种形态与传统的纸质印刷不同，不能为使用者直接读取而必须借助数字化的转化手段。这种数字化手段需要借助数字化终端，使用数字化解决方案和数字化格式标准来实现。

## 12.1.2　数字出版与数字传播

出版和传播是图书生产流通环节最为重要的两个领域，由于其各自的特性，在市场上人们往往把这两部分工作分开看待：出版社进行内容的组织、编辑、成稿印刷，属于出版范畴；发行单位进行图书的批发、流通和零售，属于传播范畴。这两部分共同构成了内容传播的完整体系，使得内容经过这两个环节更广泛地传播到读者手中。伴随着不同的历史时期的出版变迁，出版和传播之间的关系也在发生着变化。

### 1. 传统出版和传播的关系

在传统出版领域，出版和传播基本上是一个以出版社为核心的闭环体系，整个出版业务体系是围绕出版这一中心环节而进行的，这时的传播关系实质上是以出版社为主导的。近些年来，虽然传播渠道有了很大的改变，尤其是随着一些电子商务型网站的发展，传统的地面式传播渠道受到了很大的冲击，但从根本上来说，出版为核心的地位依然没有改变，出版社仍然是内容的生产者，掌握版权资源、定价权等关键因素，纸介质图书的流通环节没有发生根本的变化。但同时也要看到，渠道的影响力通过互联网这一传播形态正在逐步放大，消费者在选择内容的同时也更加注重在哪个渠道进行购买，这就使得出版者在进行出版物的传播时必须注重销售渠道的选择。

### 2. 数字出版环境下出版和传播的关系

在数字出版环境下，由于内容介质发生了根本改变，实物图书已经不再存在，在网络渠道上传播的不仅仅只是一些销售数据，更重要的是，内容本身也通过网络载体进行传播。这就使得传播渠道和方式的选择变得尤为重要，内容生产作为出版的核心要素虽然没有改变，但传播渠道也逐渐演变成图书生产的重要一环。因此，传播渠道既担负着流通任务，也承载着内容传播的使命。

### 3. 数字出版传播途径

在数字出版环境下，内容脱离了实物介质，纯粹以信息的方式进行存在和传播，相对于传统出版业，这种方式具有传统图书无法比拟的传播力和生命力。数字出版内容可以被便捷地重新组织、包装，内容的传播渠道被极大地拓宽，内容的价值链也被放大和延长。综合来看，数字出版有如下较为鲜明的三个传播特征。

（1）全媒体传播，样式呈现多样。

数字内容由于以信息形态存储，因此具有很强的全媒体传播的特性，这种传播不仅仅是把出版内容向互联网、手机、广播电视的简单平移，而且可以根据不同的传播渠道和展现媒体的技术特点、发布形态和受众偏好，制作成新的内容产品。数字内容可以很好地完成从单一媒体向全媒体的转换，并赋予内容新的富媒体特性，以不同样式进行展现，满足不同群体的需求。

（2）覆盖广泛，时效性突出。

由于内容的数字化传播特性，打破了传统出版物地域的限制，节约了印刷、发行等生产、物流环节的时间，数字出版物发布速度更快，更新更为方便，出版周期大幅缩短。

（3）传播成本低，消费者获取便捷。

数字出版脱离了纸介质，不存在印刷、仓储、物流等环节，也基本上不存在退货、回收等因素，因此生产和传播成本大幅下降。消费者在获取这些内容时，仅需支付内容本身的价值。通常情况下，数字出版物的价格要比纸介质出版物低许多。另一方面，消费者在获取数字出版物时，仅需依靠互联网或移动互联网就可随时随地进行购买阅读，这也是传统出版物无法比拟的便捷性。

面对数字化传播方式的转变，人们获取内容的方式也在逐步改变，受众人群不论是心理上还是行为方面都受到数字传播方式的影响，主要表现在以下 3 个方面。

（1）接受方式的影响。

数字出版条件下，由于内容在网络上传播，消费者可以用手机、计算机、手持阅读器等多种终端工具进行获取。这不仅改变了过去的实物传播和获取的方式，同时也带来人们阅读方式的改变。这些变化，不仅直接影响到人们的阅读方式和体验，同时也改变了人们的获取方式和购买习惯。

（2）内容消费的随意性、自由度增强。

数字出版传播的广泛性，不仅体现在传播渠道众多，内容本身也没有了时效性的限制，加上内容在传播时约束力较弱，海量的新旧内容同时充斥于各个网络之中，使得人们在寻找和获取这些数字内容时随意性和自由度增强，打破了人们在传统出版物消费时较为集中、针对性强的购买和阅读习惯。

（3）交互功能得到了增强。

数字出版的传播一般是基于互联网这一开放式平台。在这种平台下，内容的传播不再是从发行者到消费者单一的传播方向，消费者可以直接发表自己的评论、意见、笔记等信息，可以直接与出版者、发行者、其他消费者之间进行互动交流，甚至可以在许可范围内将内容本身进行再次分发。这种互动行为，反过来也进一步扩大了内容的传播范围和传播效能。

通过分析数字出版传播的特征因素和受众影响，对于如何建立有效的传播途径至关重要，在传播途径的建立上，既要符合数字出版传播的特性，也要靠考虑受众的获取方式和接受能力。

## 12.1.3　数字出版传播的现状

计算机技术和互联网的普及与应用，改造了人们获取和使用信息的手段，文化和社会环境与数字技术日趋紧密的关系为数字出版产业发展创造了良好的客观条件。

据中国互联网信息中心（CNNIC）统计，自 2007 年 6 月第 20 次中国互联网发展状况统计报告数据显示网民数与宽带用户均过亿以来，网民数量持续走高。截至 2012 年 6 月，我国网民数量达到 5.38 亿，宽带用户数 3.8 亿，手机网民 3.88 亿，手机网民数首次超过宽带用户，且农村网民规模增加到 1.46 亿，60.4%农村网民使用手机上网。

数字设施的完善为数字出版产业发展提供了技术基础及可能性，而数字阅读的有效用户递增更是助推数字出版产业发展的直接动力。第九次全国国民阅读调查的结果数据表明，2011 年国民接触数字阅读的比率有所增加，18 ~ 70 周岁国民网络在线阅读接触率 29.9%，手机阅读 27.6%，电子阅读器阅读 5.4%。书报刊的数字化阅读率差距较大，如电子书为 16.8%，而电子报的阅读率缩水一半为 8.2%，电子期刊更低仅为 5.9%。综合来看，数字阅读在阅读量方面挤占了传统纸质读物阅读的机会。数字阅读的环境适应性的不断提高，数字内容消费观念的转变与成熟，为数字出版产业的发展提供了稳固的需求动力与保障。

数字出版产业的发展离不开技术创新，印刷技术的发展、计算机多媒体技术的成熟，构建了数字出版产业初期的发展。新的跨平台阅读技术、结构化版式技术、数字版权保护技术、内容结构加工技术、云出版服务技术等数字出版关键技术的突破性进展，为数字出版产业升级提供强有力的技术支撑。中国知网的"知识元库动态出版"技术构成专业知识平台内容管理的流程化与自动化，为大众提供更为便捷的服务。同方知网的"腾云数字出版整体解决方案"围绕内容加工、资源组织、个性化增值服务等设计，为出版机构提供便捷的技术解决方案。北京奥博科贝数字科技有限公司的"奥博（QikPg）数字内容出版平台"实现多媒体交互内容制作排版、合成、定制、发布、管理的全过程。中企创科技有限公司将云计算作为公共信息服务平台引入国家数字出版基地。此外，还有北京拓尔思信息技术有限公司的信息检索、文本挖掘与搜索引擎技术，科大讯飞的智能语音技术等。尖端技术的创新带动数字出版产业的核心技术应用，必然提升阅读用户的消费体验，技术环境的持续进步为数字出版产业发展提供了可靠的技术转型支撑。

国外的数字出版起步比中国早，研究的力度也较大，研究成果突出，已经到了高速发展的阶段。产业链完善，在搜索引擎搜索到的文献资源丰富。欧美国家普遍重视数字出版。国际上领先的出版商相继开展了数字媒体和数字出版的研究，很多大型的出版商在 20 世纪末期开始向数字化出版、网络化传播的模式转型，向移动终端阅读转型。国外数字出版技术发展的特点如下。

（1）传统出版的内容优势成为了其拓展数字出版业务最重要的基石。国外数字出版产业发展有一个重要特点，就是传统的大型出版企业在数字化转型中依然占据核心主导地位，基于这些企业在内容方面具有很强的竞争优势。国外的出版集团大都历史比较久远，规模比较大，有着非常多的内容资源积累，在出版行业的专业领域内依然占据着绝对优势地位或者明显的主导地位。这样，通过市场转型，经过处理，这些内容就可以迅速变成数字出版产品，与此同时还可以满足数字出版和网络上对量的要求。

（2）行业密度日益增强，市场性质也逐步开放，更加有效地刺激了数字出版产业的稳步发展。

积累素材和整合资源是整个出版业的重中之重，因为内容直接决定出版质量，如果没有大量的优质内容资源，读者就不能体会到数字技术与网络技术所带来的方便和快捷。很多大型出版商在资本层面加大整合力度，将积累的大量内容资源进行分类，主要有按专业领域、市场细分等几个领域，按内容、技术、市场等不同维度进行融合。无论是内容还是技术，都尽量把各自的优势发挥到最大化，从而实现了数字出版的最高配置。

# 12.2　数字出版 ERP 选题系统设计与实现

## 12.2.1　系统概述

数字出版企业在信息化的发展进程中，正面临着这样的问题：每一年出版社都会积累大量的选题信息，并且需要存储和利用的信息越来越多，责任编辑在进行选题决策时对选题信息的需求量也越来越大。如何更加有效地管理这些大量的选题信息，优化选题流程，并随时了解选题信息以及相关的资源，成为数字出版企业的共同需求。企业资源计划（Enterprise Resource Planning,

ERP）被定义为现代企业管理理论之一，成为企业管理系统中的行业标准。可以通过构建数字出版 ERP 选题系统来对选题流程进行管理，从而更新传统的选题管理模式，将人力、管理、信息等资源整合在一起，使生产要素紧密结合，发挥各种资源的价值，帮助责任编辑快速获取选题信息以及相关的资源，从而进行有价值的选题决策。

本节结合数字出版行业的实际情况，首先分析数字出版 ERP 系统的总体需求，然后分别从数字出版选题流程管理和数字出版选题内容管理两个方面进行详细的需求分析。通过对选题流程中实体和关系的分析，完成数据库的设计以及详细的功能设计。最后，在 Primeton EOS 开发平台上实现数字出版 ERP 选题系统，并通过编写的测试用例对数字出版 ERP 选题系统进行软件测试。

## 12.2.2　选题系统的需求分析

### 1. 数字出版选题业务需求分析

数字出版 ERP 系统主要包括选题流程、发稿流程、排版流程和可选的两个流程——形态设计流程和合同管理流程，在生产流程结束之后内容资源进行入库。ERP 系统可对数字出版整个流程中的生产计划、业务流程、产品数据和人力资源进行管理，其流程图如图 12-1 所示。

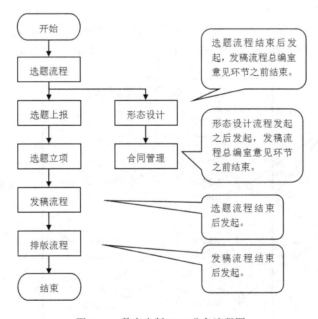

图 12-1　数字出版 ERP 业务流程图

选题流程是数字出版流程中的第一个环节，也是最关键的一个环节。选题的好坏直接影响到数字出版产品的内容和质量，从而决定了数字出版产品的销量和市场占有率。

选题流程分为新建选题、选题初审、市场调查、选题复审、选题终审五个部分。选题流程由出版社的责任编辑发起。通过新建选题，提出选题内容。编辑室主任对选题进行审批，如果审批通过，责任编辑就开始进行市场调查。市场调查中确定作者。将市场调查的调查报告和相关信息录入到系统中给总编室主任进行复审，复审通过后总编进行终审。选题终审结束后，进行选题上报和选题立项。选题流程图如图 12-2 所示。

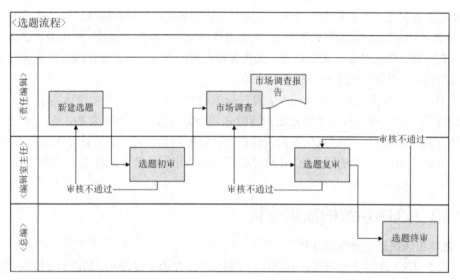

图 12-2　选题流程图

**2. 数字出版选题系统用例分析**

（1）系统用例图

数字出版选题系统主要面向从事数字出版工作的出版社相关人员以及系统维护人员，结合对数字出版行业生产流程的调研和需求分析，得出系统用例图如图 12-3 所示。

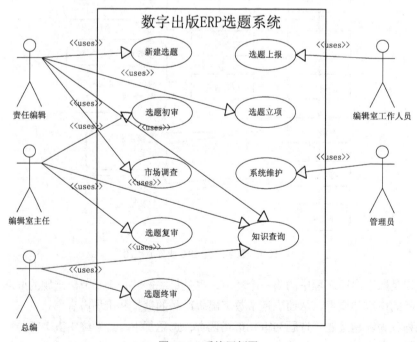

图 12-3　系统用例图

（2）流程管理用例分析

工作流程发起之后，流程中各个环节的参与者都需要通过待处理工作查询页面查询并领取当前的任务，或者注销该流程任务。流程管理用例描述如表 12-1 所列。

表 12-1                                     流程管理用例分析

| 描述项目 | 说　　明 |
| --- | --- |
| 用例名称 | 流程管理 |
| 参与者 | 流程中各个环节需要处理相应工作任务的参与者 |
| 简要说明 | 领取当前用户的工作任务 |
| 前置条件 | 登录系统，进入待处理工作查询页面 |
| 后置条件 | 进入对应的工作处理页面 |
| 基本事件流 | 1. 从菜单栏中选择"待处理工作查询"，进入查询页面。<br>2. 输入相关查询条件。查询条件包括流程名称、环节名称、书名、作者、责任编辑、发起时间、操作时间。<br>3. 点击"查询"按钮。<br>4. 系统分页查询符合条件的流程信息，每页显示 15 条记录。查询列表显示流程名称、环节名称、书名、作者、责任编辑、备注、发起时间、操作时间。<br>5. 选择需要领取的工作任务，点击"领取"按钮，系统提示"操作成功"。该任务仅领取人能处理，其他的操作员不能处理该任务。<br>6. 选择需要处理的工作任务，点击"处理任务"按钮。如果所选任务未被领取，则系统自动由当前操作员领取，然后进入对应的工作处理页面。<br>7. 选择需要注销的工作任务，点击"注销"按钮。页面弹出注销页面。在注销页面，操作员填写注销原因，点击"确定"，页面提示"确定注销？"，点击"确定"后，系统修改此工作任务的完成状态为已注销 |
| 其他事件流 | 进入待处理工作查询页面时，系统默认查询当前操作员待处理的任务 |
| 异常事件流 | 无 |

（3）新建选题用例分析

新建选题是选题流程的发起环节。责任编辑登录进入数字出版 ERP 选题系统，选择"选题管理"菜单项下的"新建选题"菜单，输入相关选题信息。在填写完选题信息之后，点击"送审"按钮，页面显示"操作成功"，选题流程发起成功。新建选题用例描述如表 12-2 所列。

表 12-2                                     新建选题用例分析

| 描述项目 | 说　　明 |
| --- | --- |
| 用例名称 | 新建选题 |
| 参与者 | 责任编辑 |
| 简要说明 | 用户填写选题信息，并发起选题流程 |
| 前置条件 | 登录系统，进入新建选题页面 |
| 后置条件 | 发起选题流程，流程进入选题初审环节 |
| 基本事件流 | 1. 从操作界面上的菜单中选择"新建选题"菜单，进入新建选题页面。<br>2. 在新建选题页面中输入书名、版次、副书名、丛书名、图书分类、著作性质、部门、策划编辑、申报时间、申报理由、内容简介、责任编辑、形态设计、备注、计划发稿时间、截止发稿时间、计划出版时间、截止出版时间。<br>3. 点击"送审"按钮，系统提示"选题流程发起成功" |
| 其他事件流 | 点击"图书知识查询"和"内容知识查询"按钮可对图书信息进行查询 |
| 异常事件流 | 点击"送审"按钮时，如果必填项信息没有填写完整，则页面提示"请填写选题信息" |

（4）选题审核用例分析

选题流程中的审核环节有三个，分别是选题初审、选题复审和选题终审。编辑室主任登录数字出版 ERP 选题系统对选题进行初审。如果审批通过，责任编辑就开始进行市场调查并在市场调查中确定作者。如果审批不通过，则打回至流程的上一环节，责任编辑对选题信息进行修改。选题初审用例描述如表 12-3 所列。

表 12-3　　　　　　　　　　　　　　选题初审用例分析

| 描述项目 | 说　　明 |
| --- | --- |
| 用例名称 | 选题初审 |
| 参与者 | 编辑室主任 |
| 简要说明 | 用户查看并审核选题信息，填写审核结论和审核意见 |
| 前置条件 | 登录系统，进入选题初审页面 |
| 后置条件 | 流程传递至下一个环节 |
| 基本事件流 | 1. 点击菜单"待处理工作查询"，进入待处理工作查询页面。<br>2. 选中"选题初审"环节的任务，点击"处理"按钮，进入处理页面。<br>3. 在处理页面中可以看到选题信息。<br>4. 点击"打印"按钮，则调用 IE 的打印页面功能，将页面中选题信息打印出来。<br>5. 录入审核结论，审核意见，点击"确定"按钮，系统对数据进行校验，校验通过后保存数据，并提示"保存成功"。<br>6. 点击"传递"按钮，则进入下一个环节 |
| 其他事件流 | 1. 点击"图书知识查询"和"内容知识查询"按钮可对图书信息进行查询。<br>2. 点击"传递"按钮后，系统验证是否录入审核信息。如果审核结论是通过，则进入市场调查环节；如果审核不通过，则打回至新建选题环节 |
| 异常事件流 | 点击"传递"按钮时，如果没有录入审核信息，则页面提示"请填写审核信息" |

编辑室主任登录数字出版 ERP 选题系统，根据选题基本信息和市场调查的调查报告对该选题进行复审。选题复审用例描述如表 12-4 所列。

表 12-4　　　　　　　　　　　　　　选题复审用例分析

| 描述项目 | 说　　明 |
| --- | --- |
| 用例名称 | 选题复审 |
| 参与者 | 编辑室主任 |
| 简要说明 | 用户查看并审核选题信息和市场调查信息，填写审核结论和审核意见 |
| 前置条件 | 登录系统，进入选题复审页面 |
| 后置条件 | 流程传递至下一个环节 |
| 基本事件流 | 1. 点击菜单"待处理工作查询"，进入待处理工作查询页面。<br>2. 选中"选题复审"环节的任务，点击"处理"按钮，进入处理页面。<br>3. 在处理页面中可以看到选题信息，市场调查信息。<br>4. 可看到选题流程中的审核信息，包括审核人、审核时间、审核结论、审核意见。<br>5. 点击"打印"按钮，则调用 IE 的打印页面功能，将页面中的选题信息打印出来。<br>6. 录入审核结论，审核意见，点击"确定"按钮，系统对数据进行校验，校验通过后保存数据，并提示"保存成功"。<br>7. 点击"传递"按钮，则进入下一个环节 |

续表

| 描述项目 | 说　明 |
| --- | --- |
| 其他事件流 | 1. 点击"图书知识查询"和"内容知识查询"按钮可对图书信息进行查询。<br>2. 点击"传递"按钮后，系统验证是否录入审核信息。如果审核结论是通过，则进入选题终审环节；如果审核不通过，则打回至市场调查环节 |
| 异常事件流 | 点击"传递"按钮时，如果没有录入审核信息，则页面提示"请填写审核信息" |

最后由总编登录数字出版 ERP 选题系统对选题进行终审。选题终审用例描述如表 12-5 所列。

表 12-5　　　　　　　　　　　　　　　选题终审用例分析

| 描述项目 | 说　明 |
| --- | --- |
| 用例名称 | 选题终审 |
| 参与者 | 总编 |
| 简要说明 | 用户查看并审核选题信息和市场调查信息，填写审核结论和审核意见 |
| 前置条件 | 登录系统，进入选题终审页面 |
| 后置条件 | 选题流程结束 |
| 基本事件流 | 1. 点击菜单"待处理工作查询"，进入待处理工作查询页面。<br>2. 选中"选题终审"环节的任务，点击"处理"按钮，进入处理页面。<br>3. 在处理页面中可以看到选题信息，市场调查信息。<br>4. 可看到流程中的审核信息，包括审核人、审核时间、审核结论、审核意见。<br>5. 点击"打印"按钮，则调用 IE 的打印页面功能，将页面中的选题信息打印出来。<br>6. 录入审核结论，审核意见，点击"确定"按钮，系统对数据进行校验，校验通过后保存数据，并提示"保存成功"。<br>7. 点击"传递"按钮，则进入下一个环节 |
| 其他事件流 | 1. 点击"图书知识查询"和"内容知识查询"按钮可对图书信息进行查询。<br>2. 点击"传递"按钮后，系统验证是否录入审核信息。如果审核结论是通过，则选题流程结束；如果审核不通过，则打回至选题复审环节 |
| 异常事件流 | 点击"传递"按钮时，如果没有录入审核信息，则页面提示"请填写审核信息" |

（5）市场调查用例分析

在市场调查环节，责任编辑填写市场调查信息，其中包括选定作者、收入概算、编辑费信息、稿酬费信息以及市场调查相关信息。其中选定的作者会作为发稿流程中作者上传书稿环节的参与者。市场调查信息填写完毕之后，可发起约稿合同拟定流程。对于拟定的约稿合同会由编辑室主任对其进行审批。市场调查用例描述如表 12-6 所列。

表 12-6　　　　　　　　　　　　　　　市场调查用例分析

| 描述项目 | 说　明 |
| --- | --- |
| 用例名称 | 市场调查 |
| 参与者 | 责任编辑 |
| 简要说明 | 用户填写市场调查信息 |
| 前置条件 | 登录系统，进入市场调查页面 |
| 后置条件 | 流程传递至下一个环节 |

| 描述项目 | 说　明 |
|---|---|
| 基本事件流 | 1. 点击菜单"待处理工作查询"，进入待处理工作查询页面。<br>2. 选中"市场调查"环节的任务，点击"处理"按钮。<br>3. 在处理页面可看到选题信息。<br>4. 可看到选题流程中的审核信息，包括审核人、审核时间、审核结论、审核意见。<br>5. 页面录入作者、千字数、是否约稿、市场预测、排版费等信息。<br>6. 录入效益概算信息，系统根据计算公式算出费用合计等信息。<br>7. 如果需要签署约稿合同，点击"约稿合同录入"按钮，则页面加载约稿合同录入界面。<br>8. 点击"浏览"按钮，选择需要上传的附件，点击"上传"按钮，可将附件进行上传。<br>9. 点击"确定"按钮，系统对数据进行校验，校验通过后保存数据，并提示"保存成功"。<br>10. 点击"传递"按钮，则进入下一个环节 |
| 其他事件流 | 1. 点击"图书知识查询"和"内容知识查询"按钮可对图书信息进行查询。<br>2. 如果需要签署约稿合同，则点击"传递"按钮之后，发起约稿合同录入流程 |
| 异常事件流 | 点击"传递"按钮时，如果市场调查信息的必填项没有录入完整，则页面提示"请填写市场调查信息" |

（6）选题上报用例分析

对选题的三次审核结束之后，整个选题流程结束。选题流程结束之后，总编室工作人员登录数字出版 ERP 选题系统，选择"选题上报"菜单。用户将选题导出成 Excel 表格，统一上报到出版局，出版局进行审批。对于出版局已审批通过的选题，总编室工作人员将选中该记录，点击"上报"按钮将其状态更新为已上报。选题上报用例描述如表 12-7 所列。

表 12-7　　　　　　　　　　　　　　　选题上报用例分析

| 描述项目 | 说　明 |
|---|---|
| 用例名称 | 选题上报 |
| 参与者 | 总编室工作人员 |
| 简要说明 | 用户查询需要上报的选题信息，并可执行导出和上报操作 |
| 前置条件 | 登录系统，进入选题上报页面 |
| 后置条件 | 选题状态更改为"已上报" |
| 基本事件流 | 1. 从菜单栏中选择"选题上报"选项，进入选题上报页面。<br>2. 输入相关查询条件，查询条件包括书名、作者、责任编辑、图书类型、申报时间。<br>3. 点击"查询"按钮。<br>4. 系统分页查询符合条件的已经通过终审但未上报的选题信息，每页显示 15 条记录。查询列表显示书名、作者、责任编辑、图书类型、著作性质、策划编辑、申报时间、计划发稿时间。<br>5. 选择需要上报的选题信息，点击"导出"按钮，系统将选题信息以 Excel 的格式进行导出。<br>6. 选择需要上报的选题信息，点击"上报"按钮，系统将所选的未上报的选题进行上报，上报后的状态改为"已上报" |
| 其他事件流 | 进入选题上报页面时，系统默认查询当前通过终审但未上报的所有选题信息 |
| 异常事件流 | 无 |

（7）选题立项用例分析

对于已上报的选题，责任编辑可对其进行立项。责任编辑登录数字出版 ERP 选题系统，选择"选题立项"菜单。用户选中该记录，点击"立项"，即可发起发稿流程，选题立项用例描述如表 12-8 所列。对于立项后的选题可发起出版合同拟定流程和形态设计流程。

表 12-8　　　　　　　　　　　　　　　　　选题立项用例分析

| 描述项目 | 说　　明 |
|---|---|
| 用例名称 | 选题立项 |
| 参与者 | 责任编辑 |
| 简要说明 | 用户查询需要立项的选题信息并执行立项操作 |
| 前置条件 | 登录系统，进入选题立项页面 |
| 后置条件 | 选题状态更改为"已立项" |
| 基本事件流 | 1. 从菜单栏中选择"选题立项"选项，进入选题立项页面。<br>2. 输入相关查询条件，查询条件包括书名、作者、责任编辑、图书类型、申报时间、是否立项。<br>3. 点击"查询"按钮。<br>4. 系统分页查询符合条件的已经上报的选题信息，每页显示 15 条记录。查询列表显示书名、作者、责任编辑、图书类型、著作性质、策划编辑、申报时间、计划发稿时间。<br>5. 选择需要立项的选题信息，点击"立项"按钮，系统将所选题状态改为"已立项" |
| 其他事件流 | 进入选题立项页面时，系统默认查询当前已上报的所有选题信息 |
| 异常事件流 | 无 |

## 12.2.3　选题系统的概要设计

### 1. 系统功能结构

数字出版 ERP 选题系统主要面向数字出版行业的出版社工作人员，因此系统界面应该简洁明了、操作简单易上手。根据数字出版选题工作的实际需求，数字出版 ERP 选题系统主要包括选题流程模块、非流程模块、流程管理模块和系统管理模块四个功能模块。系统功能结构图如图 12-4 所示。

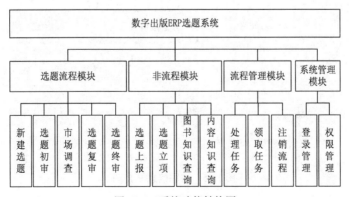

图 12-4　系统功能结构图

（1）选题流程模块

选题流程模块完成数字出版选题新建和审核的工作流程，包括新建选题、选题初审、市场调查、选题复审和选题终审功能。

（2）非流程模块

非流程模块包括选题上报、选题立项、图书知识查询和内容知识查询功能。选题上报和选题立项不在选题流程之中，具有相关权限的人员在系统菜单中选择相应的操作页面，即可随时将满足条件的选题进行上报和立项。图书知识查询和内容知识查询由本体知识库提供，并由 Web Service 进行调用。

（3）流程管理模块

流程管理模块完成选题流程中对每个环节的任务管理，包括处理任务、领取任务和注销流程的功能。

（4）系统管理模块

系统管理模块是对用户的登录操作和权限进行管理。由 Primeton EOS 的 ABFrame 框架提供。

### 2. 数据库设计

（1）E-R 图与数据库物理模型设计

数据库将系统中的各种数据有序地整理在一起，为我们提供了数据的新增、删除、修改和查询功能，数据库的设计是整个系统的重要组成部分。

通过实际的调研与分析，我们得出与选题信息相关的各种数据，围绕选题的市场调查信息和各种费用的信息与该选题信息是一对一的关系，而在选题流程每个审核的环节中，都会产生一个审核信息，因此选题信息与审核信息是一对多的关系。它们之间的 E-R 图如图 12-5 所示。

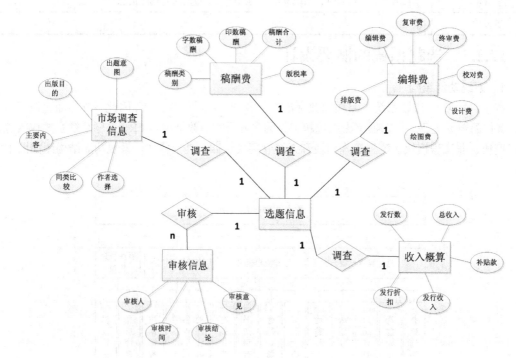

图 12-5　选题信息 E-R 图

当选题流程发起时，系统创建一个流程实例号，用来唯一标识该流程。这个流程实例号与该选题流程中的选题信息是一一对应的关系，并通过环节编号将流程中各环节区分开来，从而实现流程中各环节之间的关联，其 E-R 图如图 12-6 所示。

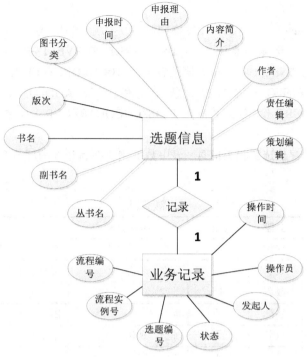

图 12-6　业务记录 E-R 图

根据 E-R 图，分析数据之间的关系，可以获取更加详细的数据信息，对其中的数据进行细化和分解，在 PowerDesigner 中得到本系统数据库的逻辑模型，并进一步转化成数据库物理模型如图 12-7 所示。

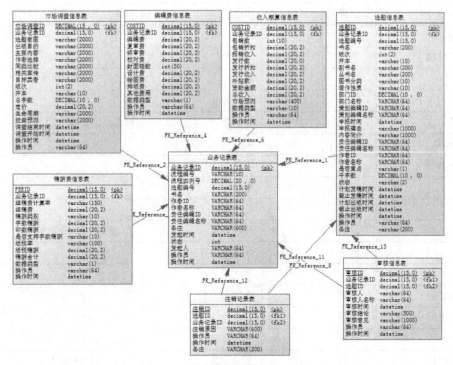

图 12-7　数据库物理模型 PDM 图

（2）数据字典

根据在 PowerDesigner 中设计的数据库物理模型，生成 DBMS 脚本，得到相应的数据表。包括 T_BS_TOPICINFO（选题信息表）、T_BS_MARKETSURVEYINFO（市场调查信息表）、T_BS_ESTIMATECOSTINFO（收入概算信息表）、T_BS_REDECTFEEINFO（编辑费信息表）、T_BS_ROYALTIESFEEINFO（稿酬费信息表）和 T_BS_AUDITINFO（审核信息表）、T_BS_BUSINESSRECORD（业务记录表）、T_BS_LOGOUTRECORD（注销记录表）。详细信息如下。

① 选题信息表中存放选题相关信息，表中数据主要在新建选题环节产生，表中主要字段如表 12-9 所列。

表 12-9　　　　　　　　　　　　　　　　选题信息表

| 字段名称 | 类型 | 长度 | 特殊要求 | 相关说明 |
|---|---|---|---|---|
| 选题 ID | 数字 | 15 | 非空，系统产生 | 选题信息的唯一标识 |
| 业务记录 ID | 数字 | 15 | 非空，外键 | 与业务记录表关联 |
| 选题编号 | 数字 | 15 | 非空 | |
| 书名 | 字符 | 50 | 非空 | 图书名称 |
| 版次 | 数字 | 2 | 非空，默认为 1 | 第几版图书 |
| 副书名 | 字符 | 50 | 可以为空 | |
| 丛书名 | 字符 | 50 | 可以为空 | |
| 图书分类 | 字符 | 10 | 非空 | 数据来源：数据字典 |
| 著作性质 | 字符 | 10 | 非空 | 数据来源：数据字典 |
| 部门 ID | 数字 | 10 | 非空 | 默认为当前操作员 |
| 部门名称 | 字符 | 64 | 非空 | 默认为当前操作员 |
| 策划编辑 ID | 字符 | 64 | 可以为空 | |
| 策划编辑名称 | 字符 | 64 | 可以为空 | |
| 申报时间 | 日期 | | 非空 | 格式：YYYYMMDD |
| 申报理由 | 字符 | 1000 | 可以为空 | |
| 内容简介 | 字符 | 1000 | 可以为空 | 页面上为必填 |
| 责任编辑 ID | 字符 | 64 | 非空 | |
| 责任编辑名称 | 字符 | 64 | 非空 | |
| 作者 ID | 字符 | 64 | 可以为空 | |
| 作者名称 | 字符 | 64 | 可以为空 | |
| 是否重点 | 数字 | 1 | 可以为空 | 1：重点，0：非重点 |
| 千字数 | 数字 | 10 | 可以为空 | |
| 状态 | 字符 | 2 | 非空 | |
| 计划发稿时间 | 日期 | | 非空 | 格式：YYYYMMDD |
| 截止发稿时间 | 日期 | | 可以为空 | 格式：YYYYMMDD |
| 计划出版时间 | 日期 | | 可以为空 | 格式：YYYYMMDD |
| 截止出版时间 | 日期 | | 可以为空 | 格式：YYYYMMDD |

| 字段名称 | 类型 | 长度 | 特殊要求 | 相关说明 |
|---|---|---|---|---|
| 操作时间 | 日期 | | 非空 | 格式：YYYYMMDD |
| 操作员 | 字符 | 64 | 非空 | 默认为当前操作员 |
| 备注 | 字符 | 400 | 可以为空 | |

② 市场调查信息表中存放市场调查相关信息，表中数据主要在市场调查环节产生，表中主要字段如表 12-10 所列。

表 12-10　　　　　　　　　　　　　市场调查信息表

| 字段名称 | 类型 | 长度 | 特殊要求 | 相关说明 |
|---|---|---|---|---|
| 市场调查 ID | 数字 | 15 | 非空，系统产生 | 市场调查的唯一标识 |
| 业务记录 ID | 数字 | 15 | 非空，外键 | 与业务记录表关联 |
| 市场预测 | 字符 | 2000 | 非空 | |
| 选题意图 | 字符 | 2000 | 非空 | |
| 出版目的 | 字符 | 2000 | 非空 | |
| 主要内容 | 字符 | 2000 | 非空 | |
| 作者选择 | 字符 | 2000 | 非空 | |
| 同类比较 | 字符 | 2000 | 非空 | |
| 相关宣传 | 字符 | 2000 | 非空 | |
| 目标读者 | 字符 | 2000 | 非空 | |
| 版次 | 数字 | 2 | 非空 | |
| 开本 | 字符 | 10 | 非空 | |
| 总字数 | 数字 | 10 | 非空 | |
| 定价 | 数字 | 20 | 非空 | 格式：0.00 |
| 生命周期 | 字符 | 2000 | 非空 | |
| 效益预测 | 字符 | 2000 | 非空 | |
| 调查开始时间 | 日期 | | 非空 | 格式：YYYYMMDD |
| 调查结束时间 | 日期 | | 非空 | 格式：YYYYMMDD |
| 操作时间 | 日期 | | 非空 | 格式：YYYYMMDD |
| 操作员 | 字符 | 64 | 非空 | 默认为当前操作员 |

③ 收入概算信息表中存放收入概算相关信息，表中数据主要在市场调查环节产生，表中主要字段如表 12-11 所列。

表 12-11　　　　　　　　　　　　　收入概算信息表

| 字段名称 | 类型 | 长度 | 特殊要求 | 相关说明 |
|---|---|---|---|---|
| 费用 ID | 数字 | 15 | 非空 | 费用的唯一标识 |
| 业务记录 ID | 数字 | 15 | 非空，外键 | 与业务记录表关联 |
| 包销数 | 数字 | 10 | 非空 | 默认为 0 |
| 包销折扣 | 数字 | 20 | 非空 | 格式：0.000 |

| 字段名称 | 类型 | 长度 | 特殊要求 | 相关说明 |
|---|---|---|---|---|
| 报销收入 | 数字 | 20 | 非空 | 格式：0.00 |
| 发行数 | 数字 | 20 | 非空 | 默认为0 |
| 发行折扣 | 数字 | 20 | 非空 | 格式：0.000 |
| 发行收入 | 数字 | 20 | 非空 | 格式：0.00 |
| 补贴款 | 数字 | 20 | 非空 | 格式：0.00 |
| 资助金额 | 数字 | 10 | 非空 | 格式：0.00 |
| 总收入 | 数字 | 10 | 非空 | 格式：0.00 |
| 数据类型 | 数字 | 1 | 非空 | 1：确定后数据<br>0：确定前数据 |
| 操作时间 | 日期 | | 非空 | 格式：YYYYMMDD |
| 操作员 | 字符 | 64 | 非空 | 默认为当前操作员 |

④ 编辑费信息表中存放编辑费相关信息，表中数据主要在市场调查环节产生，表中主要字段如表 12-12 所列。

表 12-12　　　　　　　　　　　　编辑费信息表

| 字段名称 | 类型 | 长度 | 特殊要求 | 相关说明 |
|---|---|---|---|---|
| 费用 ID | 数字 | 15 | 非空 | 费用的唯一标识 |
| 业务记录 ID | 数字 | 15 | 非空，外键 | 与业务记录表关联 |
| 编辑费 | 数字 | 20 | 非空 | 格式：0.00 |
| 复审费 | 数字 | 20 | 非空 | 格式：0.00 |
| 终审费 | 数字 | 20 | 非空 | 格式：0.00 |
| 校对费 | 数字 | 20 | 非空 | 格式：0.00 |
| 封面幅数 | 数字 | 50 | 非空 | 默认为0 |
| 设计费 | 数字 | 20 | 非空 | 格式：0.00 |
| 绘图费 | 数字 | 20 | 非空 | 格式：0.00 |
| 排版费 | 数字 | 20 | 非空 | 格式：0.00 |
| 其他费用 | 数字 | 20 | 非空 | 格式：0.00 |
| 数据类型 | 数字 | 1 | 非空 | 1：确定后数据<br>0：确定前数据 |
| 操作时间 | 日期 | | 非空 | 格式：YYYYMMDD |
| 操作员 | 字符 | 64 | 非空 | 默认为当前操作员 |

⑤ 稿酬费信息表中存放稿酬费相关信息，表中数据主要在市场调查环节产生，表中主要字段如表 12-13 所列。

表 12-13　　　　　　　　　　　　稿酬费信息表

| 字段名称 | 类型 | 长度 | 特殊要求 | 相关说明 |
|---|---|---|---|---|
| 费用 ID | 数字 | 15 | 非空 | 费用的唯一标识 |

| 字段名称 | 类型 | 长度 | 特殊要求 | 相关说明 |
|---|---|---|---|---|
| 业务记录 ID | 数字 | 15 | 非空，外键 | 与业务记录表关联 |
| 组稿费计算率 | 数字 | 3 | 非空 | 格式：0.00 |
| 组稿费 | 数字 | 20 | 非空 | 格式：0.00 |
| 稿酬类别 | 数字 | 10 | 非空 | 1：字数<br>2：印数<br>3：字数+印数 |
| 字数稿酬 | 数字 | 20 | 非空 | 格式：0.00 |
| 印数稿酬 | 数字 | 20 | 非空 | 格式：0.00 |
| 是否支持字数稿酬 | 数字 | 1 | 非空 | 1：支持<br>0：不支持 |
| 版税率 | 数字 | 3 | 非空 | 格式：0.00 |
| 版税稿酬 | 数字 | 20 | 非空 | 格式：0.00 |
| 稿酬合计 | 数字 | 20 | 非空 | 格式：0.00 |
| 数据类型 | 数字 | 1 | 非空 | 1：确定后数据<br>0：确定前数据 |
| 操作时间 | 日期 | | 非空 | 格式：YYYYMMDD |
| 操作员 | 字符 | 64 | 非空 | 默认为当前操作员 |

⑥ 审核信息表中存放审核信息，表中数据主要在选题初审、选题复审和选题终审环节产生，表中主要字段如表 12-14 所列。

表 12-14　　　　　　　　　　　审核信息表

| 字段名称 | 类型 | 长度 | 特殊要求 | 相关说明 |
|---|---|---|---|---|
| 审核信息 ID | 数字 | 15 | 非空 | 审核信息的唯一标识 |
| 业务记录 ID | 数字 | 15 | 非空，外键 | 与业务记录表关联 |
| 选题 ID | 数字 | 15 | 非空，外键 | 与选题信息表关联 |
| 审核人 ID | 字符 | 64 | 非空 | |
| 审核人名称 | 字符 | 64 | 非空 | |
| 审核时间 | 日期 | | 非空 | 默认为当前操作日期 |
| 审核结论 | 数字 | 1 | 非空 | |
| 审核意见 | 字符 | 500 | 可以为空 | |
| 操作时间 | 日期 | | 非空 | 格式：YYYYMMDD |
| 操作员 | 字符 | 64 | 非空 | 默认为当前操作员 |

⑦ 业务记录表中存放流程相关信息，表中数据主要在流程中各环节产生，记录了流程的传递情况，表中主要字段如表 12-15 所列。

表 12-15　　　　　　　　　　　业务记录表

| 字段名称 | 类型 | 长度 | 特殊要求 | 相关说明 |
|---|---|---|---|---|
| 业务 ID | 数字 | 15 | 非空 | 业务记录的唯一标识 |

| 字段名称 | 类型 | 长度 | 特殊要求 | 相关说明 |
|---|---|---|---|---|
| 流程编号 | 数字 | 10 | 非空 | 标识流程 |
| 流程实例号 | 数字 | 15 | 非空 | 具体某个流程 |
| 选题编号 | 数字 | 15 | 非空 | 流程中对应的选题信息 |
| 书名 | 字符 | 100 | 非空 | |
| 作者 ID | 字符 | 32 | 非空 | |
| 作者名称 | 字符 | 32 | 非空 | |
| 责任编辑 ID | 字符 | 32 | 非空 | |
| 责任编辑名称 | 字符 | 32 | 非空 | |
| 备注 | 字符 | 600 | 可以为空 | |
| 发起时间 | 日期 | | 非空 | 格式：YYYYMMDD |
| 状态 | 数字 | 1 | 非空 | |
| 发起人 | 字符 | 64 | 非空 | |
| 操作时间 | 日期 | | 非空 | 格式：YYYYMMDD |
| 操作员 | 字符 | 64 | 非空 | 默认为当前操作员 |

⑧ 注销记录表中存放流程注销相关信息，表中数据主要在注销流程时产生，表中主要字段如表 12-16 所列。

表 12-16 注销记录表

| 字段名称 | 类型 | 长度 | 特殊要求 | 相关说明 |
|---|---|---|---|---|
| 注销 ID | 数字 | 15 | 非空 | 注销记录的唯一标识 |
| 选题 ID | 数字 | 15 | 非空，外键 | 与选题信息表关联 |
| 业务记录 ID | 数字 | 15 | 非空，外键 | 与业务记录表关联 |
| 注销原因 | 字符 | 300 | 非空 | |
| 操作时间 | 日期 | | 非空 | 格式：YYYYMMDD |
| 操作员 | 字符 | 64 | 非空 | 默认为当前操作员 |
| 备注 | 字符 | 200 | | |

## 12.2.4 选题详细功能设计

### 1. 流程管理

流程管理实现不同角色对当前任务的查询、领取和注销的功能。其功能操作描述如下。

（1）用户点击菜单中"待处理工作查询"。

（2）页面左边展现待处理工作查询页面，页面上方为查询条件，查询条件下方显示查询结果列表，查询列表下方为按钮区域。

（3）用户可以按流程名称、环节名称、书名、作者、责任编辑、发起时间、操作时间查询任务信息，任务信息为流程名称、环节名称、书名、作者、责任编辑、备注、发起时间、操作时间。

（4）分页显示任务信息，每页显示 15 行。

（5）用户选择其中一条记录，点击按钮区域中的"处理任务"按钮，验证通过之后，通过 form

表单提交进入处理分支。

（6）用户选择其中一条记录，点击按钮区域的"领取"按钮，验证通过之后，通过 form 表单提交进入领取分支。

（7）用户选择其中一条记录，点击按钮区域的"注销"按钮，验证通过之后，通过 form 表单提交进入注销分支。

页面中的业务规则有如下 3 条。

（1）进入页面默认查询当前操作员的任务。

（2）查询结果显示顺序根据操作时间倒序排列。

（3）点击按钮前，页面验证是否按照要求选中记录。

流程管理页面流如图 12-8 所示。

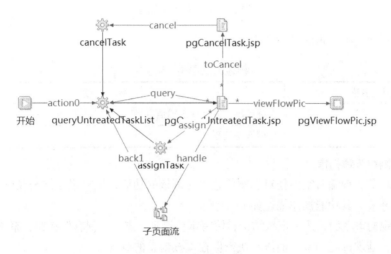

图 12-8　流程管理页面流

流程管理页面流中逻辑流描述如表 12-17 所列。

表 12-17　　　　　　　　　　　　　　流程管理逻辑流描述

| 逻辑流名称 | 描　　　　述 |
| --- | --- |
| queryUntreatedTaskList | 查询待处理工作列表，返回数组 |
| assignTask | 当前操作员领取任务 |
| cancelTask | 注销任务，将业务记录中的状态置为 3 |

### 2. 选题流程/新建选题

新建选题环节实现责任编辑对选题信息的录入功能，填写完选题信息之后发起选题流程。其功能操作描述如下。

（1）从操作界面上的菜单中选择"新建选题"选项，进入新建选题页面。

（2）在新建选题页面中输入书名、版次、副书名、丛书名、图书分类、著作性质、部门、策划编辑、申报时间、申报理由、内容简介、责任编辑、形态设计、备注、计划发稿时间、截止发稿时间、计划出版时间、截止出版时间。

（3）点击下方的按钮区域中的"送审"按钮，页面验证输入项是否符合验证条件，如果符合验证条件，则通过 form 表单提交到新建选题页面流进行处理。

页面中的业务规则有以下。

（1）必填项包括书名、版次、著作性质、图书分类、部门名称、申报时间、内容简介、责任编辑、计划发稿时间。

（2）书名字段长度不超过 25 个汉字或 50 个英文字符。

（3）内容简介字段长度不超过 500 个汉字或 1000 个英文字符。

（4）申报理由字段长度不超过 500 个汉字或 1000 个英文字符。

（5）备注字段长度不超过 200 个汉字或 400 个英文字符。

新建选题页面流如图 12-9 所示。

图 12-9　新建选题页面流

新建选题页面流中逻辑流描述如表 12-18 所列。

表 12-18　　　　　　　　　　　　　　新建选题逻辑流描述

| 逻辑流名称 | 描　　　述 |
| --- | --- |
| addTopicInfo | 新建选题，并保存选题信息 |
| createProcessInst | 创建选题流程 |

### 3. 选题流程/选题初审

选题初审环节实现编辑室主任对选题信息进行审核的功能，填写审核结论和审核意见后将流程传递至下一环节。其功能操作描述如下。

（1）在选题初审页面，选择审核结论，填写审核意见，点击"保存"按钮，系统通过 form 表单提交的方式，请求选题初审页面流，执行保存审核信息的分支。

（2）保存审核信息后，点击"传递"按钮，系统通过 form 表单提交的方式，请求选题初审页面流，执行流程传递的分支。

页面中的业务规则有以下。

（1）审核结论为必填项。

（2）审核意见长度不超过 500 个汉字或 1000 个英文字符。

选题初审页面流如图 12-10 所示。

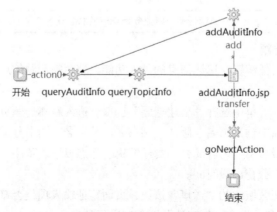

图 12-10　选题初审页面流

选题初审页面流中逻辑流描述如表 12-19 所列。

表 12-19                             选题初审逻辑流描述

| 逻辑流名称 | 描 述 |
| --- | --- |
| queryTopicInfo | 查询选题信息 |
| queryAuditInfo | 查询审核信息 |
| addAuditInfo | 增加审核信息 |
| goNextAction | 进入下一个环节 |

**4. 选题流程/市场调查**

市场调查环节实现责任编辑录入市场调查信息的功能，填写完市场调查信息之后将流程传递至下一环节。其功能操作描述如下。

（1）在市场调查页面，填写市场调查信息、费用信息，点击"保存"按钮，系统通过 form 表单提交的方式，请求市场调查页面流，执行保存信息的分支。

（2）上传附件时，请求上传的分支。

（3）保存市场调查后，点击"传递"按钮，系统通过 form 表单提交的方式，请求市场调查页面流，执行流程传递的分支。

市场调查页面流如图 12-11 所示。

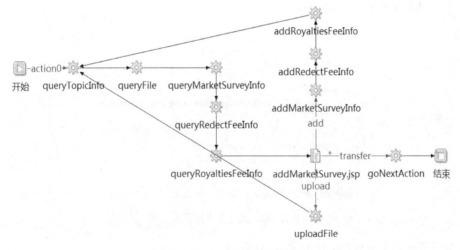

图 12-11   市场调查页面流

市场调查页面流中逻辑流描述如表 12-20 所列。

表 12-20                             市场调查逻辑流描述

| 逻辑流名称 | 描 述 |
| --- | --- |
| queryFile | 查询当前环节的附件信息，即当前环节上传的附件信息 |
| uploadFile | 上传附件到系统中 |
| queryMarketSurveyInfo | 查询当前环节的市场调查信息表记录，返回数据实体 |
| queryRedectFeeInfo | 查询当前环节的编辑费信息表记录，返回数据实体 |
| queryRoyaltiesFeeInfo | 查询当前环节的稿酬费信息记录，返回数据实体 |

| 逻辑流名称 | 描　述 |
|---|---|
| addMarketSurveyInfo | 判断唯一编号是否存在。如果存在，则修改市场调查信息；如果不存在，则获取编号，保存市场调查信息 |
| addRedectFeeInfo | 判断唯一编号是否存在。如果存在，则修改编辑费信息；如果不存在，则获取编号，保存编辑费信息 |
| goNextAction | 进入下一个环节 |

### 5. 选题流程/选题复审

选题复审环节实现编辑室主任对选题信息进行审核的功能，填写审核结论和审核意见后将流程传递至下一环节。其功能操作描述如下。

（1）在选题复审页面，选择审核结论，填写审核意见，点击"保存"按钮，系统通过 form 表单提交的方式，请求选题复审页面流，执行保存审核信息的分支。

（2）保存审核信息后，点击"传递"按钮，系统通过 form 表单提交的方式，请求选题复审页面流，执行流程传递的分支。

页面中的业务规则有以下。

（1）审核结论为必填项。

（2）审核意见长度不超过 500 个汉字或 1000 个英文字符。

选题复审页面流如图 12-12 所示。

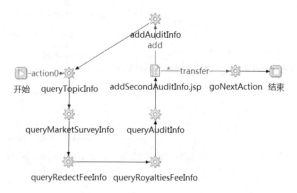

图 12-12　选题复审页面流

选题复审页面流中逻辑流描述如表 12-21 所列。

表 12-21　　　　　　　　　　　　　选题复审逻辑流描述

| 逻辑流名称 | 描　述 |
|---|---|
| queryTopicInfo | 查询选题信息（同"选题初审"的 queryTopicInfo） |
| queryMarketSurveyInfo | 查询当前流程的市场调查信息 |
| queryRedectFeeInfo | 查询当前流程编辑费信息 |
| queryRoyaltiesFeeInfo | 查询当前流程稿酬费信息 |
| queryAuditInfo | 查询当前环节的审核信息 |
| addAuditInfo | 增加审核信息 |
| goNextAction | 进入下一个环节 |

### 6. 选题流程/选题终审

选题终审环节实现总编对选题信息进行审核的功能，填写审核结论和审核意见后将结束选题流程。其功能操作描述如下。

（1）在选题终审页面，选择审核结论，填写审核意见，点击"保存"按钮，系统通过 form 表单提交的方式，请求选题终审页面流，执行保存审核信息的分支。

（2）保存审核信息后，点击"传递"按钮，系统通过 form 表单提交的方式，请求选题终审页面流，执行流程传递的分支，将选题状态改为待上报。

页面中的业务规则有以下。

（1）审核结论为必填项。

（2）审核意见长度不超过 500 个汉字或 1000 个英文字符。

选题终审页面流如图 12-13 所示。

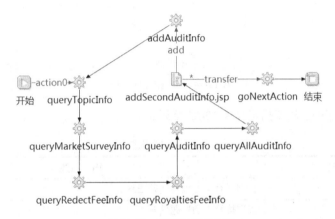

图 12-13　选题终审页面流

选题终审页面流中逻辑流描述如表 12-22 所列。

表 12-22　　　　　　　　　　　　　选题终审逻辑流描述

| 逻辑流名称 | 描　　　述 |
| --- | --- |
| queryTopicInfo | 查询选题信息（同"选题初审"的 queryTopicInfo） |
| queryMarketSurveyInfo | 查询当前流程的市场调查信息 |
| queryRedectFeeInfo | 查询当前流程编辑费信息 |
| queryRoyaltiesFeeInfo | 查询当前流程稿酬费信息 |
| queryAuditInfo | 查询初审和复审的审核信息 |
| queryAuditInfo | 查询当前环节的审核信息 |
| addAuditInfo | 增加审核信息 |
| goNextAction | 进入下一个环节 |

### 7. 选题上报

选题上报环节实现编辑室工作人员查询需要上报的选题信息，并执行导出和上报操作的功能。其功能操作描述如下。

（1）进入选题上报页面，默认查询未上报选题信息。输入查询条件，点击"查询"按钮，系统通过 form 表单提交的方式，请求选题上报页面流，执行查询的分支，查询之后将数据返回到查询页面。

（2）选择其中一个选题信息，点击"导出"按钮，系统请求选题上报页面流，执行导出的分支，将选题信息以 Excel 格式进行导出。

（3）选择其中一个选题信息，点击"上报"按钮，系统请求选题上报页面流，执行上报的分支，修改选题状态为已上报。

选题上报页面流如图 12-14 所示。

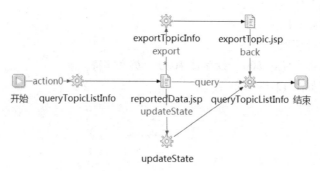

图 12-14　选题上报页面流

选题上报页面流中逻辑流描述如表 12-23 所列。

表 12-23　　　　　　　　　　　　　　　选题上报逻辑流描述

| 逻辑流名称 | 描　　述 |
| --- | --- |
| queryTopicListInfo | 查询所有待上报的选题信息 |
| exportTopicInfo | 查询待导出的选题信息 |
| updateState | 修改选题状态为"已上报" |

### 8. 选题立项

选题立项环节实现责任编辑查询需要立项的选题信息，并发起发稿流程。其功能操作描述如下。

（1）进入选题立项页面，默认查询已上报选题信息。点击"查询"按钮，通过 form 表单提交的方式，请求选题立项页面流，执行查询的分支，查询结果返回到查询页面中。

（2）选择查询选题信息，点击立项按钮，通过 form 表单提交的方式，请求选题立项页面流，执行立项的分支，修改选题状态为已立项，并且发起发稿流程。

选题立项页面流如图 12-15 所示。

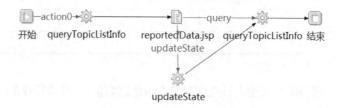

图 12-15　选题立项页面流

选题立项页面流中逻辑流描述如表 12-24 所列。

表 12-24　　　　　　　　　　　　　　　　选题立项逻辑流描述

| 逻辑流名称 | 描　述 |
|---|---|
| queryTopicListInfo | 查询所有已上报的选题信息 |
| updateState | 修改选题状态为"已立项" |

## 12.2.5　选题系统的测试

### 1．测试原则

下述的软件测试是针对数字出版 ERP 选题系统的业务功能进行的功能测试,优先保证系统功能的正确性、有效性、容错性和数据一致性。因此测试过程采取黑盒测试。

### 2．测试用例设计

（1）流程管理测试用例

为了测试流程管理中的查询、领取任务、处理任务和注销流程功能,流程管理测试用例设计如表 12-25 所列。

表 12-25　　　　　　　　　　　　　　　　流程管理测试用例

| 用例编号 | 操作步骤 | 预期结果 |
|---|---|---|
| 1 | 有未处理任务的用户点击"未处理的任务查询" | 进入未处理的任务查询页面,显示未处理任务 |
| 2 | 没有未处理任务的用户点击"未处理的任务查询" | 进入未处理的任务查询页面,没有未处理任务 |
| 3 | 输入单个查询条件,点击"查询" | 显示相匹配的查询结果 |
| 4 | 输入多个查询条件,点击"查询" | 显示相匹配的查询结果 |
| 5 | 选中未处理任务,点击"领取" | 该任务只能被该用户处理,其他相同权限的用户不能处理 |
| 6 | 选中未处理任务,点击"处理任务" | 进入相应环节处理任务页面 |
| 7 | 选中未处理任务,点击"注销" | 页面跳转到注销页面 |
| 8 | 在注销页面填写原因,点击"提交" | 流程被注销 |
| 9 | 在注销页面填写原因,点击"取消" | 流程没有注销 |
| 10 | 在注销页面不填写原因,点击"提交" | 提示"请输入注销原因" |

以用例 3 为例,流程管理执行测试结果如表 12-26 所列。

表 12-26　　　　　　　　　　　　　　　　流程管理测试结果

| 测试点 | 输　入 | 输　出 |
|---|---|---|
| 3.1 | 环节名称选择"选题初审",点击"查询" | 查询结果显示一条选题初审的任务 |
| 3.2 | 环节名称选择"选题复审",点击"查询" | 查询结果为空 |

（2）新建选题测试用例

为了测试新建选题中的数据校验和流程传递功能,新建选题测试用例设计如表 12-27 所列。

表 12-27　　　　　　　　　　　　　　　　新建选题测试用例

| 用例编号 | 操作步骤 | 预期结果 |
|---|---|---|
| 1 | 只输入必填项,点击"送审" | 选题流程发起 |
| 2 | 输入所有必填项与非必填项,点击"送审" | 选题流程发起 |

续表

| 用例编号 | 操作步骤 | 预期结果 |
|---|---|---|
| 3 | 输入所有必填项与一部分非必填项，点击"送审" | 选题流程发起 |
| 4 | 只输入一部分必填项，不输入非必填项，点击"送审" | 页面提示"请输入选题信息" |
| 5 | 只输入一部分必填项，一部分非必填，点击"送审" | 页面提示"请输入选题信息" |
| 6 | 只输入一部分必填项，全部非必填，点击"送审" | 页面提示"请输入选题信息" |
| 7 | 什么都不输入，直接点击"送审" | 页面提示"请输入选题信息" |
| 8 | 不输入必填项，输入一部分非必填项，点击"送审" | 页面提示"请输入选题信息" |
| 9 | 不输入必填项，输入全部非必填项，点击"送审" | 页面提示"请输入选题信息" |

以用例 3 和 6 为例，新建选题执行测试结果如表 12-28 所列。

表 12-28 新建选题测试结果

| 测试点 | 输　入 | 输　出 |
|---|---|---|
| 3 | 不填写副书名，填写其他全部信息，点击"送审" | 页面提示"选题流程发起成功" |
| 6 | 不填写书名，填写其他全部信息，点击"送审" | 页面提示"请输入选题信息" |

（3）选题审核测试用例

为了测试选题审核中审核结论的选择功能、审核意见的数据校验功能以及流程传递功能，选题审核测试用例设计如表 12-29 所列。

表 12-29 选题审核测试用例

| 用例编号 | 操作步骤 | 预期结果 |
|---|---|---|
| 1 | 审核结论选择"通过"，填写审核意见，点击"保存"后重新登录到审核页面 | 页面审核结论显示"通过"，并显示审核意见 |
| 2 | 审核结论选择"通过"，不填写审核意见，点击"保存"后重新登录到审核页面 | 页面审核结论显示"通过"，审核意见为空 |
| 3 | 审核结论选择"不通过"，填写审核意见，点击"保存"后重新登录到审核页面 | 页面审核结论显示"不通过"，并显示审核意见 |
| 4 | 审核结论选择"不通过"，不填写审核意见，点击"保存"后重新登录到审核页面 | 页面审核结论显示"不通过"，审核意见为空 |
| 5 | 审核结论选择"通过"，不填写审核意见，点击"保存"后点击"提交" | 流程传递至下一环节 |
| 6 | 审核结论选择"通过"，填写审核意见，点击"保存"后点击"提交" | 流程传递至下一环节 |
| 7 | 审核结论选择"不通过"，不填写审核意见，点击"保存"后点击"提交" | 页面提示"请填写审核意见" |
| 8 | 审核结论选择"不通过"，填写审核意见，点击"保存"后点击"提交" | 流程传递至上一环节 |

以用例 6 和 7 为例，选题初审执行测试结果如表 12-30 所列。

表 12-30                                    选题初审测试结果

| 测试点 | 输　　　入 | 输　　　出 |
|---|---|---|
| 6 | 审核结论选择"通过"，填写审核意见，点击"保存"后点击"提交" | 页面提示"流程传递成功" |
| 7 | 审核结论选择"不通过"，不填写审核意见，点击"保存"后点击"提交" | 页面提示"请输入选题信息" |

（4）市场调查测试用例

为了测试市场调查中的数据校验和流程传递功能，市场调查测试用例设计如表 12-31 所列。

表 12-31                                    市场调查测试用例

| 用例编号 | 操作步骤 | 预期结果 |
|---|---|---|
| 1 | 输入所有信息，点击"保存" | 页面提示"保存成功" |
| 2 | 只输入一部分信息，点击"保存" | 页面提示"保存成功" |
| 3 | 输入所有信息，点击"保存"并点击"提交" | 流程传递至下一环节 |
| 4 | 只输入一部分信息，点击"保存"并点击"提交" | 页面提示"请输入市场调查信息" |
| 5 | 输入所有信息，点击"保存"后重新登录到市场调查页面 | 页面显示保存的市场调查信息 |

以用例 3 和 4 为例，市场调查执行测试结果如表 12-32 所列。

表 12-32                                    市场调查测试结果

| 测试点 | 输　　　入 | 输　　　出 |
|---|---|---|
| 3 | 输入所有信息，点击"保存"并点击"提交" | 页面提示"流程传递成功" |
| 4 | 不填写选题意图，填写其他全部信息，点击"保存"并点击"提交" | 页面提示"请输入市场调查信息" |

（5）选题上报测试用例

为了测试选题上报中的查询、导出和上报功能，选题上报测试用例设计如表 12-33 所列。

表 12-33                                    选题上报测试用例

| 用例编号 | 操作步骤 | 预期结果 |
|---|---|---|
| 1 | 在菜单中选择"选题上报" | 进入选题上报查询页面 |
| 2 | 输入单个查询条件，点击"查询" | 显示相匹配的查询结果 |
| 3 | 输入多个查询条件，点击"查询" | 显示相匹配的查询结果 |
| 4 | 选中一条记录，点击"导出" | 选题信息以 Excel 的格式导出 |
| 5 | 选中一条记录，点击"上报" | 选中的选题信息状态改为已上报 |

以用例 2 为例，选题上报执行测试结果如表 12-34 所列。

表 12-34                                    选题上报测试结果

| 测试点 | 输　　　入 | 输　　　出 |
|---|---|---|
| 2.1 | 责任编辑填写"John"，点击"查询"按钮 | 查询结果显示一条选题信息 |
| 2.2 | 作者填写"小明"，点击"查询"按钮 | 查询结果为空 |

（6）选题立项测试用例

为了测试选题立项中的查询和立项功能，选题立项测试用例设计如表 12-35 所列。

表 12-35　　　　　　　　　　　　选题立项测试用例

| 用例编号 | 操作步骤 | 预期结果 |
|---|---|---|
| 1 | 在菜单中选择"选题立项" | 进入选题立项查询页面 |
| 2 | 输入单个查询条件，点击"查询" | 显示相匹配的查询结果 |
| 3 | 输入多个查询条件，点击"查询" | 显示相匹配的查询结果 |
| 4 | 选中一条记录，点击"立项" | 选中的选题信息状态改为已立项 |

以用例 2 为例，选题立项执行测试结果如表 12-36 所列。

表 12-36　　　　　　　　　　　　选题立项测试结果

| 测试点 | 输　　入 | 输　　出 |
|---|---|---|
| 2.1 | 著作性质选择"原版引进"，点击"查询"按钮 | 查询结果显示一条选题信息 |
| 2.2 | 图书分类选择"文学"，点击"查询"按钮 | 查询结果为空 |

### 3. 测试结果及分析

通过上述测试用例的执行，发现了系统中容易出现的几类 BUG，如表 12-37 所列。

表 12-37　　　　　　　　　　　　BUG 种类描述

| 编　　号 | 描　　述 |
|---|---|
| 1 | 页面实际功能与需求分析中描述的功能不一致。如必填项没有进行准确的标识、页面提示信息错误等 |
| 2 | 数据校验功能出错。主要表现在没有将不符合校验规则的数据校验出来或是将符合校验规则的数据进行了错误的提示 |
| 3 | 查询功能出错。主要表现在查询条件不能正确地发挥应有的作用和查询结果有误 |
| 4 | 流程传递功能出错。主要表现在流程不能传递到下一个环节和传递到错误的参与者 |

针对以上几类 BUG，分析出 BUG 产生的原因如表 12-38 所列。

表 12-38　　　　　　　　　　　　产生 BUG 的原因分析

| 编　　号 | 原　　因 |
|---|---|
| 1 | 在进行编码工作时，没有认真和仔细地阅读需求分析文档与详细设计文档，根据自己的主观想法判断功能的具体实现 |
| 2 | 编程语言语法错误，从而不能实现正确的功能 |
| 3 | 使用了错误的函数方法，从而使输出达不到预期的结果 |
| 4 | 没有掌握开发工具的正确使用方法，参数配置有误 |

根据产生 BUG 的原因，将 BUG 逐一进行修复，并进行回归测试，使数字出版 ERP 选题系统的功能达到了预期的要求。最后根据测试结果得出以下结论。

（1）数字出版 ERP 选题系统图形界面风格统一、简洁明了。系统各环节中信息的查询、录入、审核等操作简单、友好，因此系统具有良好的可操作性和实用性。

（2）系统流程传递功能正常，各环节都能提供正确的服务，满足实际数字出版选题过程中的各项需求。

（3）在测试过程中，系统运行稳定，具有良好的运行性能。

# 12.3　数字出版技术发展趋势

### 1．MPR——出版物内容"动"起来

MPR（多媒体印刷读物）自 2009 年成为行业标准，2011 年被公布为国家标准，2012 年在国内 3 个省试点展开应用推广，2013 年试点产品全面开花，已逐渐进入人们的视野。

作为衔接纸媒与音频之间的重要桥梁，MPR 正式成为一项国家标准得以推广普及。随着以 MPR 国家标准为基础提出的 ISDL 国际标准成功推进到国际标准草案（DIS）阶段，我国新闻出版行业已经由国际标准制定的旁观者转变为积极参与者。

对于数字出版行业，这趋势或许意味着一个更大的舞台。2013 年，MPR 技术已经在多个出版集团内进行试点。南方出版传媒集团正在开发的粤版 MPR 小学英语教科书创设了学生基本版、学生增强版和教师版 3 个应用场景。在陕西出版传媒集团，MPR 将具有鲜明地域特色、民族特色的图书以声像的形式生动地展现出来，更有利于这些优秀文化的传播和传承。

MPR 应用不仅是一种业务，还是一个产业服务模式。它标志着信息产业以信息技术产业为主导转变成以信息内容产业为主导的格局。作为一种新技术，数字出版界如能在 MPR 产业化应用和相关产业链的完善上多下功夫，将会为包括传统出版业在内的很多行业转型升级插上翅膀。

### 2．大数据——个性内容"聚"起来

虽然大数据作为 2013 年热词被谈论许久，但其在数字出版产业中的应用还处于起步阶段，随着数字出版产业的兴起，相信大数据这一技术或进入数字出版实用领域应该指日可待。

通过使用大数据技术对用户个人信息和行为的累积和有效判断，出版社渐由图书出版变为数据出版。通过汇集的海量资料和大量有价值素材，为出版者和作者解决问题。此外，利用庞大的用户信息和行为数据，用户的行为会影响出版者和作者在选题和创作时的判断。一方面，通过用户大数据，出版者和作者可以策划出更受用户欢迎、更能满足用户需要的选题；另一方面，当数据聚合、分析功能向更为智能化方向发展时，基于内容的选题策划甚至会在数据系统中自发形成，内容从策划到生产的阶段更加自动化、智能化。

在内容呈现方式上，"书"将不再是固定的数字内容呈现方式，章节也略显机械，一个个数据库、一个个知识点甚至一个个内容专题，都能成为数字出版物，这些数据库、知识点、专题的根本是基于用户的个性化需求，每一个都将是独一无二的、专属的智能内容定制集合体。

而在聚合了一定量的用户行为并进行分析判断后，用户的阅读行为偏好和走向得以显现，大数据精准投送的功能就有了用武之地——准确地将数字内容推送到真正需要它的用户手中，出版机构因此掌握了重要的受众群体信息，用户也更高效、便捷地获得了最需要、最具有针对性的内容。

### 3．HTML5——数字阅读"靓"起来

HTML5（万维网通用描述语言 HTML 技术标准的第五代修订版本）已经潜移默化地进入了每个人的日常生活中，搜索类、资讯类、社交类、游戏类产品是最适合 HTML5 开发的产品。现在，新浪、搜狐、网易、腾讯四大门户网站已经先后将 HTML5 技术运用到它们的新闻软件中。其在流畅性和视觉体验上与过去的手机网站相比都有了巨大的提升。在国内移动浏览器厂商中，无论是腾讯、UC、360，还是海豚浏览器，都已经在通过对 HTML5 的大力支持来为自己的未来

抢占一席之地。

HTML5 在数字阅读方面的应用更值得期待。与 APP（第三方应用软件）相比，HTML5 拥有更短的启动时间、更快的联网速度，它可以为跨平台的内容（涵盖但不限于数字图书、数字期刊、数字报纸、富媒体数据库等）提供最具有想象力和执行度的方案。作为一种技术语言和表现容器，它不仅能够表现文字、图片，更能很好地表现动画、视频、音频等富媒体交互效果，让出版产品形式更丰富。

在国外，HTML5 也被视为 ePub 3 的有效替代选项，因为 HTML5 格式的电子书可以使用 PC、MAC、安卓和 iOS 上任何一种浏览器进行阅读，而不需要采用专门的数字阅读应用软件。目前，亚马逊与 Kobo 已经借助各自的云阅读器完全支持 HTML5。并且，作为目前唯一可以在所有主要移动操作系统以及浏览器上运行的语言，这项由谷歌、苹果、诺基亚、中国移动等几百家公司一起酝酿的技术的最大好处在于它是一个公开的技术，有能力的开发者都可以使用。伴随着越来越多的设备商、应用开发商、电信运营商相继加入到 HTML5 阵营中，HTML5 市场将有可能迎来爆发。

### 4. 4G——全媒体出版"火"起来

2013 年年底，4G 来了。4G 带给普通用户最大的感受就是网速更快了。100Mb/s 的"给力"速度让 4G 环境下处理任何文件都显得"小菜一碟"。速度的提升意味着数据处理能力的增强，对于数字出版领域来说，富媒体形式的数字出版物迎来根本性的发展。

目前以 3G 为代表的移动网络环境已经可以较好适应以文字为主的数字出版物，但视频、游戏等内容则需要数据传输速度的提高，在 4G 的助力下，融合了文字、图像、音频、视频等富媒体内容的数字出版物的发展更加"顺风顺水"。除了终端展现形式之外，这些富媒体出版物在服务提供上会更加完备，不论是社交体验，还是基于位置的服务，都能在强大的数据处理能力带动下，呈现更加智能的状态。

此外，在 4G 的助力下，融合了文字、图像、音频、视频等富媒体内容的数字出版物的发展会更加"顺风顺水"，数字出版可以与运营商共存共赢。首先，互联网 OTT 业务的风生水起已不必多说，这些不用必须经过运营商增值服务的业务给数字出版企业发出了利好信号，在与运营商的博弈中，数字出版可以利用更高效的网络环境为用户开展更加优质的服务。这两年来，一些更优惠的流量政策吸引了更多的用户加入 4G，从这个角度来说，基于移动互联网的手机出版曾担心的流量费用因素将迎刃而解，随着用户对流量敏感度的降低，各项数字出版服务的使用也会更加顺理成章。

目前，借助云平台，跨终端的内容分配机制已经形成，比如视频在不同终端的即时互动，比如阅读电子书继续上次进度阅读。网速的提升使大数据、物联网等技术成为现实，高速网络带来的大量数据又使得云存储、云计算等数字出版云平台发展更加完善。

### 5. 协同编纂——出版流程"转"起来

所谓协同编纂系统，就是基于 XML（可扩展标记语言）结构化标准，用来满足出版商与作者、作者与作者之间的协同与合作，实现结构化内容的编纂、审校、管理和动态出版的全流程数字化出版解决方案，并可以为读者提供个性化的数字内容服务的一体化平台。它主要针对出版机构在编资源内容的结构化以及之后产品的多渠道发布。

协同编纂平台是出版机构数字出版的核心环节，它担负着内容采集、加工与生产的任务。通过协同编审、结构化处理、样式设计、排版引擎、交互式排版，并由数据加工人员实现内容结构化的过程，最终完成数字产品在多终端的多种应用。

对于传统出版单位来说，在协同编纂系统的帮助下，可以支持从内容源头开始的数字内容创作，从而生成多种形态数字产品，内容一次制作，多元产品发布，实现搭建具有自身内容特色的个性化数字出版与服务平台的目的。

此外，协同编纂平台也将成为大数据技术应用的理想平台。无论是编辑、作者，还是产品加工人员，都会在使用平台过程中产生大量行为数据，如修改稿件的记录、互动交流的记录，通过这些数据内容，可以发现在协同编纂平台的使用中需要进一步改进的环节，以及使用人员针对内容本身的行为偏好。协同编纂平台目前已经在出版机构中获得应用，提高并优化了数字出版流程效率。

### 6. 云计算——便捷服务"跑"起来

2013 年对于中国的云计算是至关重要的一年。在这一年里，云计算终于落地——IBM 宣布与世纪互联联手，将云计算基础架构服务 SCE+引入中国；亚马逊公有云服务正式落地中国。国内云服务提供商如腾讯、阿里巴巴、天翼等也动作频频。

在服务商摩拳擦掌之际，基于云计算的软件解决方案为出版界带来了改变。其实，云计算技术在数字出版服务中已经随处可见，例如搜寻引擎、数字图书馆等，使用者只要输入简单指令即能得到大量信息。数字出版的技术架构毫无疑问是建立在云平台上的。未来，从数据存储、获取、应用解决、远程控制到移动应用、互动分享、数据分析、计算等都将建立在"云端"。

云出版服务技术等数字出版关键技术取得突破性进展，给数字出版开辟了巨大的市场空间。不久的将来，伴随着服务商的发力，云计算将有可能转化为商业应用，这也将改变传统出版业务模式和服务模式。

## 习题十二

1. 什么是数字出版？什么是数字传播？两者的关系如何？
2. 数字出版系统的开发流程是怎样的？

# 第13章
## 软件开发实践

很多人在学习软件工程的过程中，会产生这样的疑问："学这些抽象的理论，到底是为什么？"实际上，理论学习是前提，动手实践则是关键。对于软件开发来说，实践是很重要的环节。

为了更好地理解和运用前面各章节所介绍的理论知识和基本概念，本章给出了具体的软件开发实践示例，包括结对编程实践、UML 建模过程以及版本控制管理三大部分。通过这些软件开发实践，能够培养良好的工程化开发思维和习惯，实现从系统的角度看待软件开发，考虑整个系统设计，而不仅仅关注单个程序的编写；以及实现从工程师视角对待编程实现，要编写好的程序，而不仅仅满足于编写正确的程序。

# 13.1　敏捷开发实践之结对编程

## 13.1.1　待解决问题描述——生命游戏

生命游戏是英国数学家约翰·何顿·康威在 1970 年发明的细胞自动机，它包括一个二维矩形世界，这个世界中的每个方格居住着一个活着或死亡的细胞。一个细胞在下一个时刻的生死取决于相邻八个方格中活着或死了的细胞的数量。如果相邻方格中活着的细胞数量过多，这个细胞会因为资源匮乏而在下一个时刻死去；相反，如果周围活细胞过少，这个细胞会因太孤单而死去。

游戏在一个类似于围棋棋盘一样的可以无限延伸的二维方格网中进行。例如，设想每个方格中都可放置一个生命细胞，生命细胞只有 "生"或"死"两种状态。图中，用黑色的方格表示该细胞为"死"，其他颜色表示该细胞为"生"。游戏开始时，每个细胞可以随机地（或给定地）被设定为"生"或"死"之一的某种状态，然后，再根据如下生存定律计算下一代每个细胞的状态。

（1）每个细胞的状态由该细胞及周围 8 个细胞上一次的状态所决定。

（2）如果一个细胞周围有 3 个细胞为生，则该细胞为生，即该细胞若原先为死则转为生，若原先为生则保持不变。

（3）如果一个细胞周围有 2 个细胞为生，则该细胞的生死状态保持不变。

在其他情况下，该细胞为死，即该细胞若原先为生则转为死，若原先为死则保持不变。

## 13.1.2　若干结对编程实战

**实例 1——成员：刘××，张××**

### 1. 角色互换与任务分工

| 日　　期 | 工作时间 | "驾驶员" | "领航员" | 本段时间的任务 |
|---|---|---|---|---|
| 2016.9.2 | 8:40-9:10 | 刘×× | 张×× | 分析提取信息 |
| 2016.9.2 | 9:10-9:40 | 张×× | 刘×× | 设计算法 |
| 2016.9.2 | 9:40-10:10 | 刘×× | 张×× | 编码实现 |
| 2016.9.2 | 10:10-10:40 | 张×× | 刘×× | 调试 |
| 2016.9.2 | 10:40-11:30 | 刘×× | 张×× | 测试优化 |

### 2. 算法设计

（1）数据结构

数组 vector1:记录初始状态

数组 vector2:改变后的状态

（2）模块化接口实现

```
def init_array(n):
   "初始化二维数组"
    return vector
  def count(vector,row,col):
     "周围 8 个细胞中活细胞的数目"
  return num
  def change_array(vector1,vector2,n):
     "根据周围 8 个细胞的状态改变中心细胞状态"
  def plot_array(vector,n):
     "根据细胞的状态绘制可视化图形"
     pygame.display.update()
  def main():
     "调用各个接口函数"
```

（3）算法流程图（见图 13-1）

图 13-1　算法流程图

### 3. 工作日志

领航员负责记录结对编程过程中遇到的问题、两个人如何通过交流合作解决每个问题的，同时，引航员监督驾驶员编码，避免低级错误。

| 时　　间 | 问题描述 | 最终解决方法 | 如何通过交流找到解决方案 |
|---|---|---|---|
| 2016.9.2 | 数据结构定义 | List 数据实现二维数组 | 定义的二维数组无法通过下标进行访问；之后分别用自己方法实现最终确定 List |
| 2016.9.2 | Num 数目计算有误 | 一起 Debug 进行调试 | 通过取断点，单步调试，最后确定了，vector1=vector2 相当于引用 |
| 2016.9.2 | 绘图不刷新 | Pygame.display.update()刷新图形应该在 for 循环之后 | 查阅资料，不断尝试 |

### 4. 结果截图（见图 13-2）

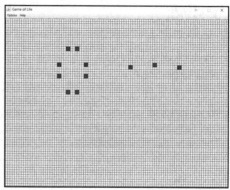

图 13-2　结果截图（1）

### 5. 结对编程的体会

刚开始觉得结对编程效果应该不大，后来经过与队友讨论，合作完成了"生命游戏"，确实体会到结对编程高效、合作的优势。一个人写代码往往很累，而且自己的 Bug 一般不容易被识别，结对编程恰好可以克服这个缺陷。算法设计方面，两个人的思路一般是不同的，所以最后优化部分可以达到最优。

这次实践内容比较简单，主要是熟悉和掌握"结对编程"的一般流程。应该说，随着项目难度的提升，代码量的增多，结对编程的优势才会进一步体现出来。通过结对编程，可以促进项目程序员自身的提高，优势互补；一定时间周期地打乱配对，让参与项目人员相互转换位置，使得维护繁杂的文档变得不那么重要。总之，我会在今后的实践中不断体会这种编程方式的魔性。

**实例 2——成员：李××，余××**

### 1. 角色互换与任务分工

| 时　　间 | "驾驶员" | "领航员" | 具体分工 |
|---|---|---|---|
| 2016.08.30　9:00-10:30 | 李×× | 余×× | 李××实现字符界面，余××查找相关算法 |
| 2016.08.30　10:30-11:30 | 余×× | 李×× | 余××对字符界面进行查错，李××查找 UI 界面相关函数 |

| 时　　　间 | "驾驶员" | "领航员" | 具体分工 |
|---|---|---|---|
| 2016.09.01　20:00-21:00 | 李××　 | 余×× | 李××对字符界面进行查错，余××进行 UI 界面的编程 |
| 2016.09.02　14:00-16:00 | 余×× | 李×× | 对代码进行测试，并对错误进行修改 |

#### 2. 算法设计

（1）数据结构

采用二维数组来表示生命游戏中的地图，数组中 1 表示细胞存活。0 表示细胞死亡。在 UI 界面中，黑方格代表细胞存活，白方格代表细胞死亡。生命游戏中，游戏地图为 GameMap 数组。

（2）设计思路

采用蛮力法遍历每个方格，计算其四周八个方格中的活细胞的数量，然后判断它下一个阶段的生死。如问题所述，周围活细胞数目大于 3 或者小于 2，则它的下一个阶段为死；周围活细胞数目等于 3，则为活；周围活细胞数目为 2，则状态不变。具体设计思路如下：

（1）初始化游戏地图 GameMap 数组。

（2）遍历单元格的周围 8 个方格，判断活细胞数。

（3）遍历所有方格，生成新的游戏地图，更新 GameMap 数组。

（4）画游戏地图，将活细胞的方格填充为黑色，死细胞的方格填充为白。

（5）设置计时器，每 100 毫秒重绘一次界面。

#### 3. 结果截图（见图 13-3）

图 13-3　结果截图（2）

#### 4. 结对编程的体会

第一次体会结对编程，感觉挺新奇的。之前都是单独一个人编程，一般是出现错误之后进行 Debug，而两个人一起编程，就可以避免很多语法错误和逻辑错误，做到出错就改。并且在编程时，另一个人在一边帮忙找资料，节省了很多时间，提高了效率，能达到事半功倍的工作效果。

但是，由于两人的编程习惯和想法不同，会出现意见相左的情况，这时一般要停下来讨论清楚后才能继续进行编程，虽然会耽误一些时间，但是会让两人的思路更加清晰，对代码的情况更加熟悉，复查代码时很方便。

由于是第一次采用结对编程的方式，还不熟练，很多操作还不符合规范，但个人觉得这样的编程方式很轻松，比一个人单独编程的效率高很多。

**实例 3——成员：叶××，罗××**

### 1. 角色互换与任务分工

| 工作日期及时间 | 驾驶员 | 领航员 | 任务分工 |
| --- | --- | --- | --- |
| 2016 年 9 月 3 日 18:00-19:00 | 叶×× | 罗×× | 分析并设计算法 |
| 2016 年 9 月 3 日 19:00-19:20 | 罗×× | 叶×× | 核心算法编写 |
| 2016 年 9 月 3 日 19:20-19:50 | 叶×× | 罗×× | 完成 UI 设计 |
| 2016 年 9 月 3 日 19:50-20:10 | 罗×× | 叶×× | 进行 debug |
| 2016 年 9 月 3 日 20:10-20:30 | 叶×× | 罗×× | 完成优化 |

### 2. 算法设计

（1）数据结构

整个游戏的大小共分为 SIZE*SIZE 个格子，每个格子的边长 CELL_Size 为指定值。

当前这一代的状况，由 boolean[][] table 描述；。

使用 int[][] neighbors，保存每个格子的邻居数目。

（2）主要模块的设计

① getNeighbors()，从 table 数组中推导出 neighbors 数组。

```
public void getNeighbors() {
    for (int r = 0; r < SIZE; r++){//row
        for (int c = 0; c < SIZE; c++){//col
            if(r-1 >= 0 && c-1 >= 0  && table[r-1][c-1] )neighbors[r][c]++;
            if(r-1 >= 0     && table[r-1][c])            neighbors[r][c]++;
            if(r-1 >= 0 && c+1 < SIZE && table[r-1][c+1])neighbors[r][c]++;
            if(c-1 >= 0  && table[r][c-1]) neighbors[r][c]++;
            if(c+1 < SIZE && table[r][c+1]) neighbors[r][c]++;
            if(r+1 < SIZE && table[r+1][c]) neighbors[r][c]++;
            if(r+1 < SIZE && c+1 < SIZE && table[r+1][c+1])    neighbors[r][c]++;
            if(r+1 < SIZE && c-1 >=0 && table[r+1][c-1])       neighbors[r][c]++;
        }
    }
}
```

② 利用 nextWorld（）根据当前这一代细胞状态 table 求出新一代的细胞状态。

```
* nextWorld()，世代交替。
* 生命游戏的核心是计算出下一代的 table，产生新一代的二维世界。
* 按照每一个 neighbors 元素
*/
public void nextWorld() {
    for (int r = 0; r < SIZE; r++){//row
        for (int c = 0; c < SIZE; c++){//col
            if (neighbors[r][c] == 3){
                table[r][c] = true;
            }//if (neighbors[r][c] == 2) 不改变 table[r][c]。
            if (neighbors[r][c] < 2)
                table[r][c] = false;
            if (neighbors[r][c] >= 4)
                table[r][c] = false;
```

```
                neighbors[r][c] = 0;
            }
        }
    }
```

③ update ()为绘制代码，对每一个格子按照有无生命设置颜色，并填充格子，留一个坐标单位露出背景色。

```
@Override public void update (Graphics g) {
    for (int x = 0; x < SIZE; x++)
        for (int y = 0; y < SIZE; y++) {
            g.setColor(table[x][y]?cell:space);
            g.fillRect(x * CELL_Size, y * CELL_Size, CELL_Size - 1, CELL_Size - 1);
        }
}
```

④ 线程 Thread animator 控制程序运行状态。

```
private Thread animator;
    private int delay;          //延迟
    private boolean running;    //flag。标识线程的运行状况，正在运行则 running 为 true，被用
```
户中断，running 为 false。

```
@Override public void run() {
    long tm = System.currentTimeMillis();
    while (Thread.currentThread() == animator) {
        if (running == true) {
            getNeighbors();
            nextWorld();
            repaint();
        }
        try {
            tm += delay;
            Thread.sleep(Math.max(0, tm - System.currentTimeMillis()));
        } catch (InterruptedException e) {
            break;
        }
    }
} // run
```

**3. 结果截图（见图 13-4）**

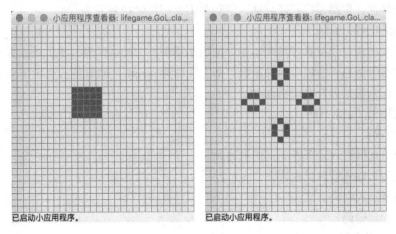

图 13-4　结果截图（3）

### 4. 结对编程的体会

通过结对编程完成这个生命游戏的简单程序，让我体会到了结对编程所来带的显著优点。结对编程做起来很简单也很有趣，找个水平差得不太远的程序员和自己配成一对。只用一台计算机，大家选一个人坐在键盘前面负责输入，另一个人坐在后面口述。两个人要不断地交流，整个的设计思想由后面只动口不动手的人主导，而由操作键盘的人实现。由于人的思维速度是快于输入代码的速度的。那么观看的人可以有空闲的时间做额外的思考，观察代码写得有没有问题，结构有没有问题。

通过这样的模式，可以使我们的思路更加清晰，我们的思维更加快捷，可以大大提升我们的编程效率，从而加快程序进度。同时可以学习对方的思路，更加辩证，也大大提高了程序的准确性。

我感觉结对编程适合那些时间紧、任务重的开发任务，两个人可以一起集中精力在较短的间里完成一个项目，既提高了效率也提高了质量。在以后的开发项目中我想我会继续使用结对编程的方法。

# 13.2　UML 建模

## 13.2.1　待解决问题描述——网上选课系统

某学校的网上选课系统主要包括如下功能：管理员通过系统管理界面进入，建立本学期要开设的各种课程、将课程信息保存在数据库中并可以对课程进行改动和删除。学生通过客户机浏览器根据学号和密码进入选课界面，在这里学生可以进行查询已选课程、选课以及付费三种操作。同样，通过业务层，这些操作结果存入数据库中。

## 13.2.2　用例建模

### 1. 需求分析

本系统拟用数据核心层、业务逻辑层和接入层三层模型实现。其中，数据核心层包括对于数据库的操作；业务逻辑层作为中间层对用户输入进行逻辑处理，再映射到相应的数据层操作；接入层包括用户界面，包括系统登录界面、管理界面、用户选择界面等。

（1）寻找活动者（actor）

本系统涉及的用户包括管理员和学生，他们是用例图中的活动者，他们的主要特征相似，都具有姓名和学号等信息，所以可以抽象出"基"活动者 people，而管理员和学生从 people 统一派生。数据库管理系统是另外一个活动者。

（2）寻找用例（use' case）

① 添加课程：

（a）管理员选择进入管理界面，用例开始。

（b）系统提示输入管理员密码。

（c）管理员输入密码。

（d）系统验证密码。

（e）A1：密码错误。

（f）进入管理界面，系统显示目前所建立的全部课程信息。

（g）管理员许恩泽添加课程。

（h）系统提示输入新课程信息。

（i）管理员输入信息。

（j）系统验证是否与已有课程冲突。

（k）A2：有冲突。

（l）用例结束。

其他事件：

A1：密码错误

（a）系统提示再次输入。

（b）用户确认。

（c）三次错误，拒绝再次访问。

（d）否则进入添加课程事件第 6 步。

A2：有冲突

（a）系统提示冲突，显示冲突课程信息。

（b）用户重新输入。

（c）继续验证直到无冲突。

（d）进入添加课程事件第 12 步。

② 删除课程：

（a）管理员选择进入管理界面，用例开始。

（b）系统提示输入管理员密码。

（c）管理员输入密码。

（d）系统验证密码。

（e）A1：密码错误。

（f）进入管理界面，系统显示目前所建立的全部课程信息。

（g）管理员选择并删除课程信息。

（h）系统验证是否删除的是已存在的课程。

（i）A2：有冲突。

（j）用例结束。

其他事件：

A1：密码错误

（a）系统提示再次输入。

（b）用户确认。

（c）三次错误，拒绝再次访问。

（d）否则进入添加课程事件第 6 步。

A2：有冲突

（a）系统提示冲突，显示冲突课程信息。

（b）用户重新输入。

（c）继续验证直到无冲突。

（d）进入删除课程事件第 10 步。

③ 修改课程：

（a）管理员选择进入管理界面，用例开始。

（b）系统提示输入管理员密码。

（c）管理员输入密码。

（d）系统验证密码。

（e）A1：密码错误。

（f）进入管理界面，系统显示目前所建立的全部课程信息。

（g）管理员选择并修改课程信息。

（h）系统验证是否修改的课程与已经存在的课程信息由冲突。

（i）A2：有冲突。

（j）用例结束。

其他事件：

A1：密码错误

（a）系统提示再次输入。

（b）用户确认。

（c）三次错误，拒绝再次访问。

（d）否则进入添加课程事件第 6 步。

A2：有冲突

（a）系统提示冲突，显示冲突课程信息。

（b）用户重新输入。

（c）继续验证直到无冲突。

（d）进入删除课程事件第 10 步。

④ 选择课程：

（a）学生进入选课登录界面，用例开始。

（b）系统提示输入学号和密码。

（c）学生输入学号和密码。

（d）系统验证。A1：验证失败。

（e）进入选课主界面。

（f）学生点击选课。

（g）系统显示所有课程信息。

（h）学生选择课程。

（i）系统验证课程是否可选。A2：不可选。

（j）系统提示课程选择成功，提示学生交费。

（k）用例结束。

错误事件：

A1：验证失败

（a）系统提示验证失败，提示重新输入。

（b）三次失败，拒绝访问。

（c）成功，转选课事件第 5 步。

A2：课程不可选

（a）系统提示课程不可选原因。

（b）学生重新选课。

（c）重新验证直到成功。

（d）转选课事件第 10 步。

付费和查询略去。

2. 用例图（见图 13-5）

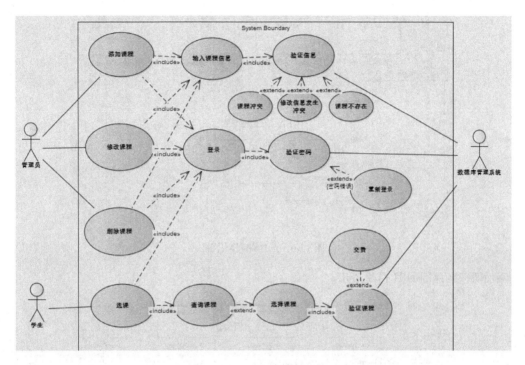

图 13-5　用例图

## 13.2.3　行为建模

### 1. 顺序图

为了使问题更简单一些，暂时不考虑学生的登录。假设学生已经成功登录系统，则选择课程的用例描述可以简化如下。

选择课程：

① 入选课主界面。

② 学生点击选课。

③ 系统显示所有课程信息。

④ 学生选择课程。

⑤ 系统验证课程是否可选。A1：不可选。

⑥ 系统提示课程选择成功，提示学生交费。

⑦ 用例结束。

错误事件：

A1: 课程不可选。

① 统提示课程不可选原因。

② 学生重新选课。

③ 重新验证直到成功。

④ 转选课事件第 6 步。

据此可得出各用例的顺序图。

选择课程顺序图如图 13-6 所示。

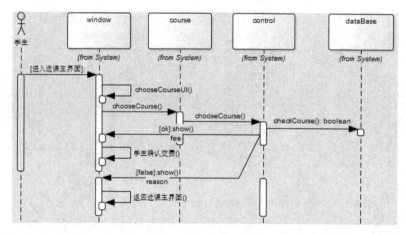

图 13-6　选择课程顺序图

添加课程顺序图如图 13-7 所示。

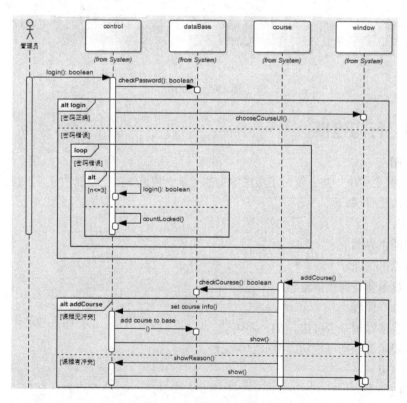

图 13-7　添加课程顺序图

删除课程顺序图如图 13-8 所示。

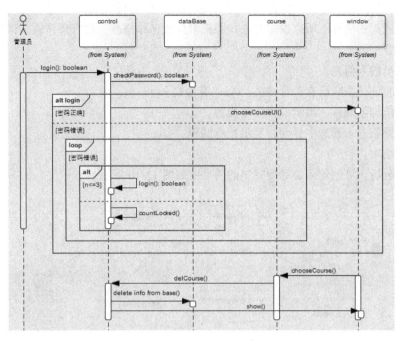

图 13-8　删除课程顺序图

修改课程顺序图如图 13-9 所示。

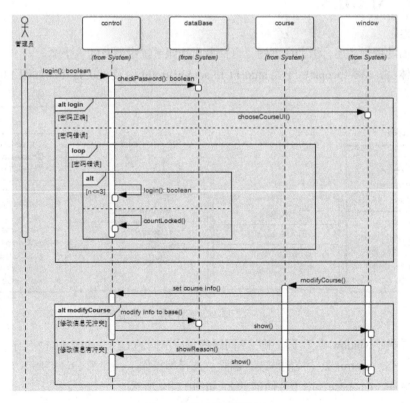

图 13-9　修改课程顺序图

### 2. 活动图

在前面的用例图中，我们对添加课程的用例进行了详细分析。由于管理员密码验证过程可以抽取出来作为通用的流程，所以这里对添加课程事件流稍作修改，将管理员输入课程信息作为起始的活动，内容如下。

（1）管理员输入信息。

（2）系统验证是否与已有课程冲突。A2：有冲突。

（3）系统添加新课程，提示课程添加成功。

（4）系统重新进入管理主界面，显示所有课程。

（5）用例结束。

根据以上分析，可创建添加课程完整的活动图如图 13-10 所示。

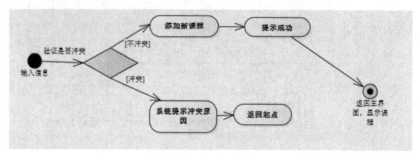

图 13-10　活动图

## 13.2.4　对象建模

### 1. 抽取类

根据前面的用例描述，结合序列图，可抽象出选课系统中涉及的各个类。

（1）实体类：基类 people、子类 student 和 administrator 以及 course 类，如图 13-11 所示。

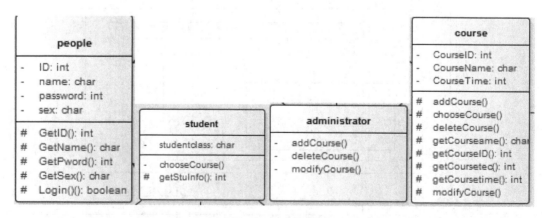

图 13-11　实体类

（2）边界类：window 类（不同用户不同课程对应不同的 UI），如图 13-12 所示。

（3）控制类：control 类（控制修改、删除、选择等操作），如图 13-13 所示。

（4）数据库（database，用于存储信息），如图 13-14 所示。

图 13-12 边界类　　　　图 13-13 控制类　　　　图 13-14 数据库

### 2. 找出类与类之间的关联关系

以上的各类之间的关系如下。

（1）学生和管理员从 people 派生。

（2）学生、管理员在与系统交互时，都有一个界面与之对应。

（3）一个界面可能与课程相关（0..n）。

（4）控制对象负责课程的处理，处理结果在界面上显示。

（5）控制对象完成对数据库的操作。

（6）界面请求控制对象的服务。

① 泛化：people 为 student 和 administrator 的父类，如图 13-15 所示。

② 关联：student、administrator 和 course 相关联，界面和课程存在 0～n 的关联，如图 13-16 所示。

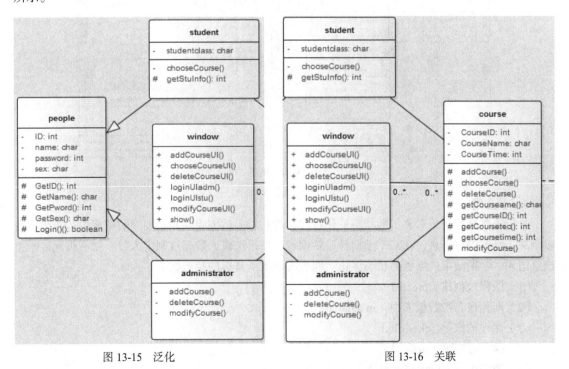

图 13-15 泛化　　　　　　　图 13-16 关联

③ 依赖：course 功能的实行依赖于 control，control 类的功能完成会使用到 database，如图 13-17 所示。

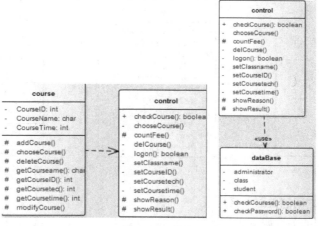

图 13-17　依赖

## 3. 类图（见图 13-18）

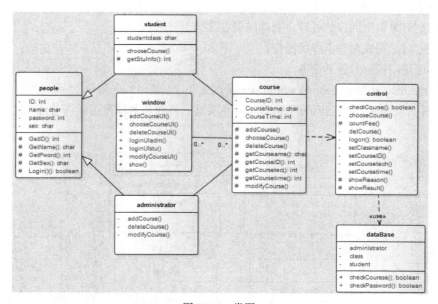

图 13-18　类图

## 4. 状态图

分析考察课程类（对象）的状态变化过程。课程对象被创建，并添加到数据库中。管理员可以删除、修改课程信息，在某个学期开设新课程，如果选修人数超过制定人数，就不再允许学生选这门课。学期结束，课程的状态终止。课程类对象所具有的状态如下。

（1）课程被创建（created）。

（2）课程保存在数据库中（in database）。

（3）课程被修改（modified）。

（4）课程被删除（deleted）。

（5）课程人数未满的可选状态（available）。

（6）课程人数已满的锁定状态（locked）。

通过以上分析，可绘制如图 13-19 所示的课程类的状态图。

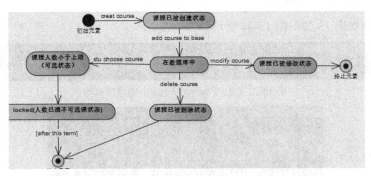

图 13-19　课程类的状态图

# 13.3　Git 开发实践

## 13.3.1　安装配置 Git

msysgit 是 Windows 版的 Git，可以从 https://git-for-windows.github.io 下载，然后按默认选项安装即可。

安装完成后，在开始菜单里找到"Git"->"Git Bash"，跳出一个类似命令行窗口的东西，就说明 Git 安装成功！

Git 版本号如图 13-20 所示。

图 13-20　Gif 版本号

Github 账号及项目信息如图 13-21 所示。

图 13-21　Github 账号及项目信息

## 13.3.2 Git 基本操作

Git 基本操作如图 13-22 ~ 图 13-34 所示。

图 13-22　在~/Desktop/demo 中创建版本库

图 13-23　新建 hhh.txt 并输入内容，添加 hhh.txt 到暂存区、提交到工作区

图 13-24　修改 hhh.txt 后再次提交

图 13-25　git status 查看结果

图 13-26　git diff 查看修改前后的不同

图 13-27　git log 查看多次提交的记录

图 13-28　版本回退

图 13-29　版本回退后查看 hhh.txt 的内容

图 13-30　撤回修改

图 13-31　创建分支

图 13-32　切换回 master 后合并分支

图 13-33　解决冲突后提交查看合并删除分支

图 13-34　远程克隆库

### 13.3.3 Eclipse 中使用 Git 进行版本控制

#### 1. 在 Eclipse 中配置 Git

Eclipse 最新版本中都自带 Git 插件，无需另行安装。依次点击 Window-> Preferences->Team-> Git->Configuration，在弹出的界面点击 Add Entry。配置用户邮箱，Key 填入 user.email, Value 填入邮箱地址即可。例如，这里我们需要将代码上传至 GitHub 上，则此处的邮箱须为注册 GitHub 时所用的邮箱，如图 13-35 所示。

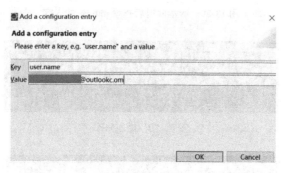

图 13-35　界面图（1）

#### 2. 上传代码至 Github

在所选项目名上单击右键，在右键菜单中选择 Team ->Share Project，如图 13-36 所示。

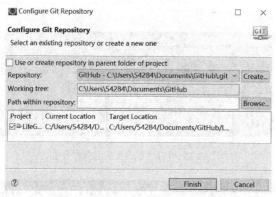

图 13-36　界面图（2）

然后勾选要上传的项目，单击 Create Repository 完成仓库的创建后，单击 Finish 后变为如图 13-37 所示的界面。

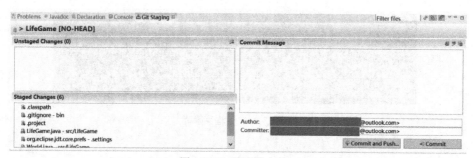

图 13-37　界面图（3）

然后在 GitHub 中创建好一个仓库，并把仓库的 git 地址复制下来，形如 https://github.com/
\*\*\*\*\*\*\*\*/LifeGame.git。然后点击 Commit and Push，分别填入用户名和密码，按照提示点击 Next
即可，如图 13-38 所示。该操作完成后，此前的代码即上传至 GitHub 上了。

图 13-38　界面图（4）

在 GitHub 上可即时查看提交的项目代码，如图 13-39 所示。

图 13-39　界面图（5）

# 参考文献

[1] Bernd B, Allen H D. 面向对象软件工程——使用 UML、模式与 Java[M].3 版. 叶俊民，汪望珠，等译. 北京：清华大学出版社. 2011.

[2] Shari L P, Joanne M A. 软件工程[M]. 4 版. 杨卫东，译. 北京：人民邮电出版社. 2010.

[3] 邹欣. 构建之法：现代软件工程[M]. 北京：人民邮电出版社. 2014.

[4] 邹欣. 构建之法：现代软件工程[M]. 2 版. 北京：人民邮电出版社. 2015.

[5] [英]Ian K Bray. 需求工程导引[M]. 舒忠梅，等译. 北京：人民邮电出版社. 2003.

[6] [英]Jim Arlow. UML 和统一过程：实用面向对象的分析和设计[M]. 方贵宾，等译. 北京：机械工业出版社. 2003.

[7] [美]Larman,C. UML 和模式应用（原书第 3 版）[M].北京：机械工业出版社. 2006.

[8] [美]Stephen R Schach. 面向对象与传统软件工程[M]. 韩松，等译. 北京：机械工业出版社. 2011.

[9] 史济民，等. 软件工程——原理、方法与应用[M]. 2 版. 北京：高等教育出版社. 2003.

[10] [美] Frederick P Brooks, Jr. 人月神话[M]. 北京：清华大学出版社. 2002.

[11] Rod Stephens. Begining Software Enigineering[M]. Wrox，2015.

[12] Ivan Marsic. Software Engineering[M]. Pearson. 2012.

[13] [美]Roger SPressman. 软件工程——实践者的研究方法（第 8 版）[M]. 黄柏素，梅宏，译.北京：机械工业出版社. 2015.

[14] [美] 斯蒂夫·迈克康奈尔，快速软件开发[M]. 席相霖等译. 北京：电子工业出版社. 2002

[15] [美]Penny Grubb, Armstrong A Tankang. 软件维护：概念与实践（第二版）[M]. 韩柯，孟海军，译. 北京：电子工业出版社. 2004.

[16] 史济民，顾春华，李昌武.软件工程——原理、方法与应用[M]. 2 版. 北京：高等教育出版社. 2010.

[17] [美]Rex Black.软件测试过程管理（原书第二版）[M]. 龚波，但静培，林生，等译.北京：机械工业出版社. 2003.

[18] [美]史蒂夫·迈克康奈尔. 代码大全（第 2 版）[M]. 金戈，汤凌，陈硕，张菲译. 北京：电子工业出版社. 2006.

[19] [美]James A Whittaker. 实用软件测试指南[M]. 马良荔，俞立军，译.北京：电子工业出版社. 2003.

[20] [美]Paul C Jorgensen. 软件测试（原书第二版）[M]. 韩柯，杜旭涛，译. 北京：机械工业出版社. 2009.

[21] [德]Dirk Huberty. 软件质量与软件测试[M]. 马博，赵云龙，译. 北京：清华大学出版社.

2003.

[22]E Gamma, R Helm, R Johnson, J Vlissides. Design Patterns: Elements of Reusable Object-Oriented Software[M]. Addison-Wesley Longman Publishing Co. Inc.. 1995.

[23] 弗里曼著. Head First 设计模式[M].O'Reilly Taiwan 公司译，中国电力出版社. 2007.

[24] 程杰. 大话设计模式[M]. 北京：清华大学出版社. 2007.

[25] Robert C. Martin. Agile Software Development, Principles, Patterns, and Practices[M]. Prentice Hall. 2002.

[26] MartinFowler.重构:改善既有代码的设计:improving the design of existing code[M]. 北京：人民邮电出版社. 2010.

[27] [美]拉尔曼著. 张晓坤等译. 敏捷迭代开发：管理者指南[M]. 北京：中国电力出版社. 2004.

[28] [美] 施瓦伯著.李国彪译. Scrum 敏捷项目管理[M]. 北京：清华大学出版社. 2007.

[29] 王庆育. 软件工程[M]. 北京：清华大学出版社. 2004.

[30] 钟珞，袁景凌. 软件工程[M]. 北京：科学出版社. 2012.

[31] 钟珞. 软件工程[M]. 北京：清华大学出版社. 2005.